3DS MAX 教学用书

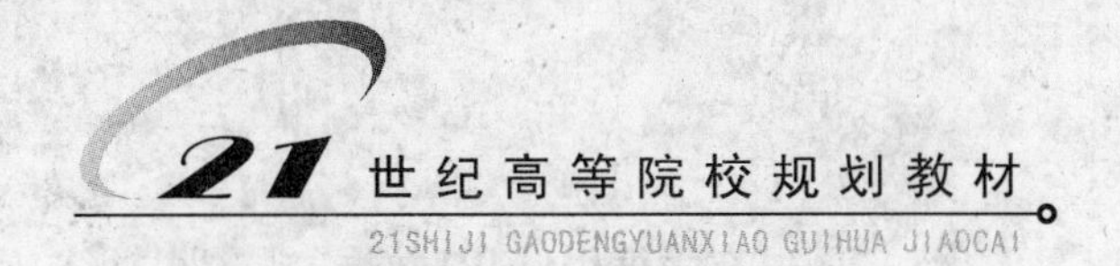

三维设计应用教程

主编 张强

郑州大学出版社

图书在版编目(CIP)数据

三维设计应用教程/张强主编.—郑州:郑州大学出版社,2008.11
ISBN 978-7-81106-982-2

Ⅰ.三… Ⅱ.张… Ⅲ.三维-动画-图形软件,3DSXax-教材 Ⅳ.TP391.41

中国版本图书馆 CIP 数据核字(2008)第 166287 号

郑州大学出版社出版发行
郑州市大学路 40 号　　邮政编码:450052
出版人:邓世平　　发行部电话:0371-66966070
全国新华书店经销
新乡市凤泉印务有限公司印制
开本:787 mm×1 092 mm　1/16
印张:15
字数:327 千字
版次:2008 年 11 月第 1 版　　印次:2008 年 11 月第 1 次印刷

书号:ISBN 978-7-81106-982-2　　定价:30.00 元

作者名单

主　编　张　强

参　编　陈亚霖　张庆州　张效祎

主　审　祝玉华　王平诸

内容简介

本书向读者详细介绍和演示了三维动画制作软件 3DSMax 在日常生活、影视广告、平面设计、装饰及建筑工程等领域中的应用,具体描述了有关场景及对象的设计与创作方法。主要面对 3DSMax 初学者和有一定了解的读者。除 3DSMax 基本概念、界面构成及其功能简介、基本工具及命令的操作和使用技巧等内容外,本书还向读者介绍了有关二维建模、三维造型、复杂建模及动画制作的一般过程及相关的处理方法,同时对灯光设计和环境设置做了具体的实例说明,还介绍了有关材质和贴图中各种技术与特殊效果的应用,以及后期的渲染输出。本书适用于各级读者作为参考书,亦可作为大中专院校的相关学科和专业的辅助教材,以及一般三维设计的实例教程或参考资料。

前　言

计算机图形学技术是计算机学科分支中应用最为广泛的技术之一。在计算机硬件技术日趋成熟的今天,我们积极推广相应软件的应用就显得尤为重要了。在此领域中,有像Autodesk公司的平面设计软件CorelDRAW、Photoshop等优秀软件,而在三维立体图形、图像及动画处理领域,除了Maya、Softimage、Lightwave外,由Autodesk公司开发了3DSMax在众多三维设计软件中独领风骚。3DSMax是一套功能强大的三维图像处理软件,它集二维建模、三维造型、灯光设计、材质编辑、动画制作等功能于一体,给用户提供了方便、快捷、全面的"一条龙"服务,这是它流行的原因之一。另外,它不像其他三维软件必须在价格昂贵的图形工作站上使用,它在配置稍高的PC机上,以WINDOWS系统为操作平台,3DSMax即可流畅地运行并实现其所有功能。3DSMax已成为当前世界上销售量最大的三维建模、动画及渲染软件,被广泛应用于三维设计、角色动画及下一代游戏软件的开发。

如今,3DSMax已经深入应用到各个领域,如家庭装饰、影视及广告创作、自然科学、教育、娱乐、机械设计与制造等等。因此,希望能够了解、掌握该软件使用方法的人也越来越多,并呈快速上升趋势。而在大中专院校的相关学科和专业要求学生也应该掌握这方面的知识,甚至有些专业已经成为必修课程。当前,关于3DSMax的书籍很多,我们大致可以把其分为两大部分,一部分侧重于基本界面和基础知识的介绍,另外一些侧重某一方面的实例和应用,而大部分读者希望能够将两者结合起来学习,编者就是本着这个原则,希望将此书内容安排的尽量满足多层次的需求。

本书共分8章,其中第1章1.1节、1.3~1.7节、第4章、第6章6.3~6.10节、第7章、第8章为张强编写,第2章、第6章6.1节由陈亚霖编写,第3章、第6章6.2节由张庆州编写,第1章1.2节、第5章由张效祎编写。全书由祝玉华教授、王平诸教授给予全面细致的审查和悉心指导。第1章为基础知识、基本技能的介绍和演示,第2至7章分别涉及3DSMAX的调整器与对象的修改、二维造型、三维建模、材质编辑、环境与灯光、动画制作等六大功能模块,在对每一模块知识介绍的同时,都结合具体的典型实例,进行详细深入的说明和演示。第八章为综合实例制作。本书中的一些实例,是笔者多年教学和实际应用的积累,部分也参考和借鉴了其他有关书籍。因此,本书既有入门的相关知识,又有深层次功能的介绍和涉及,读者只要按照书中的要求和步骤进行操作,就会很快的熟悉这门知识,熟练掌握这一工具的使用方法和技巧。

本书编写过程中,宴翔宇、陈春林、孙娜、陈娜、刘飞朋等参与了全书的文字录入、插图等工作,前期格式排版由陈英、王丹完成。本书在出版过程中,得到了王晓君、赵世侃、赵振军等老师的大力支持和帮助,这里向他们表示感谢。

本书引用和参考了国内外有关三维设计领域专家和学者的著作和相关资料,在这里表示真挚的谢意。

由于作者选择版本等原因,书中的一些图片和按钮可能会与读者所操作的软件系统有所出入,但不影响功能和操作。由于时间仓促和水平与经验所限,书中出现的一些不足之处,恳请广大读者、专家给予批评指正。

编者

2008 年 3 月

目　录

第 1 章　基础知识

本章重点介绍了三维设计及创作软件系统 3DSMax 的基础知识，包含基本功能介绍、界面构成、下拉命令菜单的组成和功能，以及各类命令按钮的功能和作用，要求读者从总体上了解该系统中各功能模块的结构和作用。

1.1　3DSMax 简介

假如你希望通过一门课程的学习或一种工具的掌握来拓宽自己的知识面，提高动手能力和实际技能，或者你正在从事广告策划、建筑设计、机械设计与制造、工程设计及相关专业的学习，或者你打算从事影视广告创作、动画制作、电脑游戏开发及电脑艺术创作等方面的工作，3DSMax 是你正确的选择，它会带领你在三维创作领域中任意驰骋，帮助你完成一个个精美的作品。

在本章，为了使读者对 3DSMax 系统有一个全面的认识，我们将对 3DSMax 系统的基础知识做一个简单而全面地介绍，使读者能够从总体上认识和把握 3DSMax 的组成、功能及在各个领域中的应用。

1.1.1　3DSMax 的来历

3DS 是一个英文缩写，它的全称是 3Dimension Studio，直译为三维摄影室。实际上它是一套基于个人微型计算机的多功能立体（三维）动画制作软件。由美国著名的计算机软件公司（Autodesk 公司）于 90 年代初首先推出，以前是基于 MS－DOS 操作系统的 3DS 2.0～4.0 版。目前国内流行的主要是基于 Windows 的 3DSMax，版本从 1996 年 3DSMax 1.0 到 2008 年的 3DSMax 8.0。其中，从 3DSMax 3.1 版开始，该软件系统的功能已经十分完善，是一个非常优秀的版本，比如增加了被称为工业标准的 NURBS 建模方法，与 3DSMax 2.5 版本相比修改一千余处。3DSMax 4.0 版本中并入了以前单独出售的 Character Studio。3DSMax 5.0 版本中加入了功能强大的 Reactor 动力学模拟系统，全局光和光能传递渲染系统。而在 3DSMax 6.0 版本中，将 3DSMax 爱好者期待已久的电影级渲染器 Mental Ray 整合进来。在 3DSMax 7.0 及以后的版本中，增加了多边形（Finaly Edit Poly）编辑器、UV editing 等涉及编辑、着色、渲染共十九个模块。随着版本的不断升级，其功能更加完善和强大，操作也更加简便。

1.1.2　3DSMax 的特点与优势

(1)运行环境要求低

3DSMax 之所以十分的流行,除了其强大的功能外,另外一个重要的原因是它不像其他三维软件一样必须在价格昂贵的图形工作站上使用,而在 PC 机上就能流畅地运行,对硬件的要求相对来说比较低。同时 3DSMax 的性价比较高,它所提供的强大功能远远超过了它自身低廉的价格,一般的制作公司和个人都能承受,这使它迅速走进千家万户成为三维界的大腕级明星。

(2)操作流程化,容易掌握

3DSMax 看似很复杂,其实际制作流程十分简洁高效,可以使你迅速上手。我们不必被一层层的命令和对话窗口所吓倒,了解基本功能,循序渐进,同时注意相互之间的交流和学习,便会很快掌握和熟悉其操作方法。

(3)功能强大,出作品率高

3DSMax 功能涉及几大模块,它集合了二维和三维软件的综合功能,从未接触过该软件的用户一般经过一到两个月的学习,就能设计出较高水平的作品。

1.1.3　3DSMax 的功能

3DSMax 是风靡全球的三维软件,它集二维平面设计、三维建模、材质编辑、着色投影、动画设计和剪辑制作等多种功能于一体。因此 3DSMax 被广泛应用于电视广告、电视剧、科幻电影、动画片的制作、艺术创作、建筑模拟和设计、商业广告设计、封面及装潢设计和模拟各种复杂的机械运动、宏观、微观运动等。

1.1.4　3DSMax 的应用

(1)在工业技术领域中的应用

1)开发新产品。

2)从平面二维图形到三维模拟。

3)产品预演与装配,可将产品的工作运行情况及操作方法用计算机加以模拟,同时可模拟复杂产品的结构与组装过程。

(2)在建筑领域中的应用

1)现代建筑设计中的室内外效果图的设计制作。

2)古建筑设计中模拟制作斗拱、飞檐、雕栏为 3DSMax 的特长。

(3)在电视、电影及广告业中的应用

1)制作动画故事。

2)产生特技效果,包括爆炸、沉船、坠楼等特殊效果的仿真。

3)模拟车辆的相撞和追击及模型动画。

4)商业广告。

(4)在自然科学中的应用

天文学、物理学、化学等领域内的各种现象及运动的模拟和演示。

1.1.5 3DSMax 系统的安装、设置

如果你是初次接触3DSMax系统,那么首先应该在计算机里安装好3DSMax系统软件,然后才能谈论如何正确地使用它。3DSMax系统需要安装在Windows 98/2000/XP或NT 3.51以上版本的操作系统。假如您想使用3DSMax系统的中文操作界面,则需要对其进行汉化或安装其中文版。本书使用的是英文界面,基本版本为3DSMax 7.0,部分章节中对3DSMax 8.0的功能有所涉及和介绍。3DSMax 7.0版本的功能完全能够满足一般用户的需求,且运行稳定,占用系统资源相对较少,建议使用者根据自已机器的硬件配置来选择版本,不必一味地追求高版本而忽视基本功能的掌握。

3DSMax对系统的硬件配置要求相对较高,建议大家使用下面系统配置。

1.1.5.1 主板、CPU

推荐使用主频为1.5GHZ以上的CPU及与之配套的主板。

1.1.5.2 内存、硬盘

至少为128MB,如果要制作较为复杂的动画作品,最好将内存扩充至256 MB以上。内存的大小对3DSMax系统的运行速度有极大的影响,所以,大家要想使自已的3DSMax系统运行的更加快速和流畅的话,就应尽可能地扩大机器的内存。当前计算机的配置,硬盘的容量一般都能满足要求,在数据传输接口上,尽量使用SCSI接口的硬盘。关于SCSI接口我们作以下解释:"SCSI"(Small Computer System Interface)是一种用于快速数据传输的标准并行接口。"SCSI"端口可连接多台设备,并为每台设备分配一个地址,用来表示此台设备的优先级,然后"SCSI"按优先级的高低发送数据,使用SCSI发送数据的速度平均可达32 MB/秒以上,数据传输率明显提高,在"SCSI"上最常连接的外设是硬盘。

1.1.5.3 显示卡

一般VGA显示卡,应至少支持800×600分辨率、256色显示模式。3DSMax最低显示要求为800×600分辨率。如果您的彩色显示器为15英寸,设置为800×600显示分辨率即可。如果您有17英寸以上的显示器,最好将显示分辨率设置为1 024×768以上,当分辨率为1 280×1 024时可以将3DSMax的整个界面完全显示出来,而不用再借助抓手工具,只是整个界面中的字体会变小,所以为了达到更好的显示效果,建议大家选择尽可能大的显示器。为了提高显示及渲染的速度,显示内存最好在32 MB以上,有条件的话可选择双缓冲区的3D图形加速卡。

1.2 3DSMax 界面介绍

1.2.1 3DSMax 的界面布局

本书中介绍的为 3DSMax 7.0 版本，下面我们就正式进入 3DSMax 系统，这里我们将对 3DSMax 系统的操作界面作全面的介绍，详细的操作步骤将在后面章节的实例中学习。由于 3DSMax 系统的操作界面较为复杂，本节的内容对今后的学习和操作非常重要，所以要求大家要循序渐进，对整个系统的界面应有一个全面、清楚的了解，为进一步的学习打下良好的基础。3DSMax 主界面如图 1－1 所示。

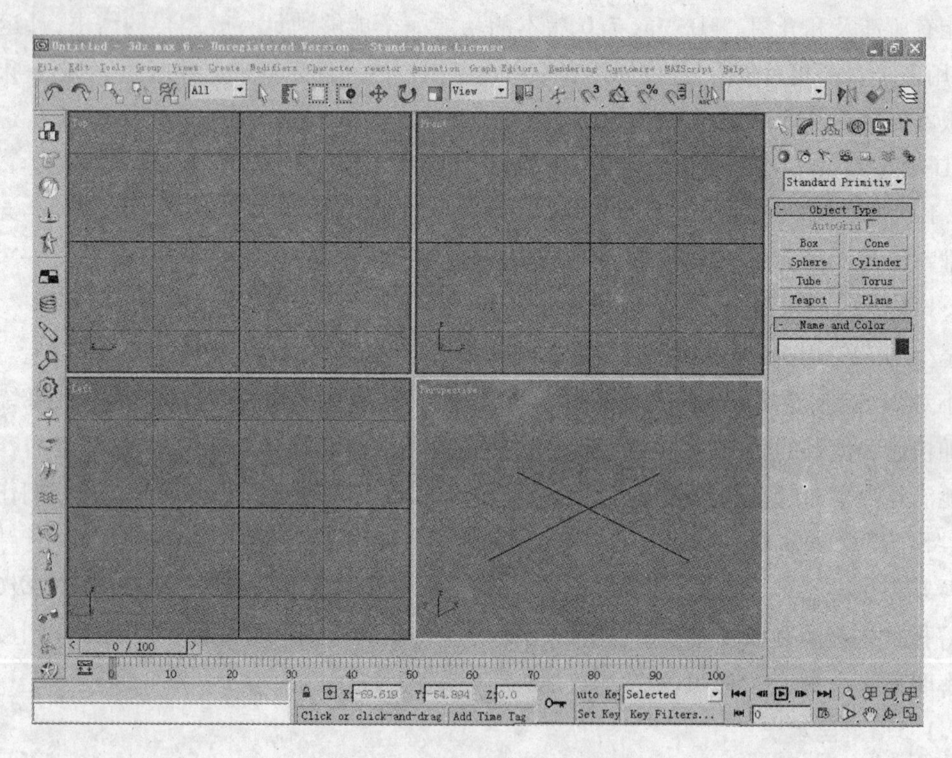

图 1－1 3DSMax 7.0 的主界面

3DSMax 整个操作界面可以分为八个功能区，它们是：

- 下拉式菜单栏
- 工具栏
- 视图区
- 视图控制区
- 命令面板

- 动画控制区
- 捕捉控制区
- 状态行和提示行

下面分别对八个功能区的基本功能做简要介绍。

1.2.2 下拉式菜单栏

下拉式菜单栏为 Windows 标准下拉菜单,每一组相关命令被放置在一个菜单内,如图1-2所示。

File Edit Tools Group Views Create Modifiers Character reactor Animation Graph Editors Rendering Customize MAXScript Help

图1-2 下拉式菜单

屏幕标题栏的下面为下拉式菜单栏,它由15个标准的 Windows 下拉菜单组成,每组菜单里都有若干个相关的命令,用于提供文件管理、建立和修改对象、各类工具的使用、系统设置、渲染输出及寻找帮助等功能。对菜单中命令的访问结果有直接执行和弹出对话框两种方式,带有省略符号的为对话框方式,可通过在对话框中进行选取和设置来执行命令。

下拉式菜单栏

File(文件)菜单:该菜单中包含对3DSMax场景源文件进行新建、打开、保存、合并、导入、导出等操作的命令。

Edit(编辑)菜单:包含一些对物体进行选择和编辑控制的命令,主要是取消和恢复操作、场景当前状态的保存和返回,对象的选定、删除、复制,选择模式和选择区域形状的设置等。

Tools(工具)菜单:用于改变和管理对象的有关属性,用户可对对象进行对齐、镜像、阵列复制等操作。

Group(群组)菜单:可以将多个相关对象进行组合,合并为一个群组,或将群组进行重新分组、组内组间对象的分离合并等操作。

View(视图)菜单:主要是对视图区的显示模式、当前状态及背景等属性进行设置、操作和管理。

Create(创建)菜单:用于场景中的各种类型对象的创建,用户在进行操作时一般都使用右侧的命令面板中与菜单命令一一对应的对象创建按钮,二者在使用时是互动的。

Modifiers(修改器)菜单:通过访问各种类型的修改器对对象的原始参数和每一步的状态进行设定和修改,与修改命令面板中的各种修改器相对应。

Character(属性)菜单:用来创建和增加对象的属性和提供蒙皮工具。

Reactors(反应器)菜单:提供若干类型的反应器,作用于与其对应的对象。

Animation(动画)菜单:用于提供对场景中对象动画属性的控制、约束、参数调整等相关命令,包括骨架及虚拟物体的创建和属性修改等操作。

Graph Editors(图形编辑器)菜单:包含曲线编辑器和图解视图窗口的创建、打开、删除及保存等命令。

Rendering(渲染)菜单:用于设置渲染输出的参数、效果及对象的材质编辑、视频后期处理和动画预览。

Customize(自定义)菜单:主要是对3DSMax界面及有关属性进行设定、管理和使用。

MAXScript(脚本语言)菜单:此为高级菜单,通过用户使用3DSMax自带的脚本语言来编写程序,从而执行对象创建和修改等操作。

Help(帮助)菜单:可随时查阅3DSMax的相关资料和信息,并可连接到公司的网站寻求在线帮助等。

1.2.3　主工具箱

3DSMax系统窗口的大小不是一成不变的,在窗口尺寸改变的同时,只有视图区的大小发生变化,其他功能区的尺寸不会变化。在下拉式菜单栏下有一行按钮,称为主工具箱。在工具箱中包括了一些设计、操作过程中经常用到的工具按钮,大多工具按钮是和下拉文件菜单中的命令一一对应,但通过直接访问工具箱中的按钮操作起来更为快捷方便。3DSMax的主工具箱中的工具较多,一般情况下也不能完全显示,需要借助于手形鼠标左右拖曳来显示,当分辨率为1 280×1 024时可以将3DSMax的整个界面完整出来,而不用再借助手形鼠标滑动工具左右移动。在1 024×768的分辨率下主工具箱部分显示如图1-3所示。

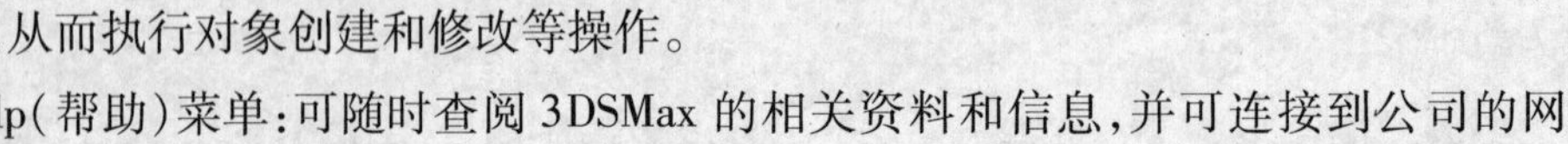

图1-3　主工具箱

如果你刚刚接触3DSMax系统,对它的界面不是很熟悉,或者是忘记了某一工具按钮的名字,那么,将鼠标光标放在该按钮上面停留几秒钟,就会出现该按钮的命令提示,这会帮助你了解这个按钮的功能。

显示多重按钮。右下角带有黑白相间小三角的按钮为多重按钮,将鼠标接近这些按钮按下左键不放,就会弹出另外一些与之功能相近的按钮并可进行相互之间切换显示。

主工具栏

“ ”撤销按钮:撤销最近一次执行的命令,可以在Customize(自定义)菜单栏中访问“Preference Settings”命令对话框,设置“Scene Undo”下的Levels值来设定可撤销的次数。

“ ”恢复按钮:重新执行最后一次撤销的命令。

“ ”选择并链接按钮:用来建立对象之间的属性链接。

“ ”断开链接按钮:解除对象之间的链接关系。

“ ” 空间扭曲效果绑定按钮:将空间扭曲的效果施加给某一对象,使其产生相应效果。

“ ”选择对象类型设定按钮:在复杂的场景中用于设置选择对象的类型,使某一类型的对象成为当前要选择的对象。

“ ” 对象选取按钮:通过鼠标点击或拖出虚框直接选取一个对象。

“ ”按名称选择按钮:打开一个对话框,按对象的名称进行目标的选定。

“ ”矩形选定范围按钮:在视图中通过鼠标拖曳出矩形区域的方式进行对象的选择。

“ ”圆形选定范围按钮:在视图中通过鼠标拖曳出圆形区域的方式进行对象的选择。

“ ”篱笆选定范围按钮:在视图中通过鼠标采用手绘多边形区域的方式进行对象的选择。

“ ”套锁选定范围按钮:在视图中通过鼠标模拟套锁决定选择的区域对对象进行选取。

“ ”窗口/交叉模式开关按钮:设定对象与上述四种选择区域边线的位置关系与选择结果。

“ ”选择并移动按钮:选择一个对象的同时对其空间位置进行变换。

“ ”选择并旋转按钮:选择一个对象的同时对其空间角度和方位进行调整。

“ ”选择与等比缩放按钮:选择对象并使其在X、Y、Z轴上进行等比例缩放变换。缩放的结果是改变体积的大小而不改变形状的比例。

“ ” 选择与非等比缩放按钮:在限定的坐标轴向上对物体进行缩放,缩放的结果是物体的体积和形状都发生变化。

“ ” 选择并挤压按钮:在指定的坐标轴上进行挤压变形,物体保持体积不变,但形状发生变化。即在一个轴向上放大(缩小)的同时会在另一个轴向上等比的缩小(放大)。当此工具开启时,在其按钮上单击鼠标右键,可以调出“比例变换输入”对话框,通过输入数值精确地对物体进行缩放。

“ ”坐标系统下拉按钮,在其下拉列表中包含有八种3DSMax视图坐标系统,坐标系统的名称和应用说明见表1-1所示。

表1-1 3DSMax坐标系统分类

View	视图坐标系统,使用屏幕的默认坐标系统。
Screen	所有的视图都使用同一坐标系统,即屏幕坐标系统。
World	是一种在任何视图中坐标轴向都不变的坐标系统,也叫世界坐标系统。
Parent	将被选择物体的父级物体的坐标系统作为自身的坐标系统,应用于动画制作。
Local	使用物体自身的坐标系统为当前坐标系统。
Gimbal	为使用 Euler XYZ 控制器的对象提供交互反馈操作。
Grid	针对以网格编辑进行辅助制作成的物体使用自身的网格作为坐标系统。
Pick	拾取坐标系统,可以选中屏幕之中的任意对象的坐标系统作为当前的坐标系统。

“”变换控制器按钮:通过设置,将鼠标放在被操作对象上,改变鼠标的上下位置即可完成对其他物体的操纵控制功能。

“”几何中心变换按钮:使用物体自身的几何中心点作为变换的中心点。

“”公共中心点按钮:使用所有选择对象的公共轴心点作为变换的中心点。

“”变换坐标中心按钮:使用当前的坐标系统的中心作为所有选择对象的变换中心点。

“” 2D 捕捉开关按钮:只捕捉和激活网格面上满足设置条件的点,Z 轴或竖直轴被忽略,通常用于平面图形中点的捕捉。

“” 2.5D 捕捉开关按钮:捕捉当前设计面上的点以及其他对象在该面上的投影点。

“” 3D 捕捉开关按钮:三维捕捉为默认的选项,可以捕捉到三维空间内所有满足捕捉条件的点,以上三个按钮主要应用于复杂的三维建模。

“”角度捕捉开关按钮:通过设定角度值,使对象按指定的角度数进行旋转。

“”百分比捕捉开关按钮:通过设定百分比,实现使对象按指定的百分比进行缩放。

“”微调捕捉开关按钮:确定每次单击时改变的微调值的数量。

“”选择集控制按钮:在对话框中可以实现对选择集的创建和管理。

“” 选择集输入工具框:建立并命名选择集合或选择已经存在的选择集合。

“”镜像工具按钮:把选择的对象沿着指定的坐标轴镜像到另一个方向,在镜像的同时也可以作为一种特殊的复制工具,根据实际需要产生原对象的拷贝对象。

“”对齐按钮:将选择的对象与目标对象进行空间位置和方向上的严格对齐。

“” Normal Align(按法线对齐按钮):是将两个对象沿法线进行对齐。根据需要使两个物体沿着指定的表面进行相切,相切分为内切和外切。

“” Place Highlight(放置高光按钮):通过放置高光使物体表面产生特殊的光线和视觉特征。

“” Align Camera(对齐摄像机按钮):将对象放置在需要与摄像机对齐的表面上。

“” Align To View(对齐视图按钮):将对象自身坐标轴与当前视图平面对齐。

“”图层管理器按钮:提供按图层管理对象的功能,特别适用于创建和管理复杂场景。

“”功能曲线编辑按钮:提供强大的动态曲线编辑功能,适用于动画设计场景。

“”图解视图按钮:打开图解视图按钮窗口。

“”材质编辑器按钮:打开材质编辑器窗口进行对象的材质与贴图设计。

“”渲染场景按钮:打开渲染场景对话框,用于设置渲染的各种参数。

“”快速渲染按钮:进行快速渲染最后一帧,可以分为专业级和普通级两种渲染方式。

1.2.4　Pick 拾取坐标系统和 3D 捕捉开关按钮的实例演示

(1)使用 Pick 拾取坐标系统实现小球从斜面滑下动画

在 Front 视图中使用 Box 工具制作一长、宽、高比例合适的方体,使用“”旋转工具按钮使 Box 产生一定角度的倾斜,作为小球下滑的斜面。

在 Box 的倾斜面上建立一球体,调整二者的位置关系。下面要模拟让球体严格从斜面上滑下的物理动态过程。

现在面临的一个问题是,没有一个坐标轴是沿着斜面方向的,这样就造成在设置使小球沿斜面下滑时很难控制让其严格按照斜面的表面移动。当前坐标及 X、Y、Z 轴的指向情况见图 1 - 4 所示。

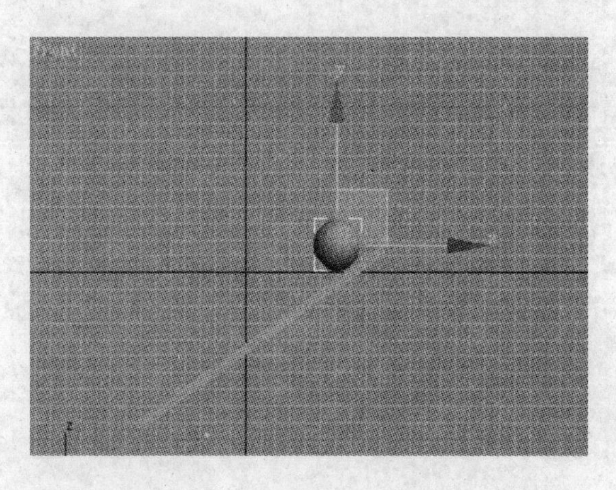

图 1 - 4　默认坐标下的球与斜面

为此我们必须改变当前的坐标系统,即改变 X、Y 轴的方向。过程如下:访问坐标系统下拉列表中 Pick 拾取坐标系统,鼠标单击 Box,这时就会看到小球的坐标轴向发生了变化,X、Y 轴变得与斜面一致,同时在坐标系统下拉框中出现 Box 标志,与其他坐标系统并列,移动小球,限制在 X 轴,即可实现小球严格从斜面滑下。如图 1 - 5 所示。

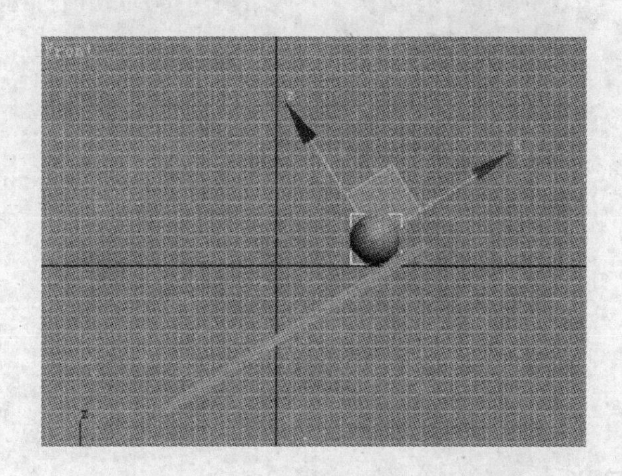

图 1 - 5　Pick 坐标系统下的球与斜面

(2)使用 3D 捕捉开关画楼梯的截面图

楼梯的截面图具有在 X 和 Y 轴的高度和宽度的一致性的特点,为了在 3DSMax 里能高效而准确的画出该图,使用三维捕捉工具是一个不错的选择。

放大 Front 视图,打开“”3D 捕捉开关按钮,当鼠标接近网格交叉点时,鼠标会显示成一个绿色的十字形状,即对该点产生了捕捉效果。

操作鼠标,使其在平行轴每隔四个格捕捉一个交叉点,在垂直轴每隔三格捕捉一个交叉点,最后得到如图 1 - 6 所示的楼梯截面二维造型。

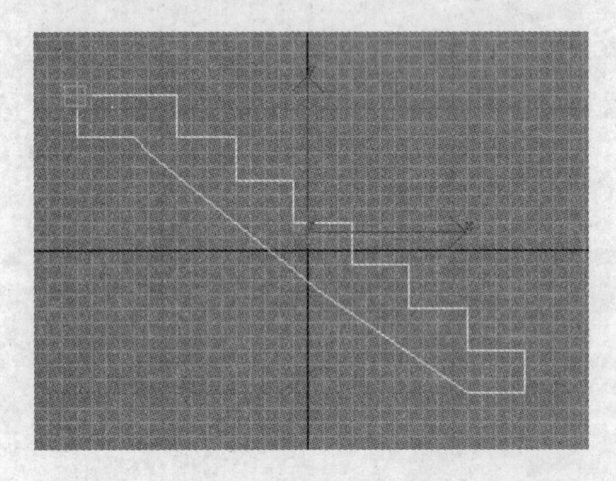

图 1 - 6　楼梯截面二维造型

选择该截面造型,施加 Extrude 拉伸调整器,设置 Amount 参数值为 120,得到如图 1 - 7 所示的楼梯三维造型。

图 1 - 7　楼梯三维造型

1.2.5　反应器工具栏

反应器工具栏也被称做 Reactor 工具栏,为 3DSMax 的外挂程序模块,主要是用来计算硬物或软物的碰撞动力、布料或绳索的摆动效果、液体的流动及涟漪等动态仿真。在动画制作过程中使用的频率较高。反应器工具栏结构和组成如图 1 - 8 所示。

图 1 - 8　反应器工具栏

下面对反应器中各按钮的功能作用加以简单介绍,具体应用在以后相关例子和其他书籍中会涉及,因为本工具栏中各按钮对用户的要求和应用层次相对较高,希望读者结合自身对 3DSMax 使用的侧重点查阅相关书籍和资料,从而能够熟练掌握以下工具的使用场合和操作方法。

反应器按钮介绍

“ ”Create Rigid Body Collection(创建刚体集合):给场景添加刚体集合。

“ ”Create Cloth Collection(创建织物集合):给场景添加织物集合。

“ ”Create Soft Body Collection(创建软体集合):将软体集合添加到模拟场景中。

“ ”Create Rope Collection(创建绳索集合):将绳索集合添加到模拟场景中。

“ ”Create Deforming Mesh Collection(创建变形网格集合):将变形网格集合添加到场景中。

“ ”Create Plane(创建平面):在模拟场景中添加平面造型。

“ ”Create Spring(创建弹簧):将弹簧添加到模拟场景中。

“ ”Create Linear Dashpot(创建线性减震器):将线性减震器添加到模拟场景中。

“ ”Create Angular Dashpot(创建有角减震器):将有角减震器添加到模拟场景中。

“ ”Create Motor(创建马达系统):将马达系统添加到模拟场景中。

“ ”Create Wind(创建风系统):将风添加到模拟场景中。

“ ”Create Toy Car(创建玩具汽车系统):将玩具汽车添加到模拟场景中。

“ ”Create Fracture(创建断列系统):将断列系统添加到模拟场景中。

“ ”Create Water(创建水系统):将水系统添加到模拟场景中。

“ ”Create Constraint Solver(创建约束解散器系统):将约束解散器添加到模拟场景中。

“ ”Create Rag Doll Constraint(创建布娃娃系统):将布娃娃添加到模拟场景中。

“ ”Create Hinge Constraint(创建铰链约束系统):将铰链约束系统添加到模拟场景中。

“ ”Create Point - Point Constraint(创建点 - 点约束系统):将点 - 点约束系统添加到模拟场景中。

“ ”Create Prismatic Constraint(创建棱镜约束系统):将棱镜约束系统添加到模拟场景中去。

“ ” Create Car - Wheel Constraint(创建车轮约束系统):可以将车轮约束到另一对象(如汽车底盘)上,或将其约束至世界空间中的某个位置。模拟期间,轮子对象可围绕在每个对象空间中定义的自旋轴自由旋转,同时允许轮子沿悬挂轴进行线性运动。

“ ” Create Point - Path Constraint(创建点 - 路径约束系统):点到路径约束用于约束两个实体,以使子实体可以沿相对于父实体的指定路径自由移动。

“ ” Apply Cloth Modifier:布料修改器可用于将任何几何体变为变形网格,从而可以模拟类似窗帘、衣物、金属片和旗帜等对象。

“ ” Apply Soft Body Modifier:使用软体修改器可以将几何体转变为可变形的 3D 闭合三角网格,从而在模拟过程中创建可伸缩、弯曲和挤压的对象。

“ ” Apply Rope Modifier:绳索修改器,为选中的对象施加绳子编辑修改器。

1.2.6 视图区

视图区也称为视口(Viewport),是用 3DSMax 系统进行创作的主要工作区域。因此,这个区域在 3DSMax 主界面里被设置的尽可能大。在你选择计算机时,尽可能配置大尺寸的显示器,最好是 17 英寸或 19 英寸的显示器。可利用视口从不同的角度、不同的显示和渲染方式来观察场景。缺省的设置是四个等分的视口,右下角是一个透视视图,利用它可从任意角度显示场景。其余视口是正投影视图,分别可从前面、上面及左面等位置观察场景。视图区的样式如图 1 - 9 所示。

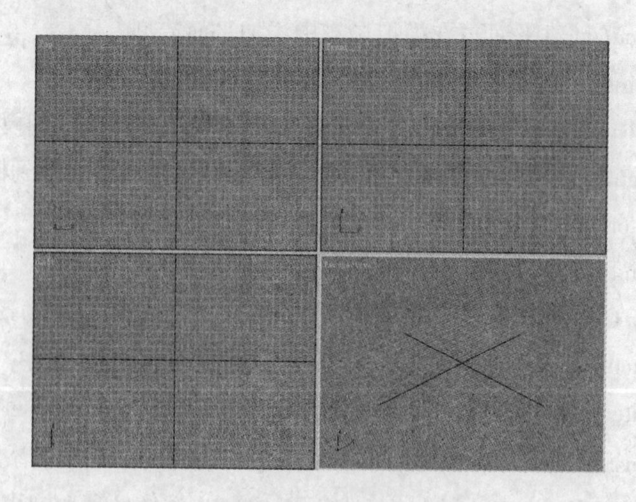

图 1 - 9 视图区

视图区的设置并非是固定不变的,我们可以访问下拉菜单“Customize”→“Viewport”→“Configuration”(视图设置)命令,选择设置面板上的“Layout”进行视图区视窗分布形式地设定。也可通过鼠标右键点击某个视图左上角标识部分,在弹出的浮动菜单里进行视图类型的切换。每个小视窗的类型也可以通过快捷键来转换,常用快捷键的设置如下。

T 键 =“Top” （顶）视图

B 键 =“Bottom” （底）视图

L 键 =“Left”　　　　　　　　　（ 左 ）视图

R 键 =“Right”　　　　　　　　（ 右 ）视图

U 键 =“User”　　　　　　　　　（用户）视图

F 键 =“Front”　　　　　　　　（ 前 ）视图

K 键 =“Back”　　　　　　　　　（ 后 ）视图

P 键 =“Perspective”　　　　　（ 透 ）视图

C 键 =“Camera”　　　　　　　　（摄像机）视图

在 3DSMax 操作界面中有一种十分简洁的模式,叫做专家模式,在这种模式下操作无须用鼠标,可用键盘来实现所有的操作,这种模式要求操作者要熟练掌握各种命令所对应的组合键,对于初学者,无须刻意地去模拟这种操作模式。该模式可通过“Ctrl + X”组合键来实现相互切换。

1.2.7　视图控制区

视图控制区又称为视口导航控制器,视图控制区位于用户界面的右下角。该区内各图标功能主要是控制视口中对象的大小和状态,即改变场景的观察效果。主要涉及各种形式的推拉、摇移和缩放镜头。本区只有八个图标的位置,但这八个图标样式和功能是随着视图类型的变化而变化。下图 1 - 10 是其最常见的一种表现形式。

图 1 - 10　常规视图控制区

常规视图控制区按钮介绍

“”Zoom 按钮:对当前操作视口进行放大和缩小操作。

“”Zoom All 按钮:对所有视口进行放大和缩小操作。

“”Zoom Extents 按钮:将当前激活的视图拉近或推远以显示视图中所有物体。

“”Zoom Extents Selected 按钮:将当前激活的视图拉近或推远以显示视图中被选择物体。

“”Zoom Extents All 按钮:对所有视口中的对象进行完全显示操作。

“”Field of view 按钮:对 Perspective(透)视图进行视野的扩大和缩小操作。

“”Region Zoom 按钮:对当前视口中被选择区域中的对象进行放大操作。

“”Pan 按钮:对当前视口进行上下左右平移操作。

“”Arc Rotate 按钮:对当前视口进行上下左右旋转操作。

“[icon]”Art Rotate Selected 按钮：以选择物体为轴旋转视图。

“[icon]”Art Rotate Sub - object 按钮：以选择的子对象为轴旋转视图。

“[icon]”“Min/Max Toggle”（最小/最大切换）图标按钮：将当前视口放大至占据所有其他视口。

而当前视图变为摄像机视图时，视图控制区中的按钮会转变为另外一种形式，如图 1 - 11 所示。

图 1 - 11　摄像机视图控制区

摄像机视图控制区按钮介绍

“[icon]”Dolly Camera 按钮：利用摄像机在指定方向上拉近或移远场景。

“[icon]”Dolly Target 按钮：在指定方向上拉近或移远观测点。

“[icon]”Dolly Camera + Target 按钮：同时把摄像机和目标在指定方向上拉近或移远场景。

“[icon]”Perspective 按钮：通过移动摄像机以及修改视野来改变场景的观察效果。

“[icon]”Roll Camera 按钮：摄像机旋转操作按钮，使观察对象产生沿坐标轴旋转效果。

“[icon]”Zoom Extents All 按钮：通过减小视野来放大场景，使其中所有对象以最合适的方式显示。

“[icon]”Zoom Extents All Selected 按钮：通过减少视野来放大选定的对象，使其以最合适的方式显示。

“[icon]”Field of View 按钮：更改视图的宽度，类似于更改摄像机镜头或进行缩放而不移动摄像机。

“[icon]”Truck Camera 按钮：摇移摄像机使其垂直于视线。

“[icon]”Orbit Camera 按钮：围绕目标旋转摄像机。

“[icon]”Pan Camera 按钮：围绕摄像机旋转目标。

“[icon]”Min/Max Toggle 按钮：使当前视口最大化，即充满屏幕。再次单击该按钮可以回到原来状态。

1.2.8　命令面板

命令面板位于用户界面的右侧。它的结构比较复杂，内容丰富，我们今后将主要依靠它进行工作。命令面板中的图标及命令按钮是按树状结构设置的。命令面板结构如图 1 - 12 所示，它的一级图标有六个，名称及功能见表 1 - 2。

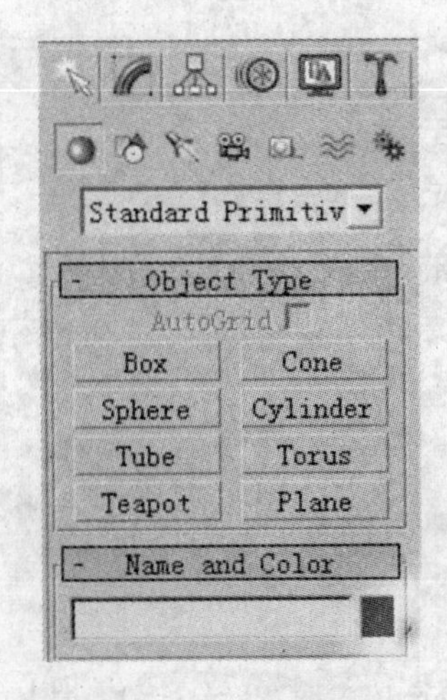

图1－12　命令面板

表1－2　命令面板中一级命令按钮介绍

按钮	名称	功能
	Create（创建）命令	建立场景中的各种对象。
	Modify（修改）命令	对场景中的各种对象进行修改和调整操作。
	Hierarchy（层级）命令	进行对象的轴心、层次结构和连接信息的设定。
	Motion（运动）命令	设置动画和分配运动控制器。
	Display（显示）命令	显示、隐藏和冻结对象命令。
	Utilities（程序）命令	外挂程序模块。

每个一级按钮又包含有若干下级子菜单，下面我们将一一介绍。

创建命令按钮

其下有七个二级命令按钮，它们是：

“ ” Geometry（创建几何形体）按钮

单击该按钮用于创建三维物体、粒子系统及曲面等。3DSMax启动或系统重置时的缺省用户界面即为本按钮的使用界面。

“Standard Primitives”（标准几何形体），如“Box”（长方体），构成其参数如图1－13所示，“Cone”（锥体），构成参数如图1－14所示。

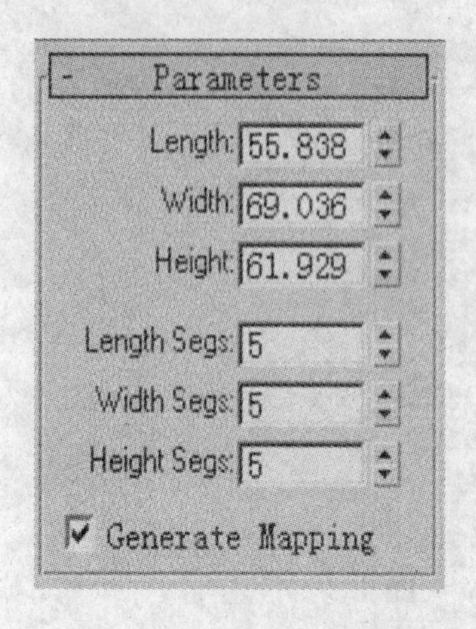

图 1 - 13　Box(长方体)

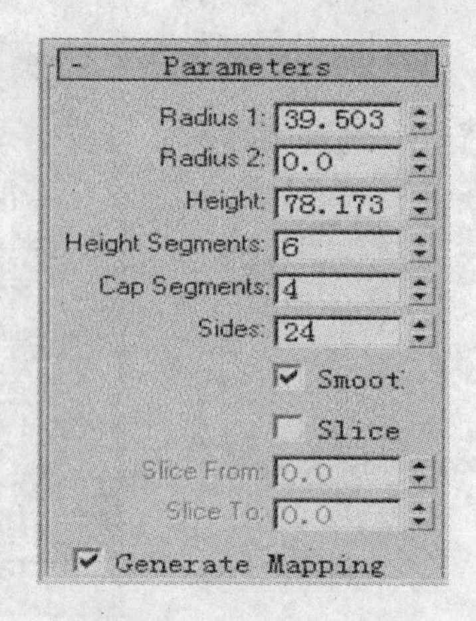

图 1 - 14　Cone(锥体)

"Box"长方体参数中,"Length"(长)、"Width"(宽)、"Height"(高)决定了长方体的形状,而"Length Segs"(长段数)、"Width Segs"(宽段数)、"Height Segs"(高段数)则决定了长方体的复杂度。所谓三维对象的复杂度是指构成三维对象的点、线、面的多少,随着段参数的增加,段所构成的面增加,段与段的交叉点增加,构成对象的元素越来越多,对象就越复杂。不同的三维对象由不同的参数构成,如锥体是由上、下面的半径和高来决定,以上两种三维对象在三视图中具体表现如图 1 - 15 所示。

图 1 - 15　长方体和锥体

其余几种标准几何形体分别是:

Sphere(球体)

GeoSphere(几何球体,与球体的区别是构成曲面的结构和形状不同,前者是平行的,后者是网状的)

Cylinder(圆柱)

Tube(圆管)

Torus(圆环)

Pyramid(四棱锥)

Teapot(茶壶)

Plane(平面)

如图 1 - 16 所示。

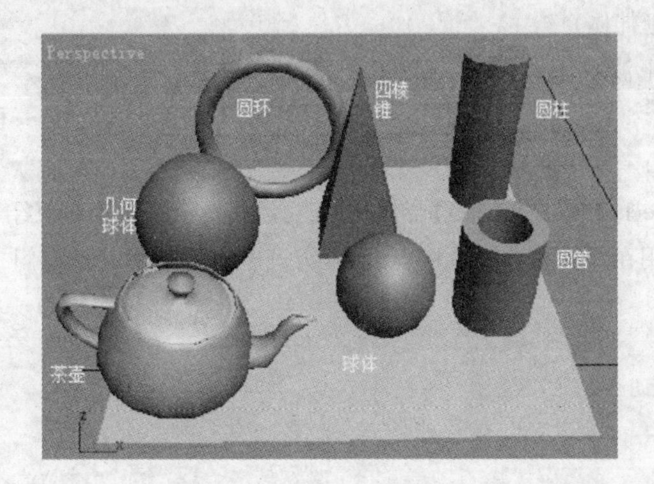

图 1 - 16　标准几何形体

Extended Primitives(扩展几何形体) 如图 1 - 17 所示。

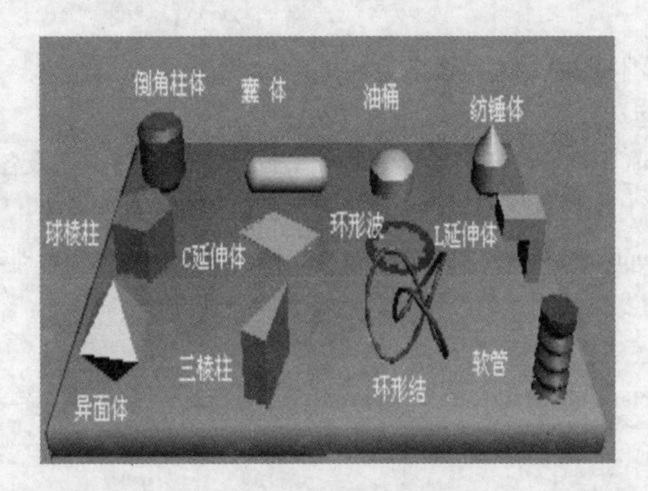

图 1 - 17　扩展几何形体

Hedra (异面体)

Torus Knot(环形节)

ChamferBox(倒角方体)

ChamferCyl(倒角柱体)

OilTank(油桶)

Capsule(胶囊)

Spindle(纺锤体)

L - Ext(L形延伸体)

Gengon(球棱柱)

C - Ext(C形延伸体)

RingWave(环形波)

Hose(软管)

Prism(三棱柱)

Compound Objects合成对象,通过合成对象工具,将两个或多个对象经过运算合成为一个复杂对象,具体应用在以后的学习中将逐渐涉及,读者也可参考其他专门书籍。常用的合成工具有以下9种:

Morph(变形)

Scatter(离散)

Conform(包裹)

Connect(连接)

Mesher(网格化)

Loft(放样)

Terrain(地形)

ShapeMerge(形体合并)

Boolean(布尔运算)

"Particle systems"(粒子系统),产生各种类型粒子,模拟大气效果及各种自然现象。

"Patch Grids"(片面网格),用来建立高低起伏的山体和不规则对象。

NURBS (non uniform rational B - spline), Surfaces (NURBS曲面),即非均匀有理B样条线。样条线:即通过相关控制点和控制手柄将线条塑造成任何所需样子。

AEC Extended (建筑扩展),生成各种类型的树木。

Dynamics Objects(力学对象),即Damper(弹簧)与Spring(阻尼器)

Stairs(楼梯)

Doors(门)

Windows(窗)

" " Shape(创建二维样条线)按钮

单击该按钮用于创建二维平面图形,单击其下的命令按钮即可在视图中创建相应的二维

图形。3DSMax 系统中标准的二维平面图形有 11 种,它们分别是:

Line(线段)

Rectangle(矩形)

Circle(圆)

Ellipse(椭圆)

Arc(圆弧)

Donut(圆环)

NGon (N 边形)

Star(星形)

Text(文字)

Helix(螺旋线)

Section(扇形)

通过施加编辑样条线调整器"Edit Spline",对二维图形对象进行布尔运算、连接、焊接、断开、增加删除接点等操作可将这些规则的二维图形合成为复杂的二维模型,以满足进一步进行三维建模的需要,关于编辑样条线调整器的功能和使用方法在后续章节里有专门介绍。

" " Lights(创建灯光)按钮

单击该按钮可以在视图中创建场景所需要的灯光,总共有"Omni"(泛光灯)、"Target Spot"(目标聚光灯)、"Free Spot"(自由聚光灯)、"Target Direct"(目标平行光)、"Free Direct"(自由平行光)五种类型的灯光。在视图中创建灯光时只要在该面板下选择相应的灯光类型命令按钮即可。

" " Cameras(摄像机创建)按钮

单击该按钮可以在视图中创建所需要的摄像机,在视图中创建相机只需在命令面板上选择相应的命令按钮,并在视图中合适的位置拖动鼠标即可完成。

关于灯光和摄像机的类型、建立、设置方法以及在场景中的应用实例将在本书后面章节中专门介绍。

" " Helpers(辅助工具)按钮,在场景中建立辅助对象,然后作用于其他对象以产生特殊的运动效果,主要应用于动画。

" " Systems(系统),下有"Bones"(骨骼)、"Ring Array"(链阵列)、"Sunlight"(太阳光)等系统模块。

1.2.9 动画控制区

用于动画的记录、播放和设置,位于屏幕的下端,如图 1-18 所示。

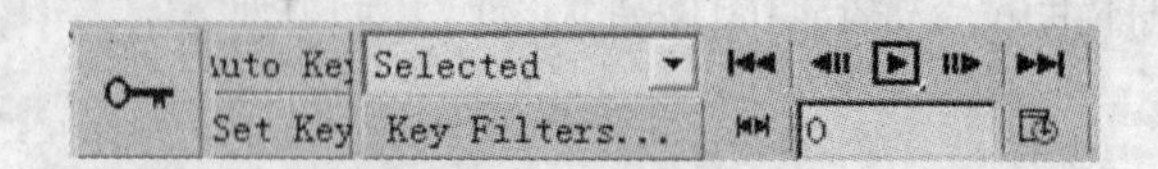

图1-18　动画控制区

“”Set Keys(设置关键帧):单击此按钮即可设置关键帧,该按钮一般需配合 Set key 使用。

“”Toggle Auto Key Mode(关键帧模式自动设置开关):自动设置关键帧。打开该按钮,当场景中的对象的有关参数或空间位置、方位、大小因移动、旋转、缩放及施加调整器等操作而发生变化时,系统则会自动记录下关键帧并生成动画。

“”(关键帧模式手动设置开关):与“Auto Key”不同的是,单击此按钮后,无论在场景中怎样进行移动、旋转、缩放等操作时,都不会自动生成关键帧,除非单击“Set Keys”按钮使其在某一位置和时段生成关键帧。

“”Open Filters Dialog(关键帧过滤器):此按钮用于动画运动类型的分类。

帧控制按钮:

Go to Star(到达开始帧): 返回到动画的开始帧。

Previous Frame(进入前一帧画面):使画面恢复到当前帧画面的前一帧,若当前为0帧,则移动到最后一帧。

Play Animation(播放动画):在当前激活的视图中播放动画。

Next Frame(进入后一帧画面):将时间滑块向后移动一帧,若当前为最后一帧,则移动到第0帧。

Go to End(到达结束帧):进入动画的结束帧。

“”时间控制器:显示当前所在帧的数字号码,还可以快速地进入指定帧位置,在数字栏中输入数值后按下回车键即可。

“”Time Configuration(时间设置):单击该键后进入时间设置对话框,可设置整个动画的帧数,从而决定动画的长度。

1.2.10　状态行和提示行

在屏幕的最下位置是状态信息栏,它用于显示场景中所有对象的数目、锁定操作对象、当前鼠标的位置、当前使用的栅格间距等。左侧的“MAXScript”脚本栏仅供高级用户使用。

1.3　自定义 3DSMax 用户界面

通过访问下拉式菜单“Customize”下的“Customize User Interface...”命令。可以打开自定义用户界面对话框,如图1-19。

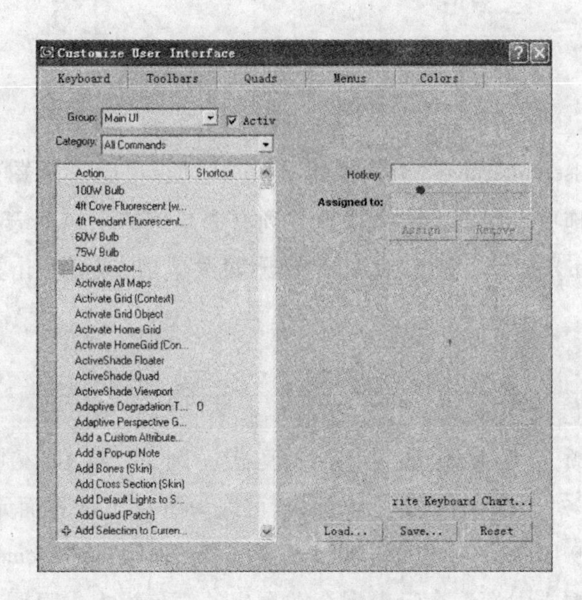

图 1－19　自定义用户界面

该对话框共有 5 个选项面板，包括“Keyboard”键盘、“Toolbars”工具栏、“Quads”方行菜单、“Menus”下拉菜单、“Colors”颜色。

1.3.1　设置快捷键

通过“Keyboard”面板中可以给命令指定键盘快捷键。从“Group”下拉列表中选择某一个界面时，列表中将显示该界面下所有命令及所对应的快捷键。勾选和取消“Active”选项，可以实现快捷键的打开和关闭。通过热键的设定，配合“Assigned To”命令，可以实现把热键分配给选定的命令，也可以清除某一命令所对应的热键。

1.3.2　自定义工具栏

使用“Customize User Interface ”对话框的“Toolbar”面板可以对工具栏进行重新定义和设定。“Toolbar”面板包含了与“Keyboard”面板相同的“Group”和“Category”下拉列表。单击“New”按钮即可打开一个简单的对话框，可以给新工具栏命名。使用“Delete”按钮可以删除工具栏。“Rename”按钮用于给当前工具栏重命名，也可保存工具栏，工具栏的扩展名为.cui。

1.3.3　自定义界面

通过访问下拉式菜单“Customize”下的一系列 UI 命令，如“Load Custom UI Scheme”可实现加载某一特定工作环境下的界面文件，或使用命令“Save Custom UI Scheme”把包括新工具栏在内的界面保存到一个自定义的界面文件，3DSMax 默认界面文件后缀为 UI。系统提供的默认界面文件名为“DefaultUI”。如果用户默认界面不小心发生了变化，可以通过调用该文件恢复系统界面的最初状态。

1.3.4　设置菜单

使用“Customize User Interface ”对话框的“Menus”面板可以实现菜单的重新设置。

可以通过鼠标的拖曳操作把一些命令拖放到右边菜单的下拉列表中去。菜单可以保存为文件(扩展名为.mnu)。可以使用“Delete”键删除菜单项,或者右击并从弹出菜单中选择“Delete Item”。

1.3.5　设置颜色

在3DSMax中,颜色常常代表当前的模式。例如,红色表明动画模式。使用“Customize User Interface...”对话框中的“Colors”面板,可以为所有Max界面元素设置自定义颜色。该面板位置如图1-19所示,其中包含了两个窗格。上部显示了“Elements”下拉列表中所选界面的可用项。选择列表中的一个元素则会在右边的颜色样本中显示其颜色。下部显示了可以改变的自定义颜色列表,这些颜色会影响界面的外观。例如,“Highlight Text”(高亮文本)代表了界面外观。“Scheme”(方案)下拉列表可以更改颜色方案,能够在自定义颜色和“Windows Default Colors”(默认颜色)之间进行切换。

可以把自定义颜色设置保存为扩展名为.clr的文件。Apply Colors Now按钮可用于立即更新界面颜色。

1.3.6　文件路径的配置

使用“Customize”下的“Configure Paths”可以打开一个对话框。如图1-20。

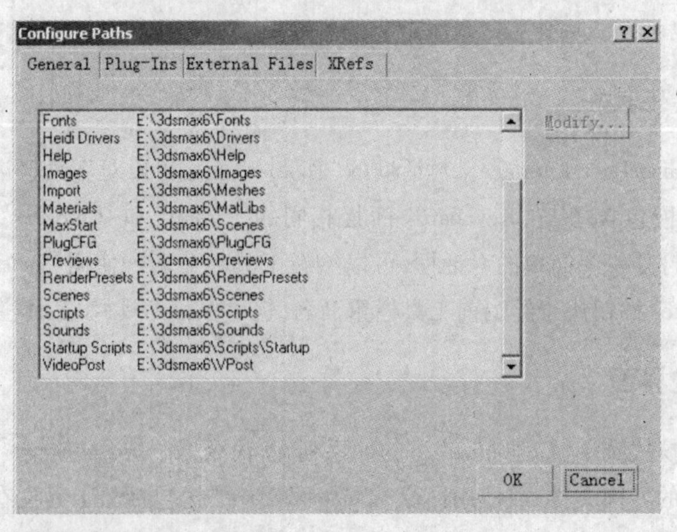

图1-20　文件路径配置

在安装3DSMax时，所有不同类型的文件被分别指定安装在不同的默认子目录下。在用户使用过程中新建立的不同类型的文件也被默认的保存在相应目录下，如，*.max文件被保存在Scenes目录下，渲染输出的图片文件被默认保存在Images目录下。若要修改一个路径，只要选定路径并单击“Modify”按钮即可。使用“File”对话框可以重新定位新目录。

1.4 创建对象的基本方法及属性设置

1.4.1 几种基本创建对象的方法

可通过访问菜单下的基本命令、对象建立命令面板和键盘专家模式三种方式来建立基本对象。菜单模式和命令面板模式是同一命令的两种不同的分布方式，使用界面右侧的命令面板建立对象直观、方便。而专家模式则要求用户通过键盘输入命令来完成对象的创建操作。菜单和命令方式最为常用。

以“Tube”(圆管)为例说明基本几何体的创建过程。

第一步：默认状态下，在命令面板的下拉列表中选择“Standard Primitiv”下的“Tube”按钮，单击左键，使其下陷呈黄色。

第二步：在“perspective”视口中点击鼠标并拖动，确定Tube的“Radius1”(半径1)的大小。

第三步：单击鼠标左键，继续拖动鼠标确定“Radius2”(半径2)的大小。

第四步：上下拖动鼠标，确定圆管的“Height”(高度)。参数如图1-21所示。

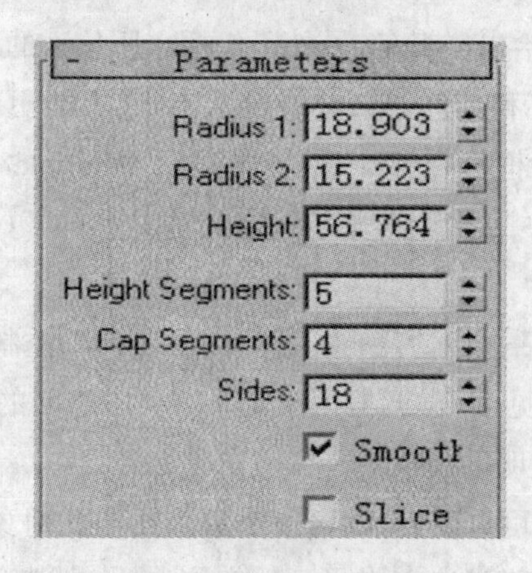

图1-21 圆管的参数

圆管在各视口中的效果如图1-22。

可通过选择“”(修改器)，访问修改器堆栈，在“Parameters”面板下，对圆管的初始建立参数进行修改。这就是3DSMax的对象参数化概念，在调整器一章里还要做详细介

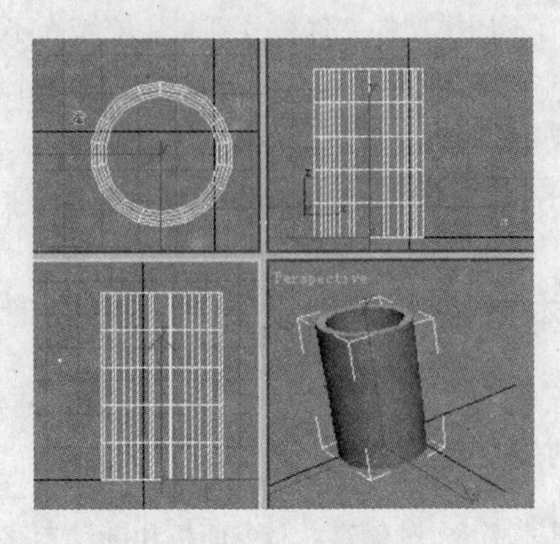

图 1-22　圆管图

绍。也可访问"+ Keyboard Entry"按钮，用键盘输入参数的方法来建立对象。

1.4.2　设置对象属性

当选定了一个或多个对象后，可以通过访问下拉式菜单"Edit"中的"Object Properties..."命令查看对象属性。也可右键单击该对象并从弹出的浮动菜单中选定"Properties"。图 1-23 显示了"Object Properties..."对话框。该对话框中包括 4 个面板："General"（常规）"Adv. Lighting"（高级灯光）"mental ray"（感应光线）"User Defined"（用户定义）。

对话框"General"面板在"Rendering Control"区域列出所选单个对象的详细信息。包括对象名称、颜色、节点数和面数，以及该对象的父级对象和子级对象的数量、材质类型和名称。如果它是一个群组的成员还会给出群组名，另外还包括它所位于的层。

对象的一些信息（除名字和颜色外），只能显示出来，不能更改。如要显示多个对象的属性，则"Object Properties"对话框会在"Name"域中显示"Multiple Selected"文本。所有这些对象都具有的属性将显示出来。在多个对象被选定的情况下，可以一次完成对这些对象属性的设置工作。

在"Object Properties"对话框中，"Rendering Control"（渲染控制）区域包括了影响对象渲染方式的选项。"Visibility"（可见度）微调器用于定义对象不透明的值。当值为 1 时对象完全可见，值为 0.1 时对象几乎是透明的。

"Inherit Visibility"（继承可见度）选项可使对象采用与父对象一样的可见度设置。"Renderable"选项可确定对象是否被渲染。如果不选定该选项，则其余选项就都是被禁用的，因为不渲染对象，它们就没有任何效果。使用"Visible to Camera"（摄影机可见）"Visible to Reflection/Refraction"选项，可以使对象对于摄影机或任何反射、折射不可见。这个特性应用于测试场景元素和光线场景。"Receive Shadows"（接受阴影）和"Cast Shadows"（投射阴影）选项控制着对选项对象渲染阴影的程度。使用"Apply Atmospherics"（应用大气效果）选项可以启用

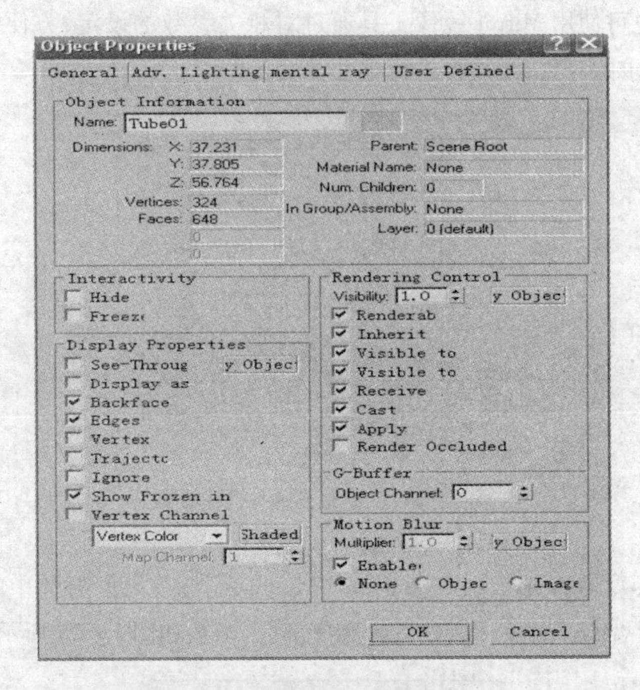

图 1 - 23　对象属性设置对话框

或禁用渲染大气效果。大气效果会延长渲染的时间。

使用“G - Buffer Object Channel”(G 缓冲区对象通道)值可以给对象应用“Render”或“Video Post”效果。通过将“Object Channel”值与效果“ID”相匹配,可以将一些特殊效果通过某些类型的对象表现出来,如通过粒子系统设置闪烁的星光效果。

1.5　实例制作

1.5.1　沙发造型

通过沙发造型的制作,让读者掌握和熟悉使用 3DSMax 提供的基本的三维对象组合成一个实体的过程,具体步骤如下。

执行“File”→“Reset”命令,将整个场景复位。复位场景的作用是使 3Dsmax 系统所有的参数都恢复为默认状态。

访问“Creat”→“Geometry”→“Extended Primitives”中的“ L-Ext ”按钮,在“Front”视图中建立一个“L”形延伸体,参数如图 1 - 24 所示,其余参数保持原始值不变。

在“Front”视图中,选择“L”形延伸体,按下键盘上的“Shift”键,然后按下“ ”移动命令按钮,复制另一个“L”形延伸体,选择这个对象,在“Front”视图中使用“ ”旋转工具沿 Y 轴旋转 180 度,在“Top”视图中移动沿 X 轴对齐,这两个“L”形延伸体作为沙发造型的左右两条腿。在本步骤中,也可使用 Mirror 镜像工具通过对相关参数的设定,方便快捷的复制出另一个符合空间位置要求的对象,无须再进行移动和旋转操作。

Parameters
Side Length: -20.0
Front Length: 14.0
Side Width: 4.0
Front Width: 5.5
Height: 30.0

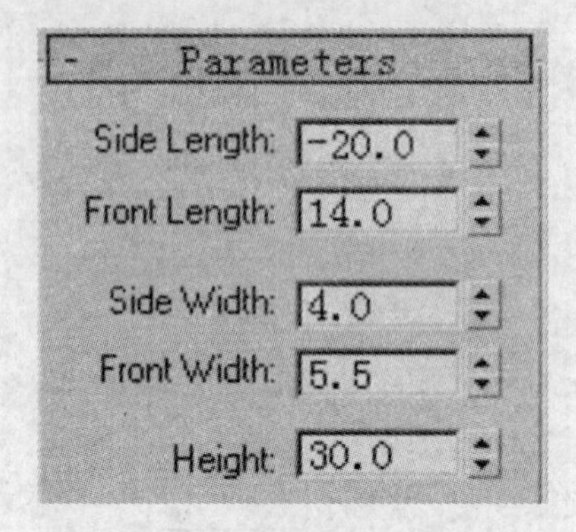

图 1-24　“L”形延伸体基本参数

访问“Creat”→“Geometry”→“Standard Primitives”标准几何形体中的“Box”长方体,在“Top”视图中建立一“Box”对象作为沙发的底座部分,参数如图 1-25 所示。

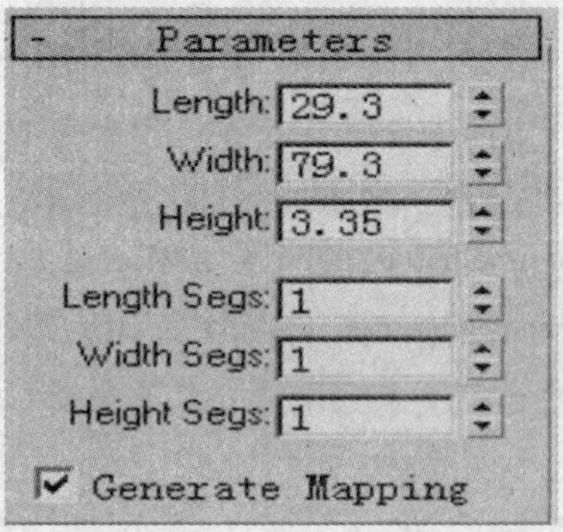

Parameters
Length: 29.3
Width: 79.3
Height: 3.35
Length Segs: 1
Width Segs: 1
Height Segs: 1
Generate Mapping

图 1-25　沙发底座的参数

四个视图中各个对象的位置关系如图 1-26 所示。

Perspective

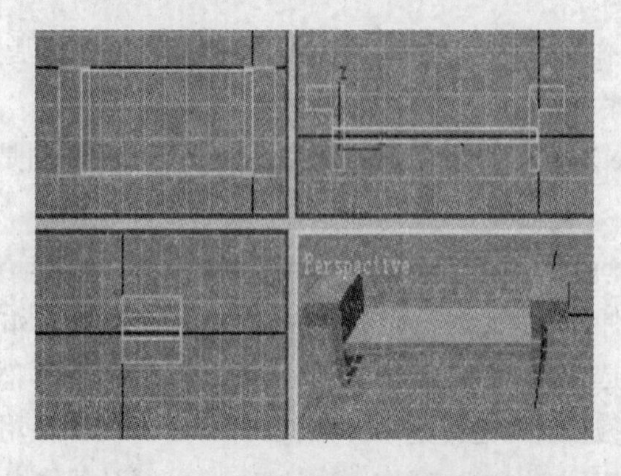

图 1-26　沙发基本部件位置关系

在 Front 视图中建立一个大小适中的“BOX”作为沙发的靠背，在“Left”视图中沿“Z”轴旋转一个小的角度，完成沙发倾斜靠背参数的设定过程。

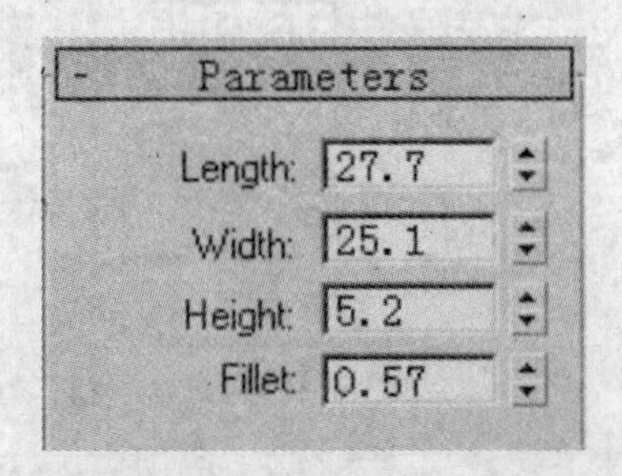

图 1－27　倒角方体参数

访问“Creat” →“Geometry” →“Extended Primitives”中的“ChamferBox”按钮，在 Top 视图中建立一个倒角方体，参数如图 1－27，再按步骤三的方法复制两份作为沙发的坐垫。

访问“Capsule”按钮，在 Front 视图中建立一囊体，复制一份，作为左右两个扶手。制作相关材质，调节观察角度，渲染输出如图 1－28 所示。

图 1－28　沙发造型最终渲染图

1.5.2　弹簧伸缩动画的制作

在 3DSMax 6.0 以上版本中，已经有弹簧的三维模型，本例中使用二维图形 Helix（螺旋线）和 Circle（圆），一个作为路径，一个作为截面，通过 Loft（放样）复合命令制作出弹簧的三维造型，再通过改变螺旋线的高度来实现弹簧的拉伸和压缩动画。

执行“File” → “Reset”命令，将整个场景复位

访问“Creat” →“Shape”中的“Helix”按钮，在 Top 视图中建立一螺旋线作为弹簧的基本路径，参数如图 1－29 所示，其余参数保持原始值不变。

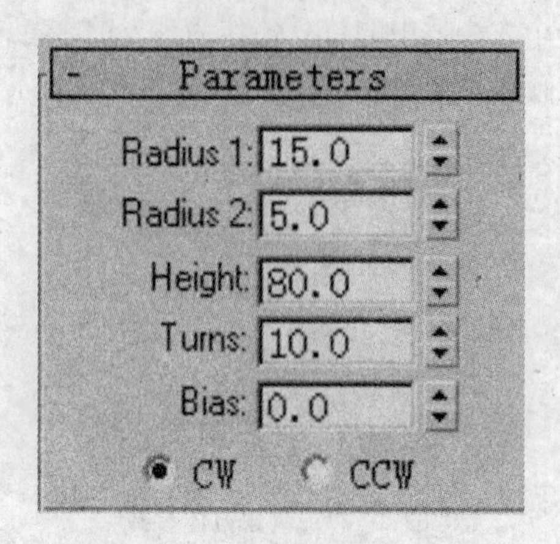

图 1－29　螺旋线基本参数

在 Front 视图中，使用"Circle"按钮建立一 Radius（半径）为 1 的圆作为弹簧的截面，如图 1－30 所示。

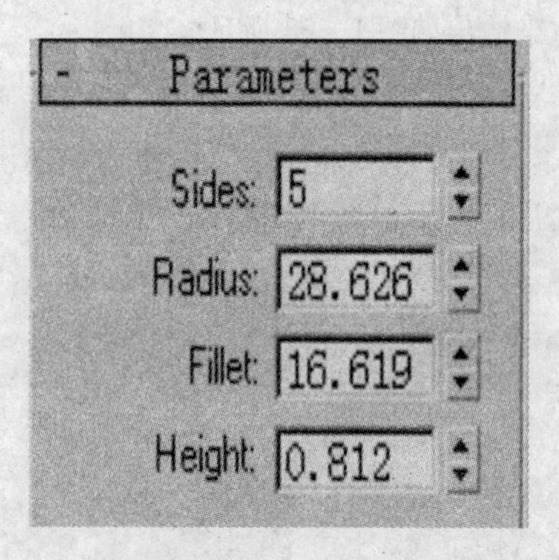

图 1－30　截面圆的参数

访问"Creat" →"Geometry" → "Compound Objects"合成对象中的"Loft"按钮，选择螺旋线，点击 Loft 参数中的"Get Shape"按钮，将鼠标移向小圆，点击右键，这时，螺旋线变成了三维实体弹簧，实际上二维螺旋线仍然存在。

制作一个托盘，放置于弹簧之上。过程如下：访问"Creat" → "Geometry" →"Extended Primitives"中的"Gengon"按钮，在 Top 视图中建立一个棱柱作为托盘的底。

访问"Creat" →"Geometry" →"Standard Primitives"标准几何形体下的"Tube"圆管，制作一个边数为 5 的圆管作为托盘的四周，参数如图 1－31 所示。通过移动和旋转工具将两个对象对齐，调整好位置关系。

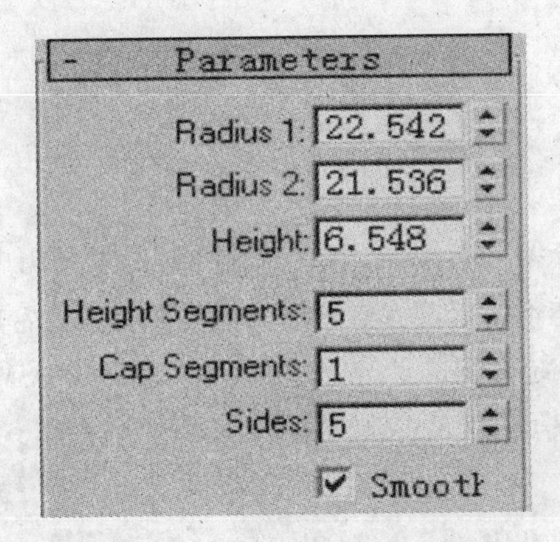

图1-31 托盘周边的参数

整个场景如图1-32所示。

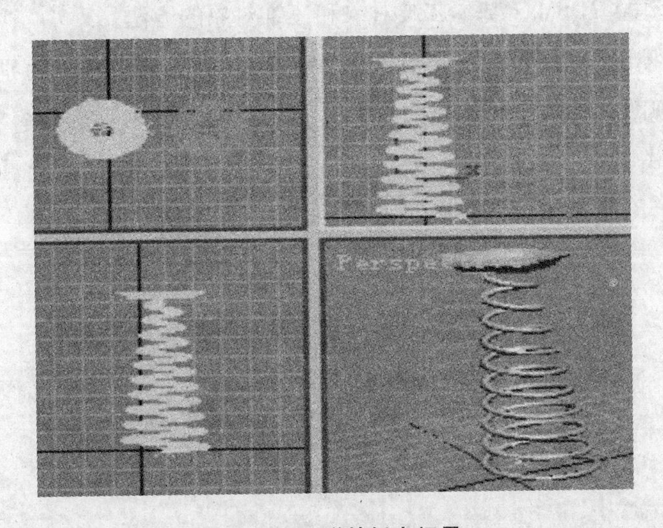

图1-32 弹簧托盘场景

制作动画，选择螺旋线，将其从弹簧的位置上移出，访问Modify命令，找到螺旋线建立的原始参数。

点击动画记录按钮“Auto Key”使其呈红色，拖动视图区下的帧滑动按钮到第25帧，按下关键帧控制按钮“ ”将25帧定为关键帧，将螺旋线原始参数中的Height(高)由80改为20，这时可以看到弹簧随着螺旋线高度的减小而被压缩。选择托盘，同样将第25帧设为关键帧，在Front视图中将托盘的位置移动到被压缩后弹簧的顶部，这样即完成了前25帧动画的制作过程，播放动画观看效果。

将第50帧、75帧、100帧分别设置为关键帧，50帧时将螺旋线高度恢复为80，托盘移动到最初的位置，75帧、100帧则重复前两个关键帧。渲染输出。保存为avi视频文件，可脱离系统进行播放，观察效果。

1.6　本章小结

本章从总体上向读者介绍了有关3DSMax软件系统的发展历史、组成模块及其功能应用。对有些具体的知识点和操作不要求读者做过深的探讨和验证。希望通过本章的介绍和学习，读者能够增加对3DSMax系统知识的了解，激发学习兴趣，对3DSMax的框架和制作流程有一个整体的把握，为下一步的学习打下基础。

1.7　习题与练习

(1)请列出3DSMax的八大功能模块。

(2)熟悉掌握建立3DSMax基本二维对象和三维对象的方法。

(3)指出视图控制工具“Zoom”与“Zoom Extents”的功能与区别。

(4)3DSMax视图有哪些？默认视图有哪几个？它们之间如何转换？将3DSMax的视图格局改变为样式。

(5)指出T键、B键、L键、R键、K键、C键所代表的视图类型。

第2章　选择与变换

在3DSMax系统中,当场景中的对象较多时,很难再准确的使用鼠标直接单击进行对象的选取,这时需要借助于功能更为强大的选择工具。正确的选择对象是对对象进行编辑、修改和变换的前提。

变换是指通过移动、旋转和缩放来调整场景中各个对象的空间位置关系、自身的形状和比例,使它们更加符合客观实际需要。在本章,通过对选择和变换的说明,使读者掌握3DSMax中对对象进行操作的技能和技巧。

选择和变换工具在工具栏中的位置和构成,如图2-1所示。

图2-1　选择与变换工具栏

注意:将鼠标移近各个工具按钮并停留,会弹出一个英文提示,即为此按钮的名称和功能解释。

2.1　选择方法

2.1.1　基本选择

所有的对象只有在选择以后才能施加各种各样的操作。对于对象的选择,可以直接使用选择工具“ ”(Select Object)进行选择。单击使其下陷变为黄色(当工具按钮下陷呈黄色,表示该按钮为当前选择使用的工具。当准备使用某一按钮时,用左键单击它使之下陷变黄即可),使用选择按钮以后,在视图上通过左键的单击可以选择指定的对象。所有被选择的对象在线框方式下是白色的线框,在三维实体方式下会有一个白色的八边框显示。在单击选择一个对象的同时也就结束了另外一个对象的选择。如果在视图的空白处单击鼠标,则会取消当前的全部选择,在选择对象的时候可以配合键盘上的“Ctrl”键进行选择操作,这样可以进行多个物体的选择。也可以再次按下左键再配合“Ctrl”键,实现将当前被选择的对象取消选择状态。

基本选择工具还可以配合区域选择工具在视图中拉出虚线框进行选择。

2.1.2　区域选择

使用选择工具,不仅可以单击对象进行选择,而且可以利用鼠标在视图中拖出一个区域进行对象的选择。而区域的形状可通过使用“ ”(Selection Region)按钮的选择来确定。选择区域选择工具,配合使用键盘的“Ctrl”键,可以在原有区域的基础上增加新的区域进行对象的选择,配合使用键盘的“Alt”键可以取消对原有区域中对象的选择。

单击“ ”图标右下方白色三角可以看到系统提供区域选择形状的几种方式,在默认的情况下为矩形框选取,在这里还可以进行其他框选方式的选择和切换。

“ ”(Rectangle,矩形区域)选择框为矩形

“ ”(Circle,圆形区域)选择框为圆形

“ ”(Fence,篱笆工具)选择框为手绘多边形

“ ”(Lasso,套索工具)选择框为自由区域

“ ”手工绘制选择区域

下面通过实例讲述区域形状中圆形框选方式的使用场合:

例如,使圆柱体的顶部产生圆形突起效果:

访问“Creat”→“Geometry”→“Cylinder”,在“TOP”视图中建立一个柱体,设定其各项参数如图2-2所示。

访问“Modify”命令面板,在“Modifier List”中选择“Edit Mesh”(编辑网格)调整器,选择“Vertex”(节点)操作层次。

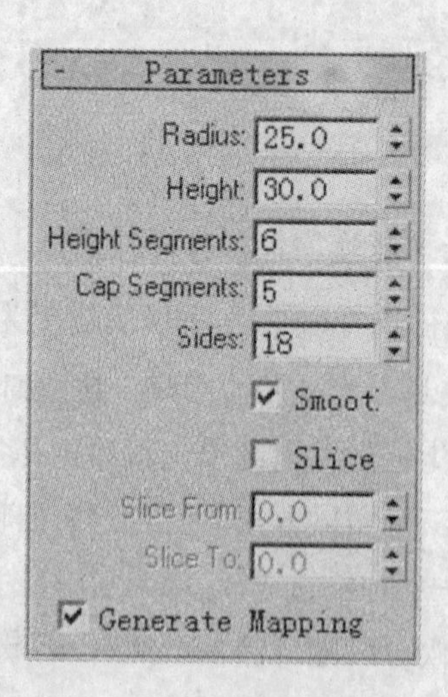

图2-2　圆柱体的各项参数

选择圆形区域工具,在“TOP”视图中从圆柱体顶部的中心向外拖动,在圆形区域内的节

点都变成红色。这里，只有通过圆形区域选择工具才能实现从中心向外的圆形区域的选择和变化。

在 Front 视图中，使用移动工具将红色部分上移，结果如图 2－3 所示。

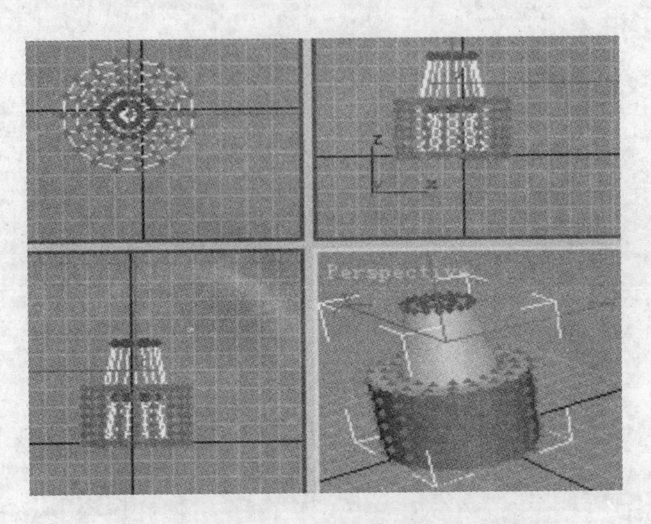

图 2－3　圆柱体的顶部产生圆形突出效果

2.1.3　选择模式

在选择工具栏中按钮“ ”为选择模式切换按钮，即交叉“Crossing”模式和窗口“Windows”模式，该选项为框选模式选项，默认的是“Crossing”交叉框选，在这种模式下，包含在框选区内或与框边沿线相接触的对象都会被选中。如图 2－4 所示。

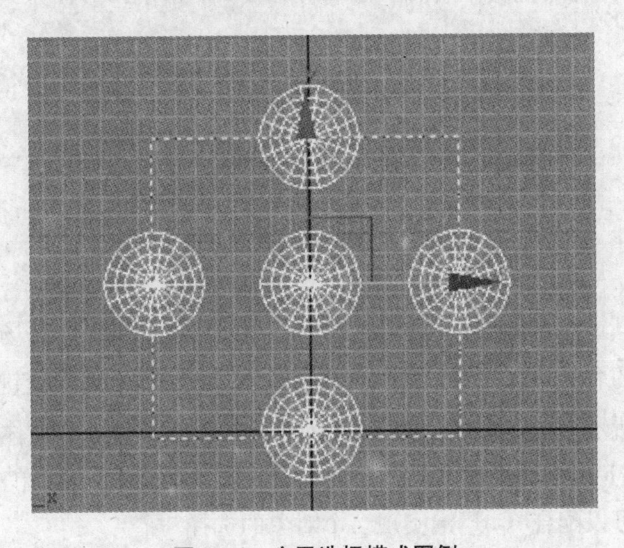

图 2－4　交叉选择模式图例

单击使之下陷变黄，即为“Windows”模式，在这种模式下，只有完全包含在鼠标所拖曳的虚框范围内的对象才能被选择。如果虚框只接触了某对象的局部区域的话，将无法选择该对象。窗口选择对象模式图。如图 2－5 所示。

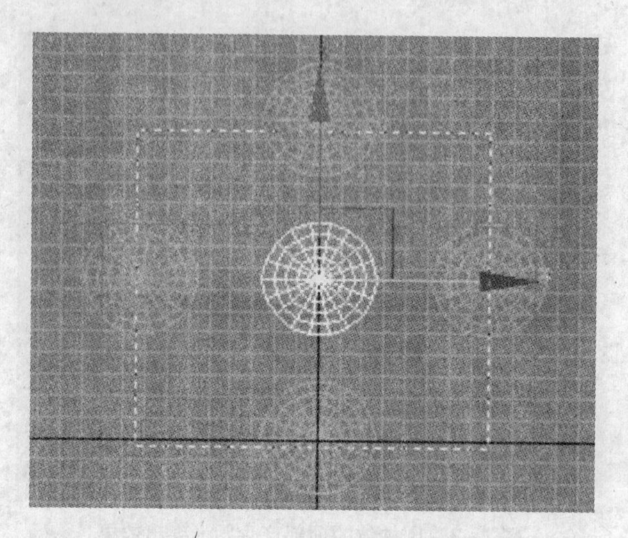

图 2－5　窗口选择模式图例

2.1.4　名称选择和颜色分配

在建立一个 3DSMax 场景的时候，系统会给每一个对象分配一个默认的名字，但实际操作要求用户最好将每个对象重新命名以便于查找和理解其在场景中的作用。当选择了一个了对象以后，可以在修改命令面板中看到它的名称和颜色，如图 2－6 所示。

图 2－6　对每个对象重新命名

可以在这里对其进行名称和颜色的修改。可以根据名称和颜色对场景中的对象进行选择。选取工具栏上的名称选择按钮“ ”（Select by Name），或使用快捷键“H”打开名称选择对话框，如图 2－7 所示。可在左侧列出的对象列表中单击要选择的物体的名称或选择集合的名称，也可以在左上角编辑区输入要选择的对象或选择集合的名称，单击“Select”按钮即可选择该对象。同样可以配合“Ctrl”键实现多个对象的选择。

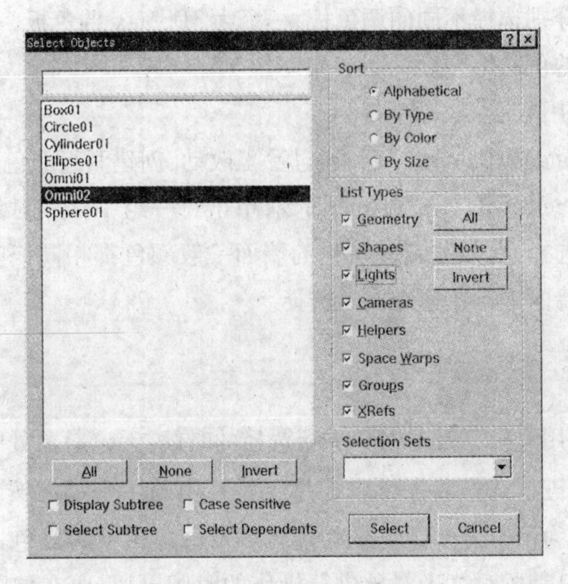

图 2 – 7　名称选择对话框

相同颜色的物体，还可以被同时选择，依次选取"Edit"→"Select By"→"Color"，然后在视图中点击任意对象，那么当前场景中和它颜色相同的对象都会同时被选择。此工具在大型复杂场景中实现某些功能和位置相同或相近对象的同时选取时较为方便，但前提是这些对象在初始建立时的色彩参数应该一致。

在使用本工具之前，先了解关于 3DSMax 中对象颜色的分配原则，默认情况下对象的颜色是随机分配的，如图 2 – 8 所示，取消"Assign Random Colors…"项前面的对号，使建立对象的

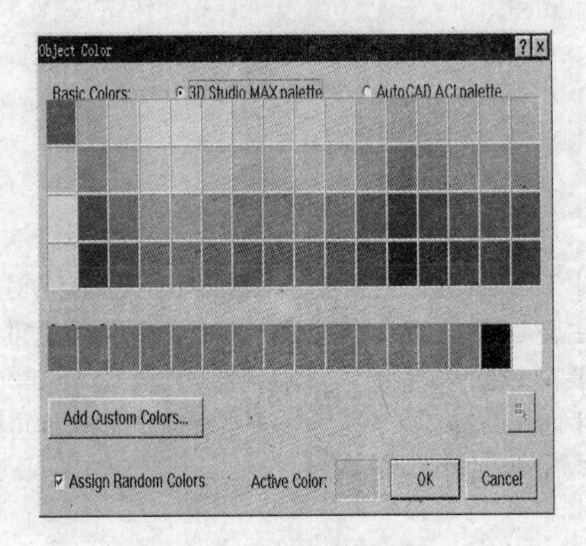

图 2 – 8　对象颜色分配对话框

颜色固定下来。可以分别选择不同的调色板，一个为3DSMax调色板，一个为CAD调色板，后者可以提供更加丰富的色彩组合。

Select By Color使用方法：

1. 取消“Assign Random Colors…”项，通过手工改动，创建两组颜色不同的对象。

2. 访问“Edit”→“Select By”→“Color”命令，单击每一组中任一对象，发现与此对象相同颜色的一组对象皆被选择，比如一幢建筑物的墙面一般颜色都相同，利用这种选择模式的优点能够对相同颜色的墙面进行快速准确的选择。

2.1.5　选择过滤器

在缺省情况下，使用选择工具对对象进行选择的时候，无论对象处于什么样的形态，只要它们不被冻结，都可以进行选择。也可以通过工具栏中的一个过滤按钮“All”来实现对象的分类选取，这主要是为了方便复杂场景的选择。单击按钮中的黑色三角，可见它将对象分为如图的几部分。若只需要对灯光对象进行操作的时候，只需要在如图2－9所示列表中选择“Lights”。

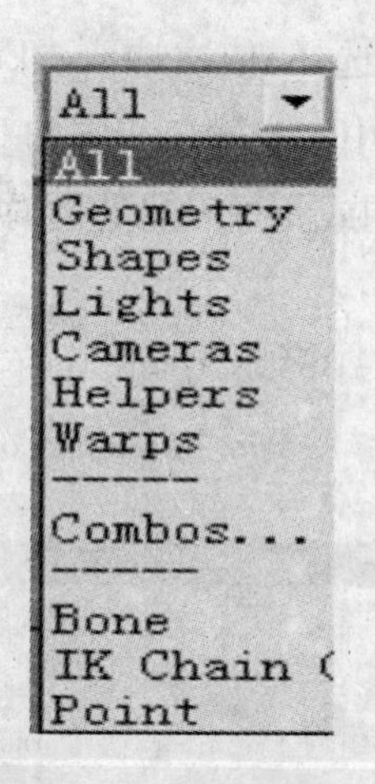

图2－9　过滤选择列表

这个时候在视图中无论是框选还是点选，都只能选择灯光类型的对象。其他类型的对象都不会被选择。这样主要是有利于在只需要对灯光进行调节的时候，可以只选择灯光对象而不会选择和该对象重叠在一起的其他物体。其他情况与此类似。

使用选择过滤器中的“Combos”命令，可以实现组合过滤选择，即可对多于一种类型的对象进行选择，组合选择对话框如图2－10所示。

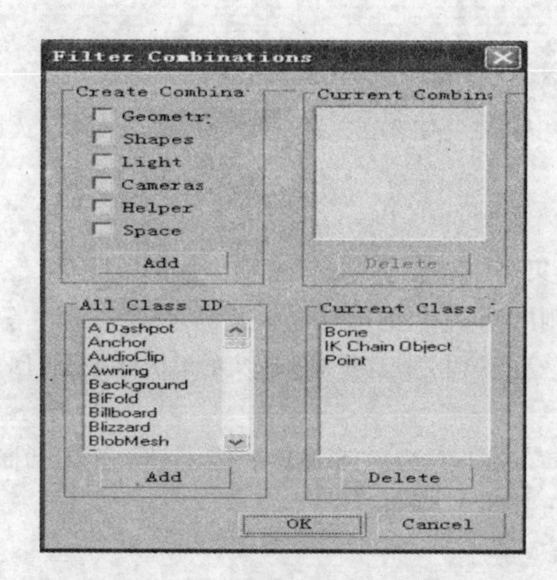

图2-10　组合过滤选择对话框

将几种类型的对象进行组合，例如，需要对场景中的灯光和摄像机进行调节，可以同时勾选它们，单击“Add”，按下“OK”按钮，在视图中就可以既选择灯光又选择摄像机。也可以在右侧的方框里单击它，按“Delete”键将这种组合删除。在对话框下方还可以增加和删除其他的类型选项。

2.1.6　图解视图选择

按下工具栏中的图解视图按钮“ ”，可以打开图解视图对话框。在图解视图中，不但可以清楚地表示对象之间的层级关系，同时可以方便地进行对象的选择，如图2-11所示。

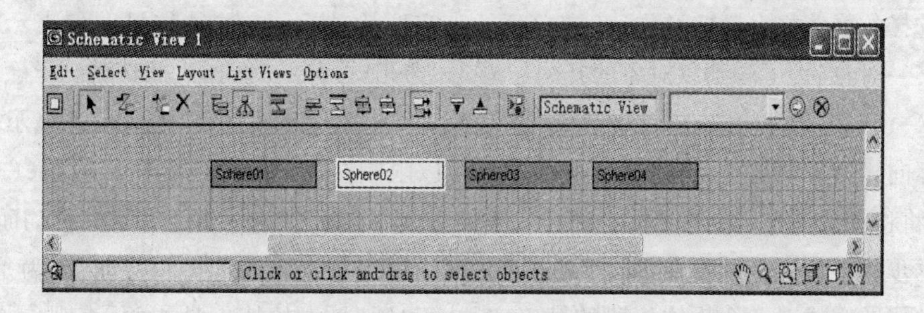

图2-11　图解视图对话框

图解视图中以蓝色方框的形式列出了当前场景中的全部对象。可以在这里单击对其进行选择，白色方框表示当前对象被选择。同时也可利用 Display 框对物体的属性和运动控制进行设定。

2.1.7　选择集模式

选择集就是将场景中的多个对象组合为一个集合，通过名称对选择集进行选取，选择集的定义：

1. 选择场景中的多个对象。

2. 在工具箱的选择集编辑区“[▾]”输入该选择集的名称。

3. 回车，下拉框中则出现刚命名的选择集。

提示：将回车列为一步，是因为在这里对选择集的确认只有通过回车来实现。

选择集的编辑：

通过访问菜单“Edit” →“Edit Name Selection…”，在弹出的对话框中可以对选择集中的对象进行增加、删除和重命名等操作。

2.2　变换操作

变换即在特定坐标系中，对对象的空间位置、角度、大小、形状、比例的调整和变化。具体分为“ Select And Move”选择和移动、“ Select And Rotation”选择和旋转、“ Select And Scale”选择和缩放，以上三种变换工具除了具有相应的变换功能外，同时具有选择功能，下面分别做具体的阐述。

2.2.1　移动变换

Select And Move 工具：其对应工具栏中的按钮为“ ”，是使用最多的一个选择和变换工具，可选择并移动一个物体，也可以选择移动多个物体。在 Top、Front、Left 视图中，将鼠标置于需要选择的物体之上，这时鼠标变成白色的十字形状，按下左键，物体呈白色表示被选中。当选择某一对象后，可看到以对象的几何中心为坐标中心有一个三向的坐标轴。红、绿、蓝分别代表 X、Y、Z 三个轴向。在将鼠标移向坐标 X、Y、Z 轴使相应的坐标轴呈黄色显示，则物体可随鼠标向相应方向移动，在这三个视图中也可以限制在 XY 平面。在 Perspective（透）视图中，可以将移动的范围限制在 XY 平面、YZ 平面和 XZ 平面，则物体将随着鼠标移动而移动。

在本步骤中特别强调要在 Top、Front、Left 视图中进行物体的选择和移动，因为是在这三个视图中能够完成对一个物体位置的精确定位，而且其最大的特点是方便、直观。如果操作者企图在 Perspective 透视视图或者 Camera 摄像机视图里对对象进行位置上的移动，以及旋转缩放等操作的话，会发现操作起来很难达到目的。这是因为在 Perspective 视图和 Camera 视图里，所有的变换是在立体三维空间里进行的，看似针对某一坐标轴向的操作，实际在其他轴向上也发生了变化。如果进行单方向上的移动，那么鼠标移近某一坐标轴，当该轴变成黄色的时候即可在该轴向上进行自由移动。如果进行两个坐标轴向上移动的话，将鼠标放置在两个方向所在的平面上，该平面变成黄色的时候，便可在该平面上对物体进行自由移动。

2.2.2 旋转变换

Select And Rotation 旋转工具：对应按钮为“ ”，可以对当前选择的对象按照不同的中心点在X、Y、Z轴向上进行旋转变换。选择旋转工具，可以发现在将要旋转的物体上有一个旋转图标可以使用，这个图标和移动一样，红、绿、蓝轴向分别表示X、Y、Z三个轴向，当鼠标移动至某一轴向上时它会变成黄色，这时便可在该轴向上进行旋转操作。圆环和十字线对应旋转轴如图2-12所示。

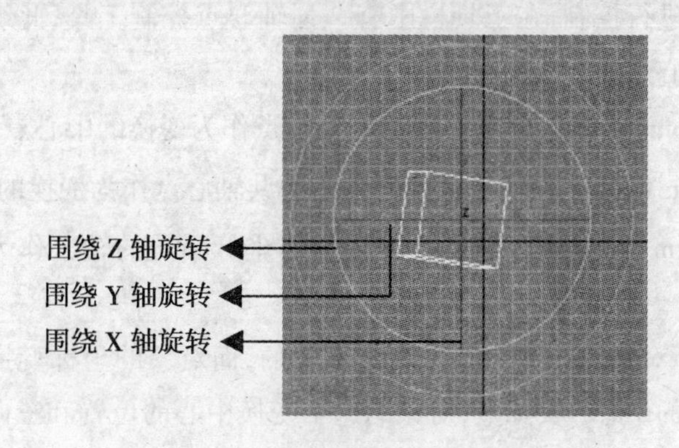

图2-12 圆环与旋转轴向的关系

旋转的时候产生扇形的标志，而且旁边还有一个度数的数值提示，显示出当前旋转的度数。当不选择任何轴向的时候，可以对选择的对象进行自由的三维空间的旋转，而不局限于某一轴向。在轴向图标的外圈还有一个灰色的圆，该圆表示锁定在当前平面上进行旋转。旋转的可以是一个物体，也可以是多个物体，或者是一个选择集。当一个对象在旋转的时候，要确定其旋转中心和旋转轴，物体默认的旋转中心为其几何中心，可通过改变对象的轴心来改变物体的旋转中心。

2.2.3 放缩变换

Select And Scale 缩放工具：对应按钮为“ ”，可以按照一定的要求对物体进行大小的改变，其中包含三种放缩工具：

“ ” Select And Uniform Scale（选择并进行等比缩放），对象在X、Y轴上按相同的比例进行放大和缩小的变化，如果只限制到某一个轴时，则只有沿该轴方向发生变化，其他轴向保持不变。即只改变对象体积的大小，不改变对象的长宽比例。

“ ” Select And Non - Uniformly Scale（选择并进行非等比缩放），在指定的坐标轴上对物体做缩放，缩放的结果是物体的形状和体积都发生了变化。

“ ” Select And Squash Objects（选择并挤压），体积不变缩放，在指定的坐标轴上做挤压变形,如X轴在拉长(缩短)的同时Y轴会相反的变得缩短(拉长),即对象的形状发生变化而体积不变。

选择放缩工具,然后选择将要放缩的对象,同样在被选择的物体上的红、绿、蓝轴向分别表示X、Y、Z三个轴向,鼠标变成三角形的放缩工具。可以在一个轴向上进行放缩,也可以在两个轴向决定的平面上进行放缩变换,当然可以进行整体的放缩。

2.2.4 变换坐标轴心

在进行旋转和放缩变换的时候,应该注意对象的轴心点,这些变换都是围绕轴心点来进行的。可以对轴心点进行控制,在工具栏中有一列轴心点控制工具,此组工具用来定义对象在放缩和旋转时的中心点。

“”Use Pivot Point Center:使物体自身的轴心点作为变换的中心点。

“”Use Selection Center:使所有选择对象的公共轴心点作为变换的中心点。

“”Use Transform Coordinate Center:使当前的坐标系统的轴心作为所有选择对象的变换中心点。

一般情况下,一个对象的几何中心是固定不变的,而对象的坐标变换中心是在调整一个或多个对象时所参考的中心,实际上,对象的这个变换中心的位置和三向轴的方向是可以通过命令面板上的“”Hierarchy层级命令中的Pivot轴工具来进行调节,如图2-13所示。

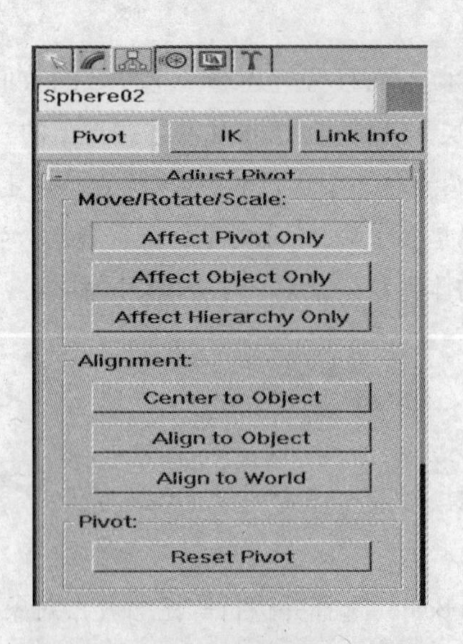

图2-13 Hierarchy层级命令面板

2.2.5 坐标轴心变换实例

下面的实例说明如何对一个对象的几何中心进行调整。

实例一:改变正方体的几何中心,实现正方体沿某一角顶点进行旋转。

在场景中建立一个 Box,访问"品"Hierarchy 层级命令,点击"Affect Pivot Only"按钮,Box 的坐标中心的位置如图 2－14 所示。

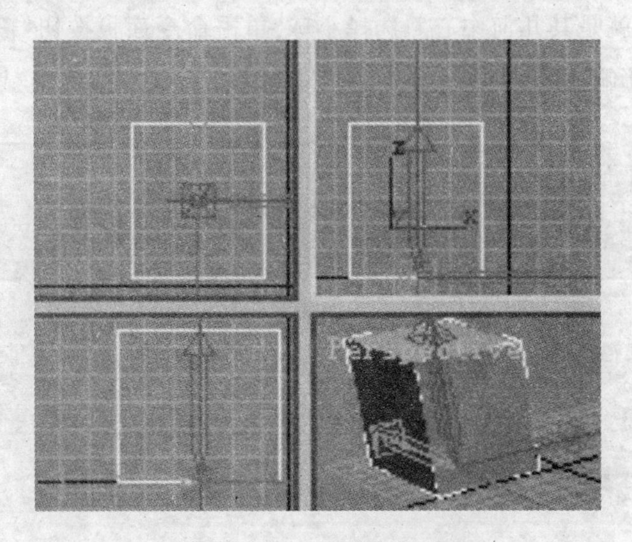

图 2－14　Box 的默认几何中心

使用移动工具在 Front、Top、Left 三个视图中调整轴心的位置到顶点,如图 2－15。可以实现方体沿其顶点进行旋转的动画。

图 2－15　调整后 Box 的几何中心

实例二:通过模拟地球绕着太阳公转这一天文现象的实例,来进一步说明改变对象几何中心点的方法和作用。

Reset 场景，在 Top 视图上建立一大小适中的“Phere”，作为太阳。

再建立一个半径较小一些的 Phere，作为地球。

如果使用旋转工具旋转作为地球的球体，发现球体是绕着自身的几何中心转动的。原因是小球的变换中心就是其几何中心。选择小球，单击命令面板按钮“”，在默认轴按钮“Pivot”下选择影响轴“Affect Pivot Only”，这时小球的中心坐标样式如图 2－16 所示。

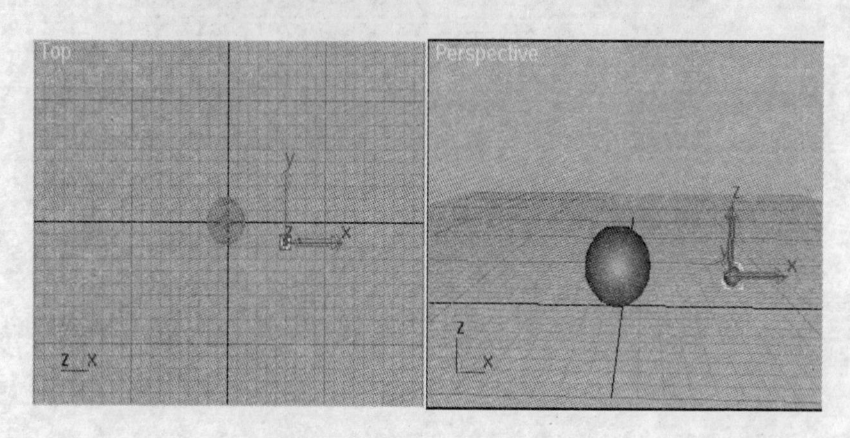

图 2－16　默认的小球几何中心

使用移动工具，在 Top 视图上将小球的中心移到大球的中心点。如图 2－17 所示。

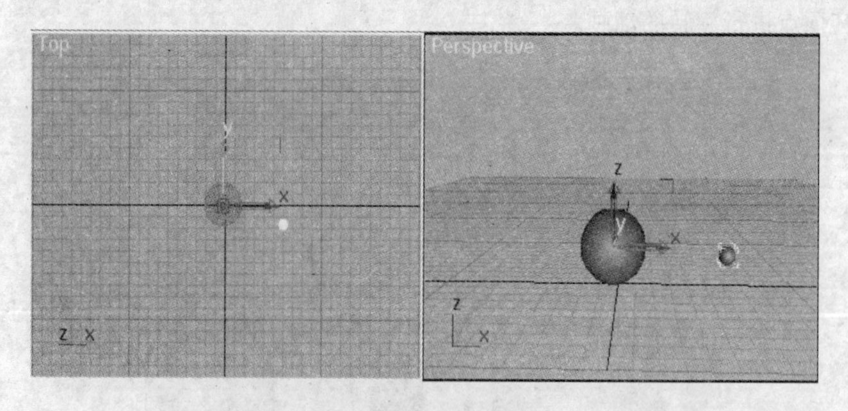

图 2－17　调整后的小球坐标中心

关闭按钮“Affect Pivot Only”，在 Top 视图中使用旋转工具，这时小球就会以新的中心（上一步放置在大球的中心）旋转，以达到环绕的目的。

实例三：实现圆柱体的等分复制。

读者在第一章中对 Pick 拾取坐标系统的功能和使用场合有所了解，结合本章的坐标变换，现通过实例说明 Pick 拾取坐标与 Transform Coordinate Center（变换坐标中心）配合使用，该例还涉及主工具条 Main bar 中的“”Array 阵列复制工具。

在场景中，要建立若干个圆柱，要求它们平均分布绕成一个圆形栅栏，而圆柱的建立和圆柱之间的位置关系则是本例叙述的重点。

Reset 场景，选择建立[Creat]命令面板，使用[Shape]下的[Circle]命令，在 Top 视图中建立一半径为 200 的大圆；

选择建立“Creat”命令面板，使用“geometry”下的“Cylinder”命令在大圆的边线上建立一半径为 5 高为 50 的圆柱，尽量使圆柱的圆心与大圆的边线重合，如图 2－18 所示。

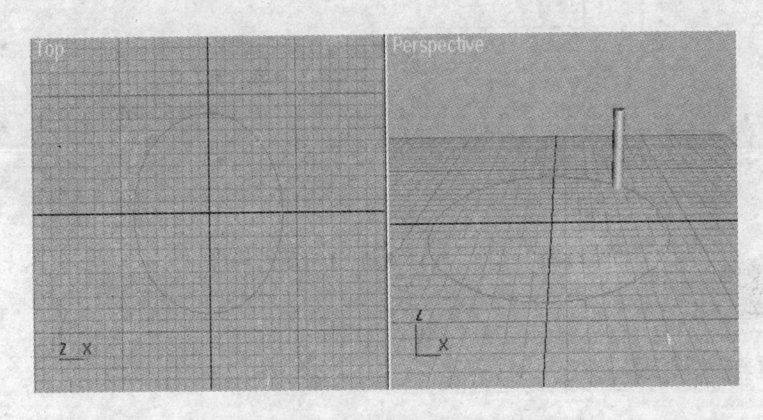

图 2－18　场景的初始状态

单击工具行中的“View”下拉列表窗口，在弹出的选项中选择[Pick]项。

将鼠标移向视图，单击大圆，“View”窗口中显示的为“Circle01”，这说明当前是以大圆作为参考坐标系统。

单击主工具行中的按钮“”，在下拉图标中选择第三个“”按钮；

选择圆柱体，点击工具栏中的“”按钮，在弹出的对话框中设置 Rotate 后的 Z 轴参数为 360。阵列复制数量 Count 为 1D 下的 10 份，如下图 2－19 所示。

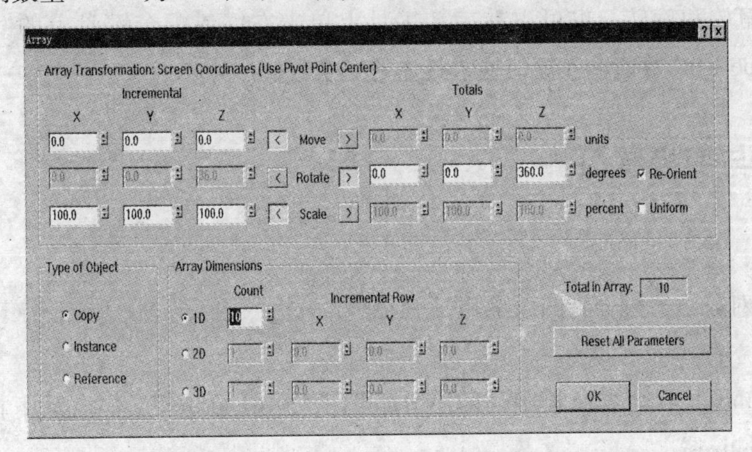

图 2－19　Array 阵列复制参数

以上是通过旋转复制 10 份后,每两个柱体之间为 36 度严格平均分布。最后视图如下图 2－20 所示。

Top
Perspective

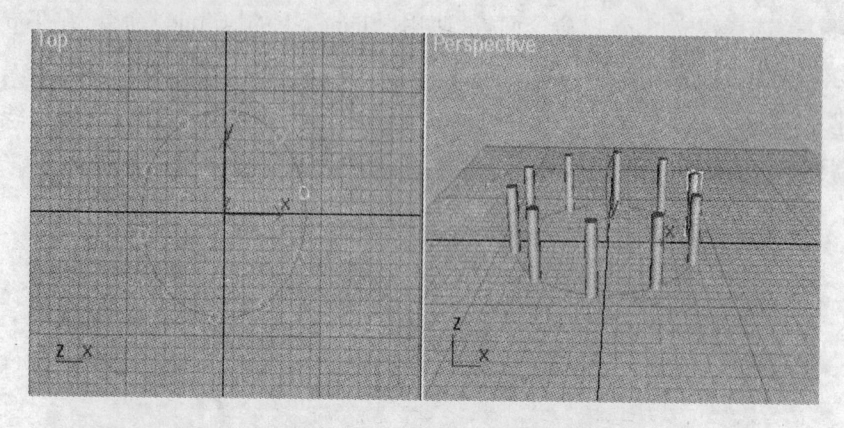

图 2－20　旋转复制 10 份后的场景

2.2.6　数值输入变换

通过数值输入的方式可以精确的对对象进行变换操作,在选择了任意的一种变换工具的时候,可以看到在视图窗口的下面有一行用于数值输入的窗口。该窗口显示了当前被选择对象位置的精确坐标,如图 2－21 所示。

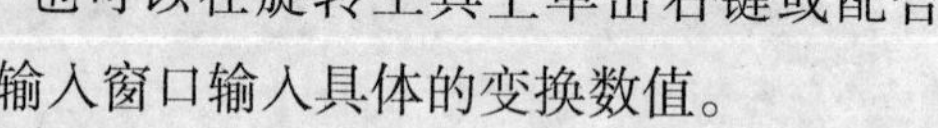

X: -13.958
Y: -38.317
Z: 171.45

图 2－21　坐标数值输入栏

在进行变换时,可以选中变换工具,然后直接在数值栏里输入需要变换的数值,从而实现精确的移动、缩放和旋转。也可以在旋转工具上单击右键或配合键盘上的“F12”键,打开“Transform Type－In”数值输入窗口输入具体的变换数值。

2.3　选择与变换练习

桌子造型:

场景中的对象:一个桌面,四条桌腿,一个脚架。

桌面的建立:

启动 3DSMax 。在命令面板中访问“Create” 下的“Geometry” 选项,从下拉列表中选择“Extended Primitives” 。

点击 ChamferBox 按钮,在 Top 视图中分三步建立一圆角方体作为桌面。

第一步：先用鼠标左键拖出一个一定长宽的矩形框后释放左键；

第二步：上移或下移鼠标，使矩形框具有一定的厚度时，按下鼠标左键；

第三步：继续小距离的上或下移动鼠标，观察其四边的圆滑程度，按下鼠标左键，完成整个 ChamferBox 的创建过程。然后在参数区改变其参数。如图 2－22。

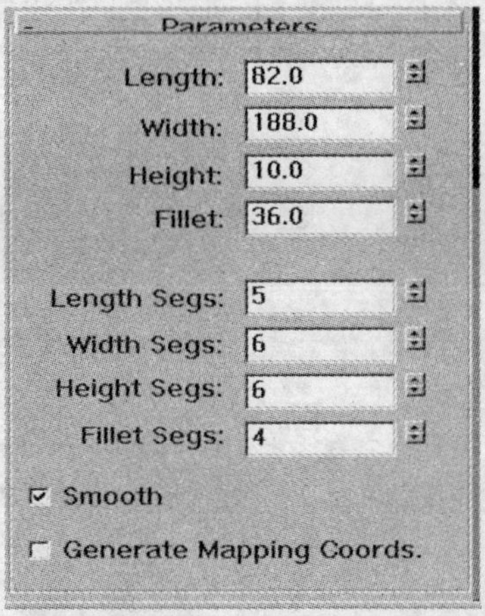

图 2－22　ChamferBox 的参数

点击 ChamferCyl 按钮，在 Top 视图桌面的右下角处，分三步（步骤同上），建立一圆角柱体作为桌腿，注意在第二步操作的时候最好向下拖动鼠标，这样作为桌腿的圆角柱体的上下位置就无需再调整，其参数如图 2－23。

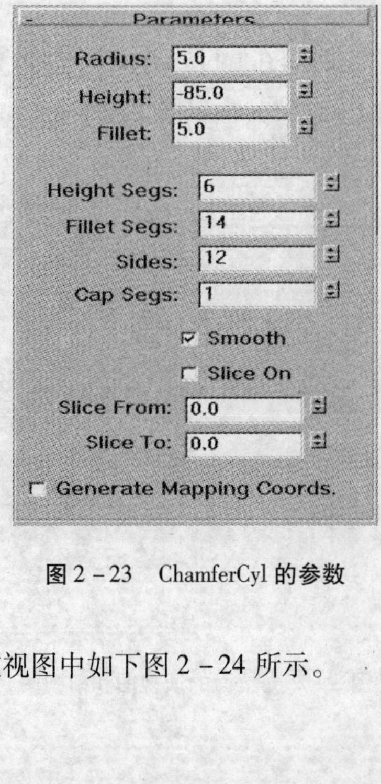

图 2－23　ChamferCyl 的参数

对象的形状和位置关系在视图中如下图 2－24 所示。

剩余的三个桌腿是通过复制来实现的,在这里我们使用的是“Shift + ”来完成复制和定位的过程。为了保证复制出的桌腿与原桌腿在同一条直线上,这里就使用了坐标轴限制,具体方法如下:按下按钮,选择上一步建立的圆角柱体,按住 Shift 键不放,然后按下鼠标左键,让 X 轴黄色高亮显示,向桌面的左下脚拖动,松开鼠标左键,这时会弹出一个对话框,取默认选项,点“OK”,即完成桌腿在直线上的复制,上面两个操作也是如此,差别是被限制的轴可能会不同。

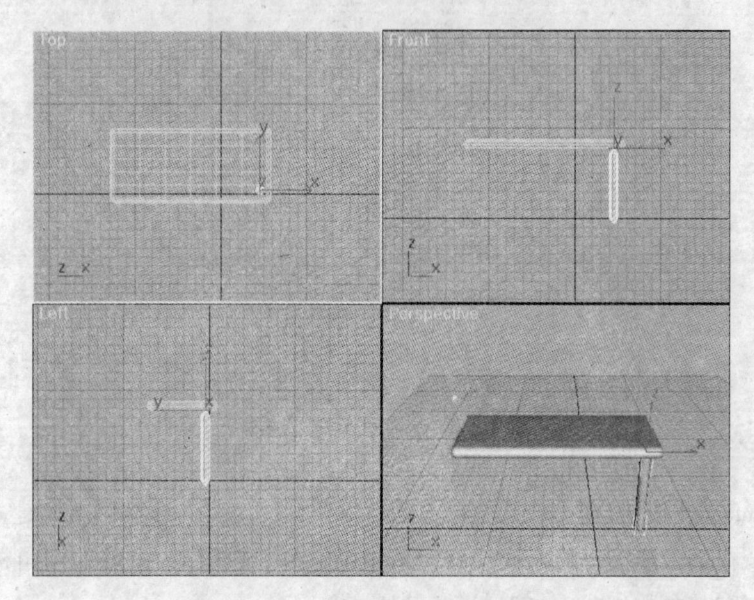

图 2-24 桌面在视图中的位置

单击命令面板按钮下的按钮,在[object type]中单击 Rectangle 按钮。在 Top 视图中绘制一矩形,在 Front 视图中向下调整其位置于桌腿下方的三分之一处,作为脚架,大小及位置如图 2-25 所示。

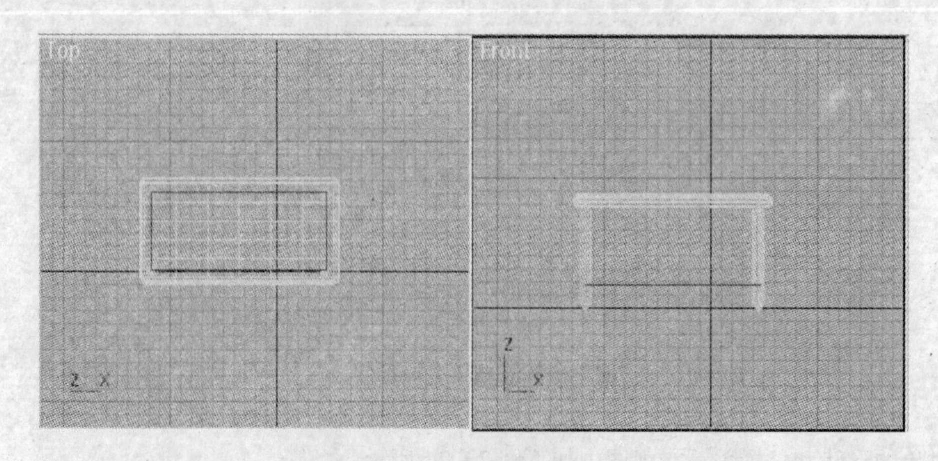

图 2-25 桌面的顶视图和前视图

由于上一步建立的矩形框是线性结构，在最后渲染的时候不会表现出来，需作如下改动。

选择矩形框 rectangle01，单击命令面板上的按钮，在 general 卷展栏里设定参数如图 2-26所示，使其变为可渲染的 Renderable，Thickness 项控制渲染的程度，值越大，越粗。

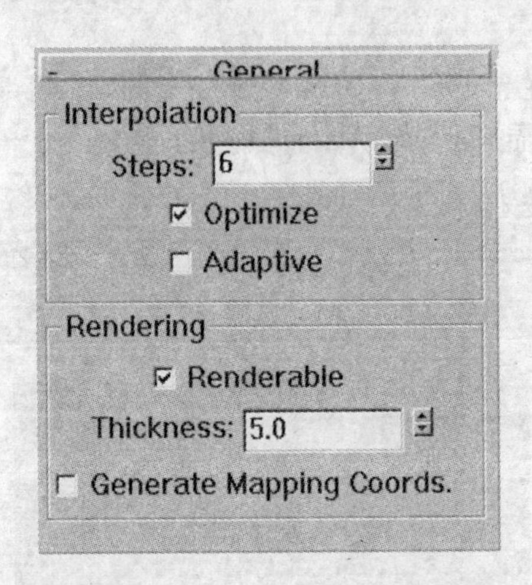

图 2-26　桌脚架的参数

通过以上设定，选择 Perspective 视图，单击按钮，最后结果如上图 2-27 所示。

图 2-27　桌子的渲染图

2.4　复制

在 3DSMax 场景中，很多对象是重复使用和出现的，一个或者多个对象创建后，可以利用工具栏中的移动、旋转、缩放工具，或者选择有关功能强大的复制命令来实现对象的复制。从复制的对象与原对象的属性及空间位置关系可以将复制工具分为变换复制、阵列复制、镜像复制。除熟悉各种复制操作外,要重点理解复制对象与原对象之间的关系。下面分类对其进行讲解。

2.4.1 变换复制

变换复制是通过 Edit 菜单中的"Clone"命令或键盘的"Shift"键配合工具栏中的变换工具进行复制,具体使用方法下面通过一个具体的实例进行讲解。

运行 3DSMax,选择"Creat" →"Geometry" →"AEC Extended" →"Foliage",在透视图中创建一个建筑扩展树木 Generic Palm,并制作相应的道路场景。选择"Edit" →"Clone",弹出对话框如图 2 - 28 所示。

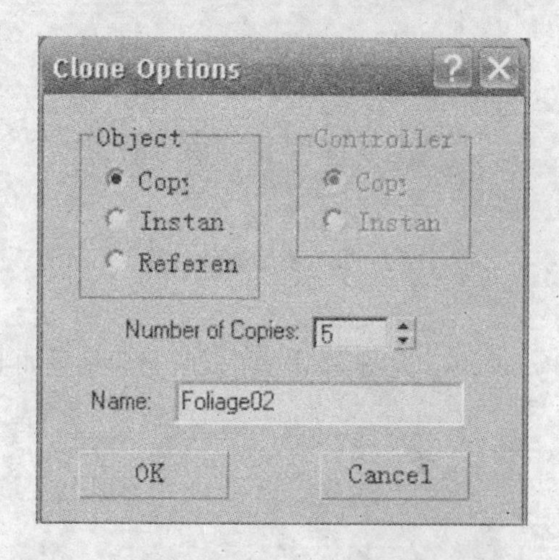

图 2 - 28 "Clone"选项窗口

点击"OK"按钮。这样就在原位置对树木进行了复制,使用移动工具可以将复制的对象移开,复制后的场景如图 2 - 29 所示。还可以使用键盘上的 Shift 键配合移动工具达到相同的

图 2 - 29 移动"Clone"五份后的树木场景图

目的，选择树木，然后选择移动工具，按住 Shift 键，用移动工具将对象在任意轴向上移动一定的距离，同样弹出一个对话框，按下“OK”按钮，完成复制。用这种方法可以一次完成多个对象的复制。方法为在弹出的对话框中修改“Number of Copies”的数值，数值的大小决定了复制的份数。

可以在复制的同时对复制对象进行旋转和缩放。在场景中建立一个锥体造型，选择旋转工具，按住“Shift”键将锥体在“Z”轴向旋转约 30 度，在弹出的对话框中将“Number of Copies”的值改为 8，这样就以锥体的几何中心为轴心复制了 8 个锥体，排列如图 2－30 所示。

图 2－30　旋转“Clone”八份后的锥体

选取“File→reset”，对场景进行重设，选取创建面板上的“torus”在“TOP”视图中创建一个圆环。选择等比放缩工具，同时配合键盘上的“Shift”键，对圆环进行放缩复制，并将“Number of Copies”的数值设为 10，得到如图 2－31 所示效果。可见，利用放缩工具同样可以进行复制。

图 2－31　缩放“Clone”十份后的圆环

2.4.2 镜像复制

镜像复制是使对象产生沿某一坐标轴的镜像对象,通过镜像复制工具"▶◁"来完成,可以方便快捷的生成具有位置和形状在空间上对称的几何形体。使用镜像要注意镜像轴、镜像偏移等参数,镜像轴是物体进行镜像变换所依据的坐标轴向,镜像轴通过当前变换的轴心,它的方向将由当前坐标系的方向决定。镜像偏移可使对象沿着制定的镜像轴从系统默认的位置移动指定距离。通过一个实例来详细阐述镜像复制的方法。

打开 3DSMax,在"TOP"视图中创建一个"L-Ext"L 形延伸体。选择该对象,从工具栏中选取镜像复制工具。将会弹出如图 2-32 对话框。

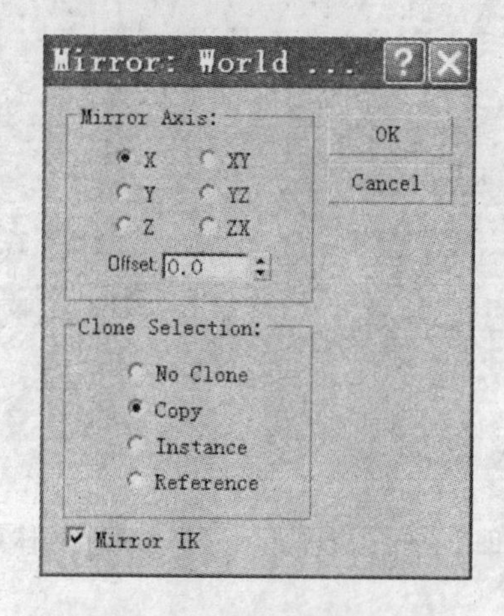

图 2-32 镜像复制对话框

对话框中的"Mirror Axis"表示用户可以沿 X、Y、Z 轴镜像复制对象,也可以沿 XY、XZ、YZ 平面进行镜像复制。"Offset"的数值的调整可以增大和减小原模型和复制模型之间的距离。下图 2-33 为默认沿 X 轴镜像复制对象与原对象之间的关系。读者也可以试着选择其他选项复制对象。

图 2-33 镜像复制

2.4.3 阵列复制

所谓阵列就是通过多次重复变换,从而产生大量有序的克隆对象。选取菜单栏“customize→show UI→show floating toolbars”。在浮动工具栏中点选阵列复制工具按钮“ ”。对话框如图2-34所示。

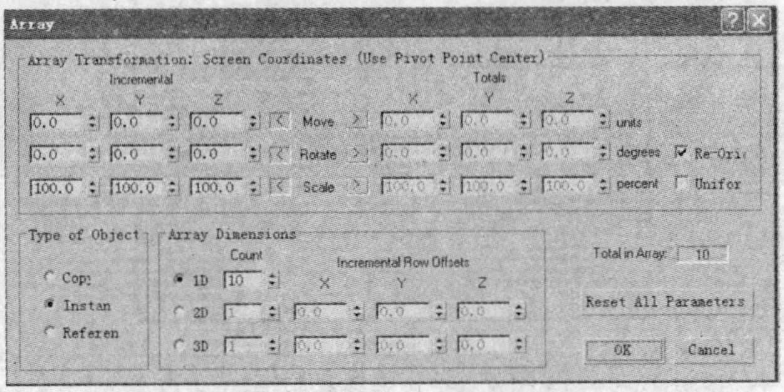

图2-34 Array阵列复制对话框

在对话框中,“Array Transformation”项用来设置原始对象的每一个克隆对象的移动、旋转和缩放量。如果想在“X”方向上创建间隔为10个单位的一行对象,就可以在“Incremental”内的“Move”行中输入10。“Array Dimension”项用于设置在三个坐标轴的每个轴向上克隆对象的数目。1D项用于线性阵列,即一维复制。如果说ID设置的是X轴放向上的阵列,那么2D就是对1D的设置的结果再进行Y轴方向上的阵列,也就是在平面内产生行列状阵列。3D就是对2D的设置结果再进行Z轴方向上的阵列,也就是产生三维阵列。

下面通过一个“DNA”结构模型的制作来说明阵列复制的强大功能。

选取创建面板“Creat”→“Geometry” →“sphere”,在TOP视图中创建一个半径为5的圆球。再选取“Cylinder”在左视图中创建一个高和半径分别为24、2的圆柱。调整圆柱和圆的位置如图2-35所示。

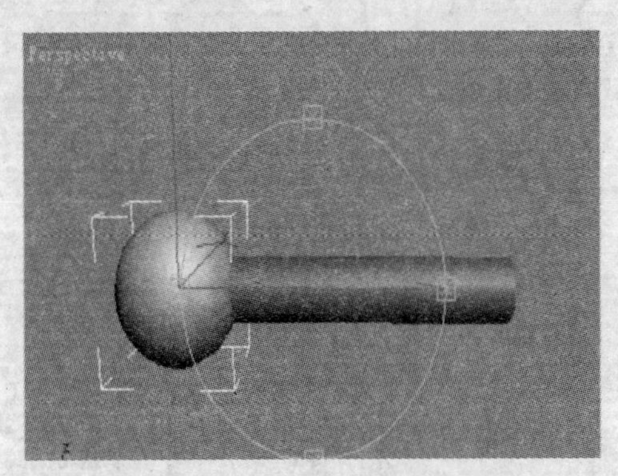

图2-35 DNA模型初图

然后运用镜像复制工具，对球体进行镜像复制。镜像复制参数设置如图 2－36 所示。

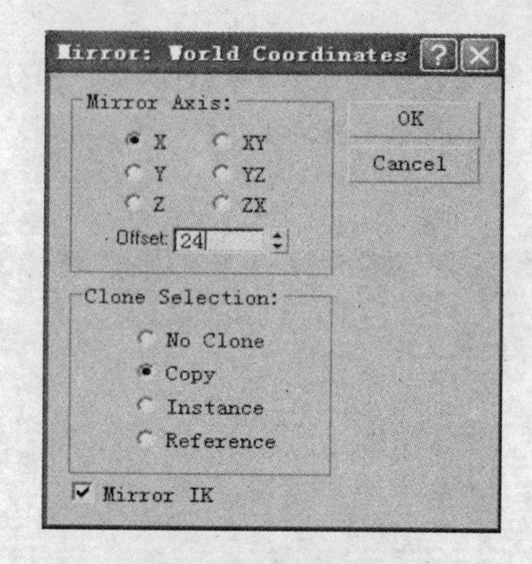

图 2－36　镜像复制框

上步结果是形成一个哑铃状的模型。勾选三个模型，选取菜单栏中的“Group”→“Group”命令。在弹出的对话框中按下“OK”，将这三个物体成组，对这个组进行阵列复制。打开阵列复制对话框进行如图 2－37 设置。

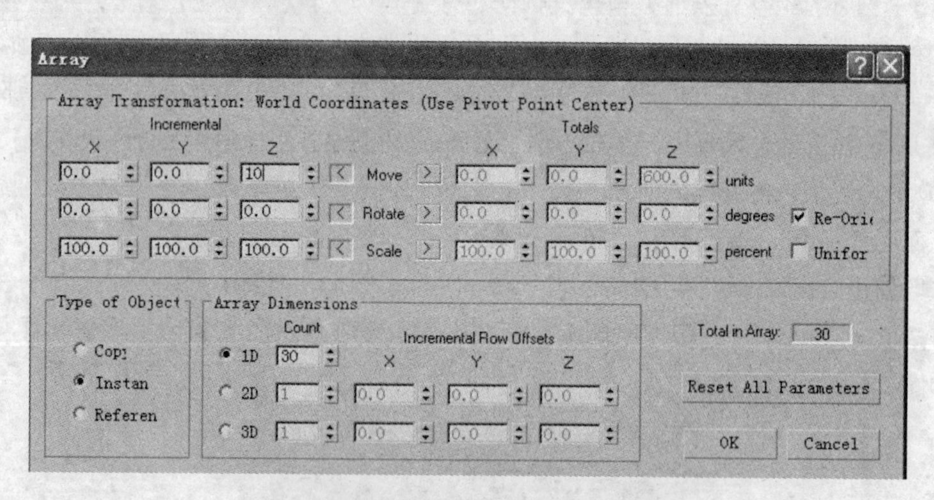

图 2－37　Array 阵列复制对话框

得到如图 2－38 模型。

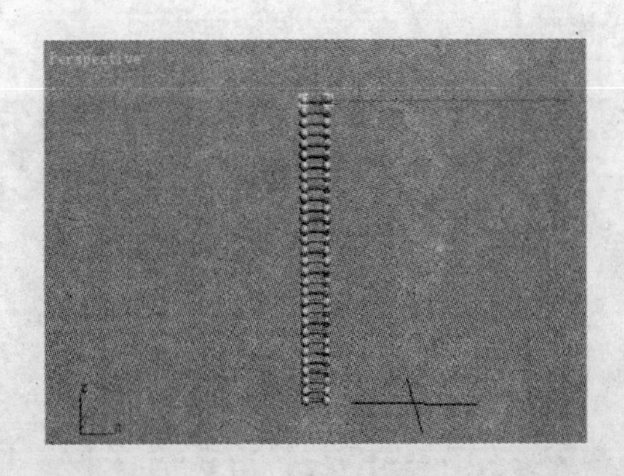

图 2 - 38　Array 阵列复制后的 DNA 模型

撤销阵列复制,再次打开阵列复制对话框,在原来设置的基础上将 incremental 项中的 Rotate 在 Z 轴向上的数值改为 25。再次按下“OK”便可得到如图 2 - 39 所示的 DNA 链。

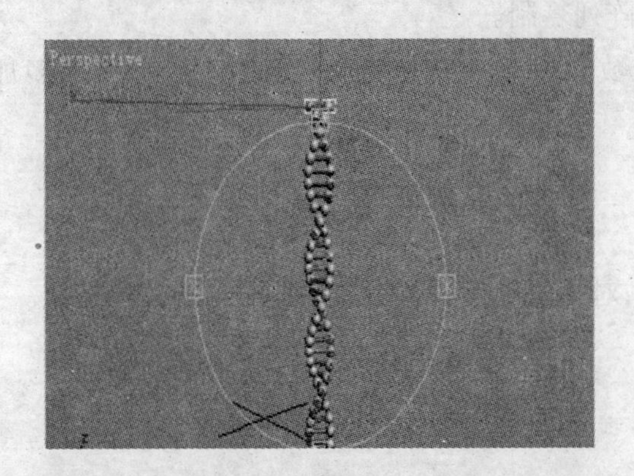

图 2 - 39　复制后的 DNA 链

再次撤销阵列复制,然后点选阵列复制工具,按照下图 2 - 40 所示设置。

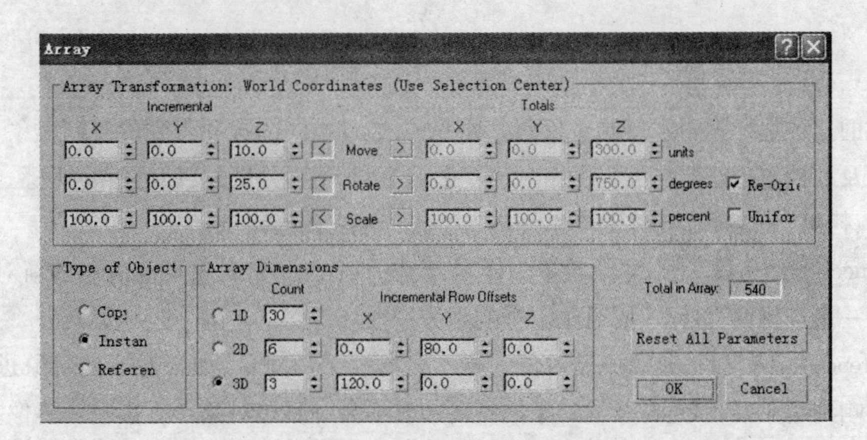

图 2 - 40　Array 阵列复制对话框

得到如图 2－41DNA 模型。

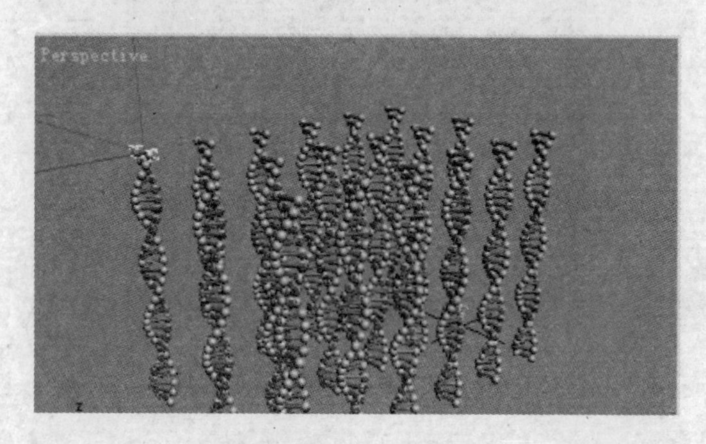

图 2－41　DNA 模型图

这样就完成了三维阵列复制。

有关阵列复制的参数和设置非常复杂，我们应该在操作中多加练习以掌握其规律和特点。

2.4.4　复制关系

在执行复制操作时，对话框中有如下图 2－42 所示的选项按钮。

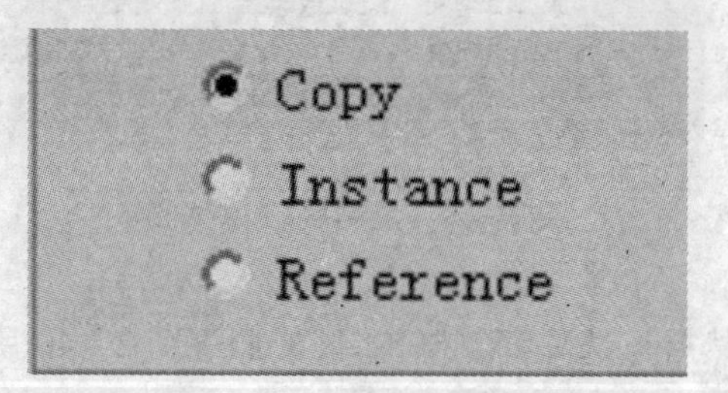

图 2－42　三种复制选项

图中的三种选择表明了复制对象的三种方式，通过不同的选项得到的复制对象与原对象的关系以及后期执行修改和编辑操作时相互影响不同，下面分别加以解释和说明。

Copy：拷贝，是以原始物体为样本复制一个完全独立的新对象。

Instance：实例拷贝，是以原始对象为样本，复制一个与原始对象相互关联的新对象，如果对其中的一个进行编辑修改，同时也会影响到另一个。

Reference：参考拷贝，是以原始对象为样本复制一个新对象，如果对原始对象进行修改，同时将影响到新对象，但是对新的对象的编辑修改不会对原始对象产生影响。镜像复制中多出一个 No clone 选项是只对物体进行镜像方式的位置变换，不产生新的对象。

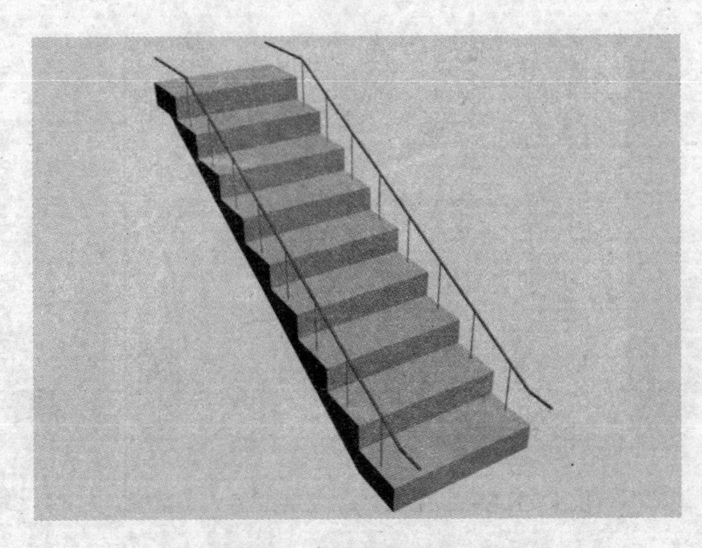

图2-43　楼梯三维造型图

例如在制作一个楼梯造型时,楼梯两边的扶手是严格对称的,我们需要做出一边的扶手,然后通过复制下的 Instance 实例拷贝选项生成另一边的扶手,这样对一边的扶手对象设置 Renderable 可渲染参数后,其实例拷贝对象将自动继承这些属性而被同时渲染出来,下面是一个楼梯造型的图例,请我们根据前面所学的知识做出该模型图。

2.5　辅助工具

在 3DSMax 操作的过程中,除了要经常用到选择变换和复制工具以外,还要用到对齐、捕捉等工具,而且在处理多对象场景的时候,需要进行组合等操作,本节将对这些常用的辅助工具的使用进行详细的讲解。

2.5.1　对齐工具

3DSMax 中的对齐就是通过移动、旋转等操作,使物体自动与其他对象按几何中心对齐,相互对齐物体之间只是空间位置上的关系。可以通过组的定义和链接等操作将这种对齐后的状态保存下来,下面是关于对齐工具的介绍。

(1)对齐

对齐就是改变被选择物体的位置,使其与被对齐的物体具有相同的 X,Y,或 Z 坐标。对齐的操作方法是先选取要和其他对象对齐的物体,然后点选对齐工具“”,接着点选对齐的目标对象,在弹出对齐选项对话框中设置相应选项,则对齐目标对象的位置将根据要求发生变化,与原对象保持一致。接下来介绍 Align Selection 对话框,如图2-44所示。

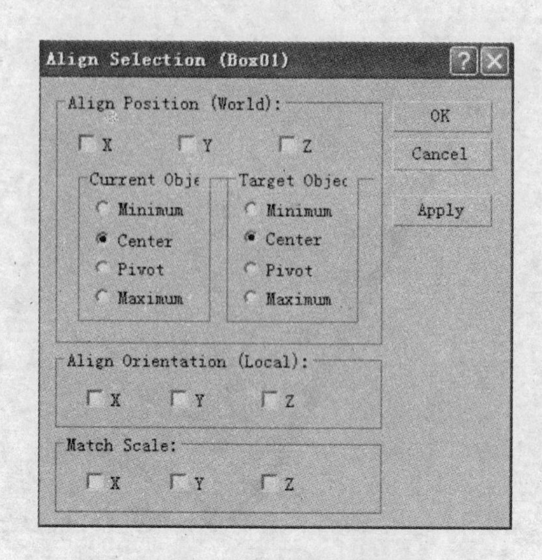

图2-44　对齐选项对话框

Align Position(对齐位置)X , Y , Z　　确定对齐的坐标轴或坐标平面

Current、Target Object(原、目标对象)　　用来确定原、目标对象对齐的几何中心

Minimum(最小值)　　近端对齐

Center(中心)　　几何中心对齐

Pivot Point(重心点)　　物理重心对齐

Maximum(最大值)　　远端对齐

Align Orientation[Local](对齐方向)　　确定方向对齐所依据的坐标轴向

Match Scale(匹配缩放对齐)　　将目标物体按放缩比例沿指定坐标轴与原物体对齐

(2)法线对齐

法线对齐工具“ ”是将两个对象沿法线进行对齐。法线对齐可以根据需要设置产生内切或外切,相切的对象同时可以进行位置的偏移以及法线轴上的角度旋转。

法线对齐可以使两个物体沿着指定的表面进行相切,相切分为内切和外切。

下面将利用法线对齐工具将图中的圆柱体与球体实现外切。

对齐后的结果如右图2-45所示。

有关摄像机对齐 和视图对齐工具 的使用方法较为简单,读者可查阅有关资料。

(3)高光点设置

灯光是场景中必不可缺少的对象,灯光的设置直接影响最后的渲染效果。通过放置高光可以在物体表面产生特殊的光线和视觉特征,放置高光是通过放置高光点工具 来实现的,放置高光工具只有场景中有灯光的时候才可以使用。另外,可通过调整法线来控制高光点。

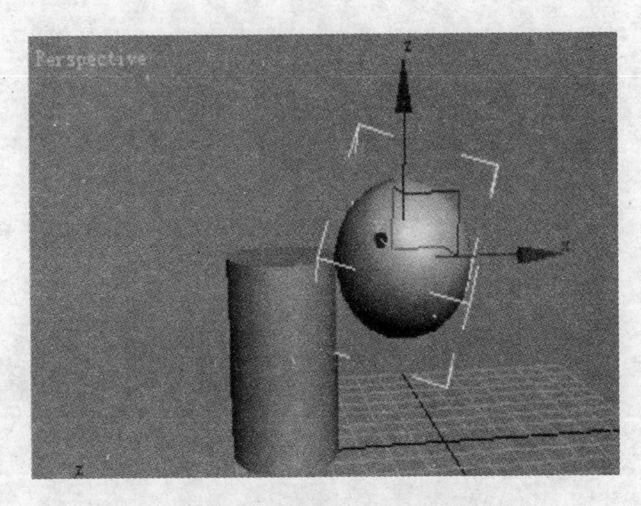

图 2-45　法线外切对齐后的球和柱体

2.5.2　捕捉工具

3DSMax 的捕捉工具提供了更加精确的创建和放置对象的方法。捕捉就是根据视图中的栅格和构成物体元素的特点,来定位光标和确定增加元素对象位置的一种工具。使用捕捉可以精确地将光标和控制点放置到某一位置,在二维和三维复杂建模方面有广泛而重要的应用。捕捉工具在工具栏的位置和按钮样式为 。下面介绍 3DSMax 的各种捕捉工具。

(1)捕捉与栅格设置对话框

在 、 、 中的任一个按钮上点击鼠标右键,就可调出捕捉设置对话框,如图 2-46 所示,对于捕捉与栅格,可以从下几个方面进行设置。Snaps 捕捉类型、Options 捕捉精度、Home Grid 主删格控制和 User Grids 用户栅格控制。

依据造型方式可将捕捉类型分成 Standard 标准类型和 NURBS 捕捉类型。

Standard(标准)类型

Grid Points(删格点)	捕捉删格的交叉点
Pivot(轴心点)	捕捉物体的轴心点
Perpendicular(垂直)	绘制曲线时捕捉与上次画线垂直线所在的点
Vertex(顶点)	捕捉网格物体或可编辑网格物体的节点
Edge(边)	捕捉物体边界线上的点
Face(面)	捕捉物体前表面上的点,背面上的点无法捕捉
Grid Lines(删格线)	捕捉删格线上的点
Bounding Box(边界框)	捕捉构成物体边界框的八个角点

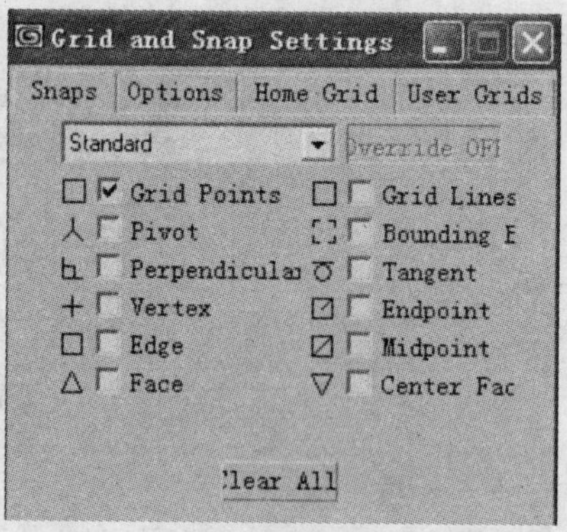

如图 2－46　捕捉设置对话框

Tangent(切点)　　捕捉样条曲线上相切的点

Midpoint(中间点)　　捕捉样条曲线或物体边界线的终点

Endpoint(端点)　　捕捉样条曲线或物体边界的两端点

Center Face(面的中心)　　捕捉三角面的几何中心

NURBS(非均匀有理样条线)捕捉类型

CV　　捕捉 NURBS 曲线或曲面的 CV 次物体

Curve Center(曲线中心)　　捕捉 NURBS 曲线的中心点

Curve Tange(曲线切点)　　捕捉物体与 NURBS 曲线相切的点

Curve End(曲线端点)　　捕捉 NURBS 曲线的端点

Surf Normal(曲面法线)　　捕捉 NURBS 曲面法线的点

Point(点)　　捕捉 NURBS 次物体的点

Curve Normal(曲线法线)　　捕捉 NURBS 曲线法线的点

Curve Edge(曲线边界)　　捕捉 NURBS 曲线的边线

Surf Center(曲面中心)　　捕捉 NURBS 曲线的中心点

Surf Edge(曲面边界)　　捕捉 NURBS 曲线的边线

捕捉精度是用来设置捕捉的强度、范围、大小和颜色等选项，下面介绍部分选项的含义。

Display(显示)　　设定在捕捉时是否显示指示光标

Size(尺寸)　　设置捕捉光标的尺寸大小

Snap Strength(捕捉强度)　　设置捕捉光标的捕捉范围，值越大越灵敏

Angle(角度)　　用来设置旋转时一次旋转的角度

Percent(百分比)　　用来设置放缩时一次缩放的百分比

Use Axis Constraints(使用轴约束)　将选择的物体沿着指定的坐标轴向移动

(2)空间捕捉

3DSMax 提供了三种空间捕捉的类型,2D ,2.5D 和 3D 。使用空间捕捉可以精确的创建和移动对象。当使用2D 或2.5D 捕捉创建对象时,只能捕捉到直接位于绘图平面上的节点和边。

(3)角度捕捉

角度捕捉主要用于精确的旋转物体和视图,可以在 Grid and Snaps Settings 对话框中进行设置,其中的 Options 项中 Angle 参数用于设置旋转时递增的角度,系统缺省值为5度。

在不打开角度捕捉的情况下,在视图中旋转物体,系统会以0.5度作为旋转时递增的角度。而在大多数情况下,需要旋转的度数为30,45,60,90或180度等整数,打开角度捕捉按钮为精确定量旋转物体提供了方便。

(4)百分比捕捉

在对场景中的对象进行挤压和放缩变换的时候,如果不打开百分比捕捉的情况下,进行缩放或挤压物体,将以缺省的1%的比例进行变化。如果打开百分比捕捉,将以系统缺省的10%的比例进行变化。当然也可以进入 Grid and Snaps Settings 对话框中,利用 Options 项中 Percent 参数进行百分比捕捉的设置。

2.6 本章小结

本章向读者详细介绍了3DSMax 系统提供的各种选择对象的基本方法,并在快速、正确选择对象的基础上,将对象的空间位置、角度、几何中心进行精确的调整和变化,掌握这些基本的操作和技巧是下一步进行复杂场景设计的基础。同时本章还介绍了复制对象的方法和步骤。

2.7 习题与练习

1. 请结合实例说明3DSMax 两种不同选择模式的含义和使用方法。
2. 举例说明三种缩放操作的不同。
3. 掌握 Array 阵列复制的参数设置和使用方法。
4. 请使用捕捉、变换等工具结合样条线的渲染特性制作本章图2-43楼梯造型。

第3章　基础建模

通过本章的学习，我们将要掌握3DSMax基本模型的创建和一些基本的建模方法，这是3DSMax的基础之一，也是建模的基础。我们将对3DSMax的基本模型一一阐述，希望通过本章的学习让大家对3DSMax有一个更深入的了解。

3.1　标准几何体的创建

在标准几何体(Standard Primitives)创建面板中有十种标准几何体，它们都非常易于创建，只要单击想创建对象的命令按钮，在视图工作区按住并拖动鼠标，就可以完成对象的创建。也可以在命令面板的"Keyboard Entry"(键盘输入)卷展栏中输入数据，并单击其中的"Creat"(创建)按钮建立物体。每一种物体都有多种参数，可以控制和产生不同形态的几何体，如锥体工具就可以生成圆锥、棱锥、圆台和棱台等。大多数工具都有切片控制参数，可生成不完整的几何体。标准几何体创建面板如图3-1。

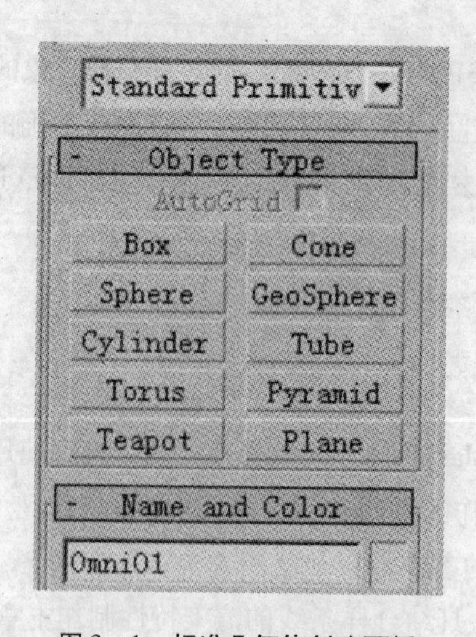

图3-1　标准几何体创建面板

3.1.1　Box(方体)

点取立方体的创建工具" Box "(其他模型创建工具类似，不再一一截图说明)。在创建面板的下方有一参数面板，在这个面板里我们可以选择模型创建的方式。有键盘输入的方式,直接在“Keyboard Entry”中输入方体的长宽高,然后按下“Create”,即可以在视图中创建想要的模型,在其他模型的创建的时候也可以选用该方式,不再一一讲述。用鼠标拖动也可以创建模型。在任意视图拖动鼠标,将首先出现一个立方体的底面,点击鼠标后继续拖动鼠标,会出现方体的高。如图3-2。

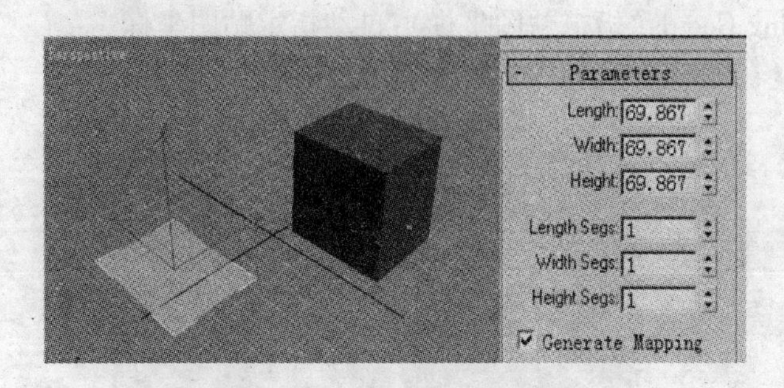

图3-2　方体的形状和参数

然后进入修改面板。方法是点选命令面板中的“ ”钮,进入如图3-2右边的参数面板。在“Parameters”项可以修改已创建的立方体的长、宽、高和长、宽、高的段数“Segs”。段数的划分可以产生比较精细的多边形,对于以后的建模有很重要的意义。“Generate Mapping”项是创建贴图坐标的选项。勾选该选项,可以直接在场景中显示贴图效果。具体的操作我们将在材质与贴图的部分进行详细讲解。需要注意的是,如果将“Creation Method”中的选项勾选为“Cube”,则一次拖动就可以直接创建一个立方体。

3.1.2　Cone(锥体)

选择锥体的创建工具,在任意视图里拖动鼠标可以创建出圆形的底面。点击鼠标后继续拖动鼠标,我们可以创建它的高度,再点击后继续拖动,我们可以决定它的顶面的大小。这样我们可以创建圆锥体。进入参数修改面板“Parameters”项,我们可以对底面半径和顶面半径进行修改和设定。同时还可以对锥体的高度和高度片断数、顶面片断数和圆周片断数进行修改,具体参数解释如下。

Radius1(半径1):设置锥体的底面半径。

Radius2(半径2):设置锥体的顶面半径。

Height(高):确定锥体的高度。

Height Segments(高度段数):设置端面圆周上的片段划分数。值越高,管状物越光滑。

Cap Segments (端面片段数):设置两端平面沿着半径辐射的片段数。

Sides (边数):设置端面圆周上的片段划分数。值越高,锥体越光滑。对棱锥来说,边数决定它属于几棱锥。

Smooth (光滑):确定是否进行表面光滑处理。选中此项,将产生圆锥、圆台,取消选中此项,将产生棱锥、棱台。

Slice On(切片):确定是否进行局部切片处理,用于制作不完整的锥体。

Slice From (切片开始):设置切片局部的起始幅度。

Slice To(切片结束):设置切片局部的终止幅度。

Generate Mapping Coords(指定贴图坐标):自动指定贴图坐标。

效果如图3-3。

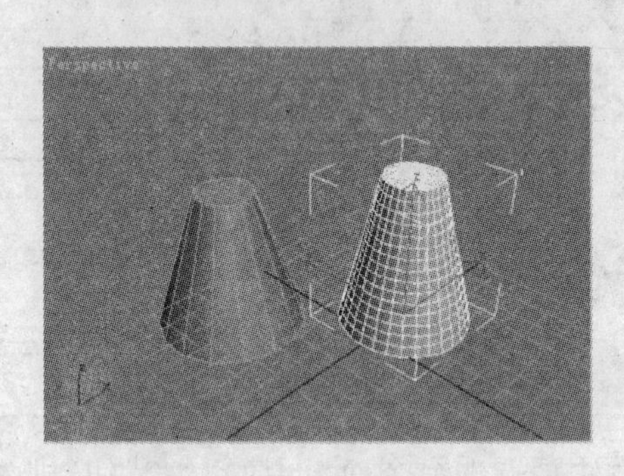

图3-3 椎体

修改面板中还有一个选项:"Slice"切片工具,"Slice From"是切片的开始位置,"Slice To"是切片的结束位置。例如,我们设置"Slice From" 为30,"Slice To"设置为120。则锥体将以切片的形式出现,如图3-4。

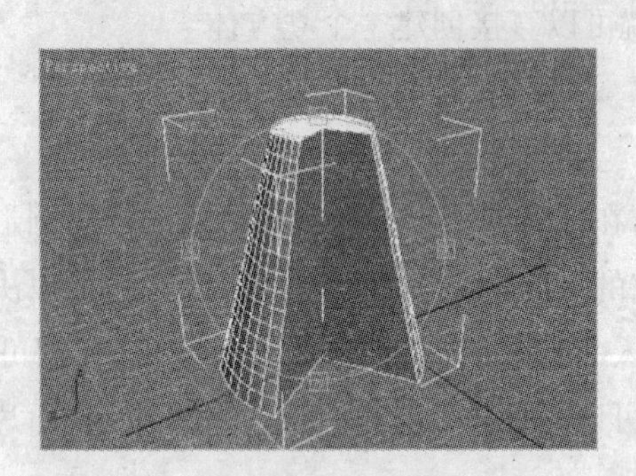

图3-4 切片椎体

在创建其他模型的时候,有些模型也有切片的选项,我们在以后将不再重述。

3.1.3 Sphere(球体)

选择球体的创建工具,在任意视图中拖动鼠标可以直接创建一个圆球,创建之前可以在"Creation Method"中选择"Edge" 或"Center"方式。即从边缘拖出还是从中心拖出。创建完成以后进入修改面板。在修改面板的"Parameters"项中可以修改它的半径和片段数。具体参数解释为:

Radius(半径):设置球体半径大小。

Segments (段数):设置表面划分的段数,值越高表面越光滑。

Hemisphere(半数系数):确定是否建立完整的球体,该值为0时,创建出完整的球体;值为0.5时,创建出半球体;值为1时,没有球体。值域0~1,默认值为0。

Chop (切除):在进行半球系统调整时发挥作用,当球体被减去后,原来的网格也随之消除。

Squash(挤入):在进行半球调整时发挥作用,当球体被减去后,原来的网格仍保留,但被挤入剩余的球体中。

Base To Pivot(中心点在底部):在创建球体时勾选此项,球体的中心就会设置在球体的底部,默认为取消勾选方式。

球体还有一个半球参数"Hemisphere",调节该参数可以调节半球的比例,当数值为0.5的时候,正好为半球。在"Hemisphere"参数下面有"Chop"和"Squash"两个选项。"Chop"是切除实现半球的方式。当点选该方式,调节半球的时候是直接以切除的方式实现。而点选"Squash"方式,调节半球是以挤压的方式实现,在这种情况下挤压成半球的时候不改变片段数。如图3-5,片段数的球体在通过两种方式实现半球以后的片段数。

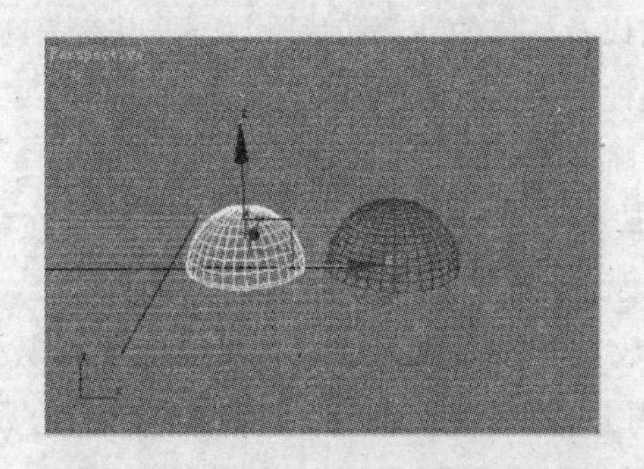

图3-5　半球栅格图

在参数面板的下放还有一个"Base To" 的选项,勾选该项,系统将会把球体的轴心点从球体的中心移动到球体的底部。我们在勾选该项以后我们在调节半径、进行半球操作和进行变换操作的时候,都将以球的底部为轴心点进行操作。球体同样也可以进行切片操作。

3.1.4　GeoSphere(几何球体)

几何球体的创建与参数与球体的基本相同。需要注意它和球体不同的地方是其由三角面构成的。如图3-6它和球体的比较。

几何球体参数面板的具体解释如下。

Radius(半径):设置几何球体半径大小。

Segments(段数):设置几何球体表面划分的段数,值越高三角面越多,表面越光滑。

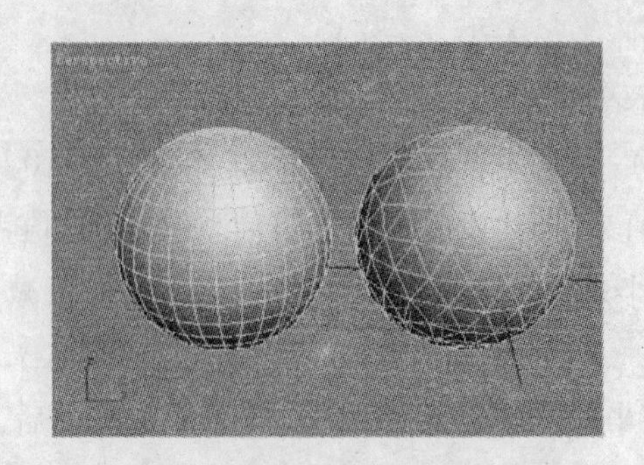

图 3－6 球体与几何球体

· Geodesic Base Type（基点面类型）：确定由哪种规则的异面体组合成球体。其中分为 Tetra（四面体）、Octa（八面体）、Icosa（二十面体）。

3.1.5 Cylinder（柱体）

选择柱体的创建命令，在任意视图中拖动鼠标，首先拖出的是圆柱体的截面，点击鼠标后继续拖动，将决定柱体的高。进入修改面板的"Parameters"项。在这里可以调节柱体的截面半径和截面多边形的边数，以及柱体的高度和片段数。可以参考具体参数解释：

Radius（半径）：设置圆柱体半径。

Height（高度）：设置圆柱体的高度。

Height Segments（高度段数）：设置圆柱体在高度上的段数，在弯曲圆柱体时，增加高度段数可以产生光滑的弯曲效果。

Cap Segments（端面段数）：设置两端面上沿半径的片段划分数。

Sides（边数）：设置圆周上的片段划分数，对于圆柱体来说，边数越多越光滑。

对圆柱体我们也可以进行切片设置，得到想要的模型如图 3－7。

图 3－7 切片柱体

柱体的创建的时候同样分为"Edge" 和"Center"方式。

3.1.6　Tube(圆管)

选择圆管创建工具,在任意视图中拖动鼠标,首先拖出的是外圆大小,点击鼠标后继续拖动出现内圆,点击后再继续拖出圆管的高。我们同样可以在修改面板中修改它的各项参数和进行切片等操作。具体参数解释为:

Radius1(半径1):设置管状物的外圈半径。

Radius2(半径2):设置管状物的内圈半径。

Height(高):设置管状物的高度。

Height Segments 设置端面圆周上的片段划分数。值越高,管状物越光滑。

3.1.7　Torus(圆环)

选择圆环创建工具,在任意视图中拖动鼠标,首先拖出的是内圆,继续拖动拖出的是外圆。这样我们就创建了一个圆环。在圆环的修改面板中,有对圆环内圆、外圆半径,圆的边数和片段数的修改。需要注意的是,圆环比其他模型多出了两个选项。"Rotation" 和"Twist"。其中,"Rotation"是在圆环自身截面上的旋转,"Twist"是圆环在圆周上的旋转,将改变圆环的形状,我们将"Twist"的值设为200时,圆环变形为如图3-8。

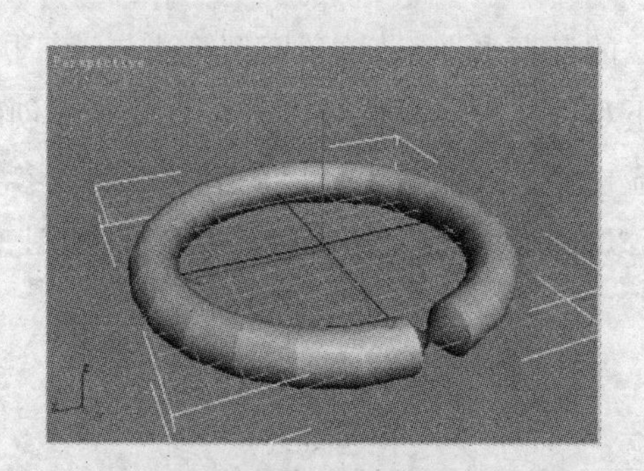

图3-8　圆环

在圆环的"Smooth"的选项中有四种光滑方式。

All:全部进行表面光滑。

None:不进行光滑处理。

Side:对圆环上的边进行表面光滑。

Segment:对横断面上的断面进行光滑。如图3-9从上至下依次是All、Side 、None、Segment。

对圆环也可以进行切片操作。

图 3－9　不同光滑参数下的圆环

3.1.8　Pyramid(四棱锥)

点选四棱锥的创建工具,在任意视图拖出四棱锥的底面。释放鼠标后继续拖动可以拖出四棱锥的高。四棱锥的修改面板只包括底面的长宽高和长宽高的段数调整设置。在建模的过程中可以根据自己的需要进行灵活的设置。

3.1.9　Teapot(茶壶)

该对象代表了建模算法的最高水平,是数学模型算法与计算机图形学处理的完美结合,在早期的建模技术和水平下难以实现。我们可以直接点取茶壶创建工具在视图中创建一个简单的用于各项测试的茶壶模型。在面板上可以调节它的各项参数。除了对茶壶的精度和半径进行调节外,我们还可以自由决定显示茶壶的各个部分,如图 3－10。

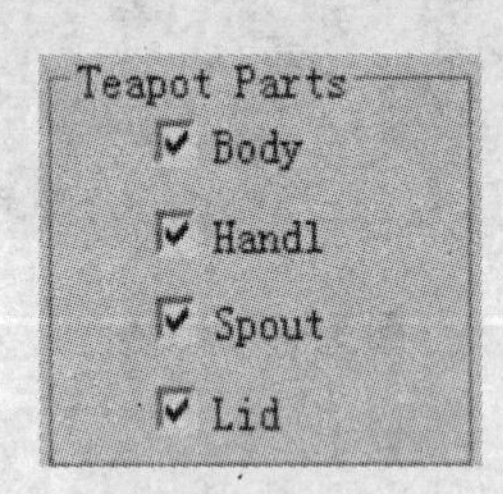

图 3－10　茶壶部件参数

如果我们不需要显示 Lid,就可以将它取消勾选,如图 3－11。

Radius(半径):确定茶壶的大小。

Segments(段数):确定茶壶表面的划分精度,值越高,茶壶表面越细腻。

Teapot Parts (茶壶组成部分):确定茶壶外形,选中的部分可用。主要包括 Body(主体)、Handle(茶壶把)、Spout(茶壶嘴)、Lid(茶壶盖)。

图3-11 茶壶造型

3.1.10 Plane(平面)

"Plane"(平面)按钮用来创建一个基本的片状物体,高度为0,可控制其渲染比例和密度,使其在渲染时发生形体变化,而不影响场景中的显示状态,效果如图3-12。

单击标准几何体创建命令面板中的"Plane"(平面)按钮,在透视图中按住鼠标左键,拖出一个矩形,松开鼠标左键完成创建。

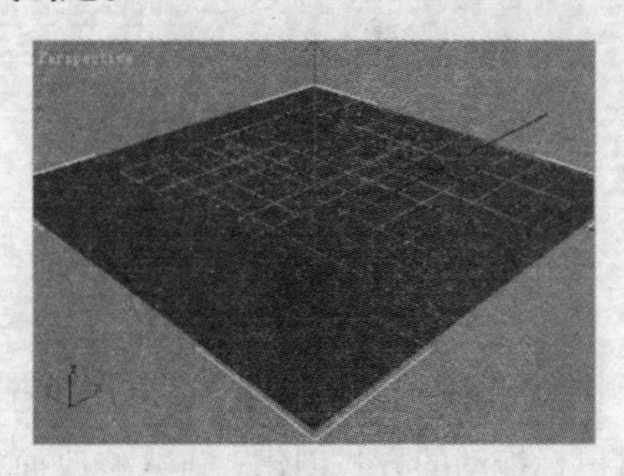

图3-12 平面造型

其具体参数解释如下。

Length(长度):设置面片的长度。

Width(宽度):设置面片的宽度。

Length Segs(长度段数):设置面片的长度段数。

Width Segs(宽度段数):设置面片的宽度段数。

Render Multipliers(渲染增效器):设置面片渲染的缩放比例及其渲染密度。设置此功能后只有在渲染时才能看出效果,在操作视图时无任何变化,它包括两个选项Scale(缩放比例)、Density(密度)。

3.2 扩展几何体

3DSMax 除了可以创建一些标准几何体外，还可以创建扩展几何体。所谓扩展几何物体，即是一些更为复杂的三维造型，可调参数较多，物体造型较复杂，包括异面体、环形节、油桶、囊体等多种三维物体。我们在学习过程中可以反复调整参数，同时观察物体外观的变化情况。扩展几何体的创建面板如图 3－13 所示。

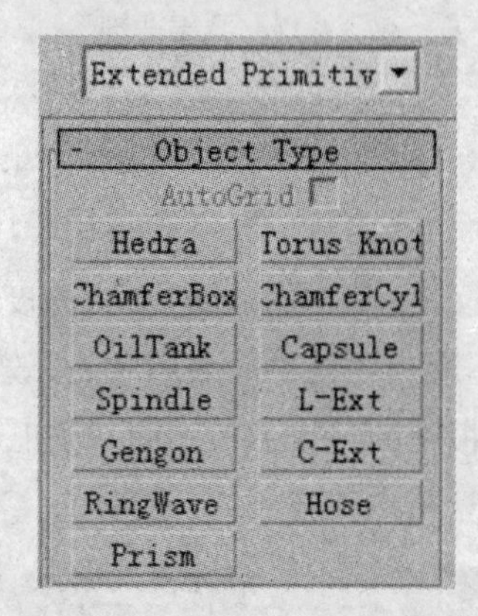

图 3－13 扩展几何体的创建面板

3.2.1 Hedra(异面体)

在 Extended “Primitives”中选择创建异面体工具，可以在任意视图用鼠标拖出一个异面体模型。注意，异面体只能通过鼠标拖动的方式创建。进入修改面板，可以看到“Parameters”中的“Family”项中有五个选项，它们代表了五种异面体。如图 3－14。

图 3－14 异面体造型

Tetra：八面体异面体

Cube\Oct：十二面体异面体

Dodec\Ico:二十四面体异面体

Star1:星形 1

Star2:星形 2

在图 3－15 中,我们可以对 P 值和 Q 值进行调节,以实现不同的边的效果。

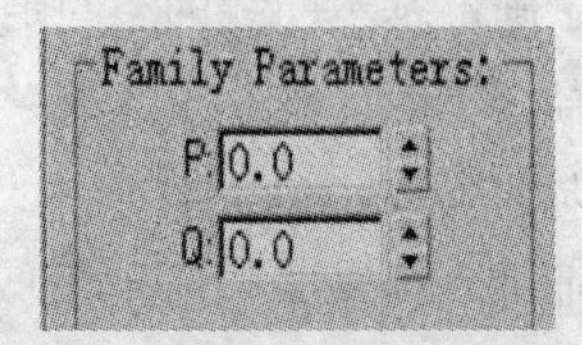

图 3－15　P、Q 值参数

在图 3－16 中,还可以对轴向比例进行调节,以及在轴向上对点的凹凸度进行调节。

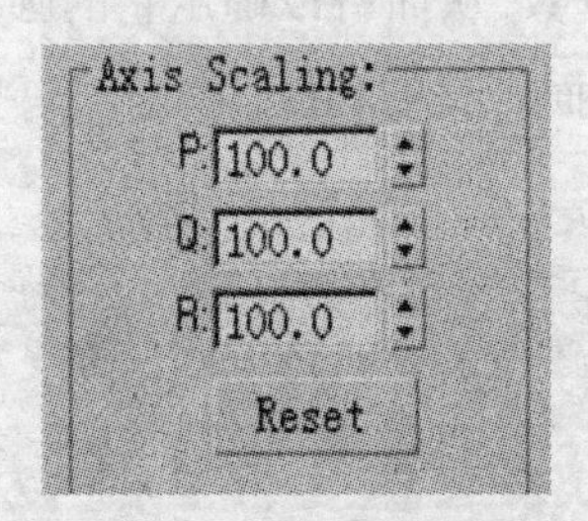

图 3－16　轴缩放参数

我们还可以通过对异面体半径的调节来调整它的大小。这样就能够通过各种不同的调节配合产生许多种异面体模型。

3.2.2　Torus Knot(环形节)

选择环形节工具我们可以在视图上创建一个特殊的环形节。环形节也可以通过键盘输入的方式创建。如图 3－17。

图 3－17　环形节造型

环形节的参数卷展栏分为四个选项组：Base Curve、Cross Section、Smooth、Mapping Coordinates。

下面我们就分别解释一下它们内部各参数的含义。

Base Curve(基本曲线)选项组。

Knot(结扣)和 Circle(圆)：用于确定基本曲线的空间走向。

Radius(半径)：基本曲线的半径。

Segments(分段数)：沿曲线方向的段数。

Warp Count(变形计数)：控制曲线弯曲数量，此设置只对 Circle(圆)方式有效。

Warp Height(扭曲高度)：控制曲线上产生的弯曲高度，此设置只对 Circle(圆)方式有效。

Cross Section(截面)选项组。

Radius(半径)：设置截面图形的半径大小。

Sides(边)：设置截面图形的变数，从而可以确定它的圆滑度。

Eccentricity(离心率)：设置截面压扁的程度。如图 3－18 为设置了一定的离心率以后的造型。

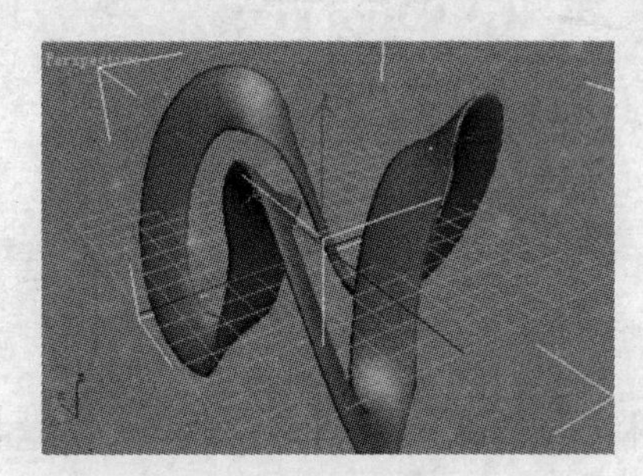

图 3－18　离心环形节造型

Twist(扭曲)：设置截面沿路径扭曲旋转的程度。如图 3－19 为设置了一定的扭曲值以后的造型。

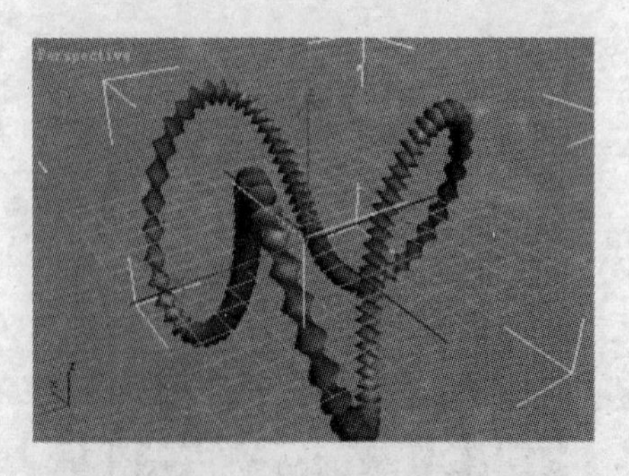

图 3－19　扭曲环形节造型

Lumps(肿块)：在中径上产生肿块状突起。

Lump Height(肿块数):肿块膨胀的高度。

Lump Offset(肿块膨胀偏值):膨胀的偏值。效果如图 3 - 20。

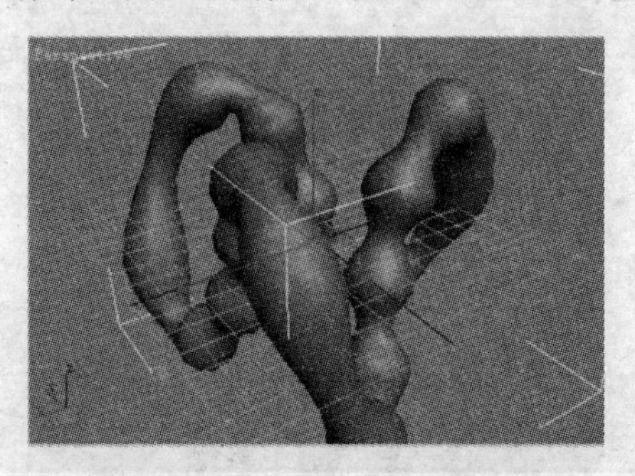

图 3 - 20　肿块环形节造型

Smooth(光滑)选项组,Smooth(光滑)中的选项为 All、Side、None,分别表示全部光滑拟合、沿环形段数进行光滑拟合,以及不光滑拟合。类似圆环的光滑参数。Mapping Coordinates(贴图坐标)选项组,我们将在贴图坐标的相关章节讲解相应内容。

3.2.3　ChamferBox(倒角方体)

选择 ChamferBox(倒角方体),可以在任一视图中拖移出一个倒角立方体,不难看出其选项的参数卷展栏与三维标准模型的 Box 选项的参数卷展栏基本相同,只多出了两项:Fillet 和 Fillet Segs。这两项分别表示立方体倒角的程度和倒角部分的段数。Fillet 的值越大,倒角部分就越大。而 Fillet Segs 的值越大,倒角部分的光滑程度就越好。如图 3 - 21。

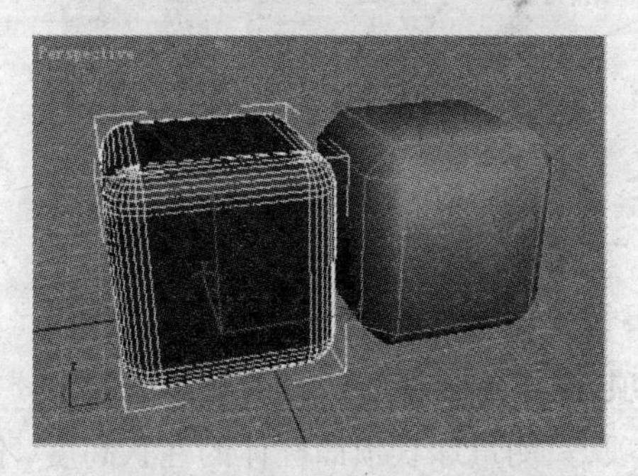

图 3 - 21　倒角方体造型

3.2.4　ChamferCyl(倒角柱体)

选择"ChamferCyl"(倒角柱体),创建一个倒角圆柱体,如图 3 - 22。在其参数卷展栏中可以看到该选项的参数卷展栏与三维模型的"Cylinder"选项的参数卷展栏也基本相同,但多出了两项:"Fillet"和"Fillet Segs"。这两项分别表示圆柱体倒角的程度和倒角部分的段数。

“Fillet”的值越大,倒角部分就越大。而“Fillet Segs”的值越大,倒角部分的光滑程度就越好。倒角方体和倒角柱体皆为方体和柱体的延伸体,继承了后者的特点和属性。

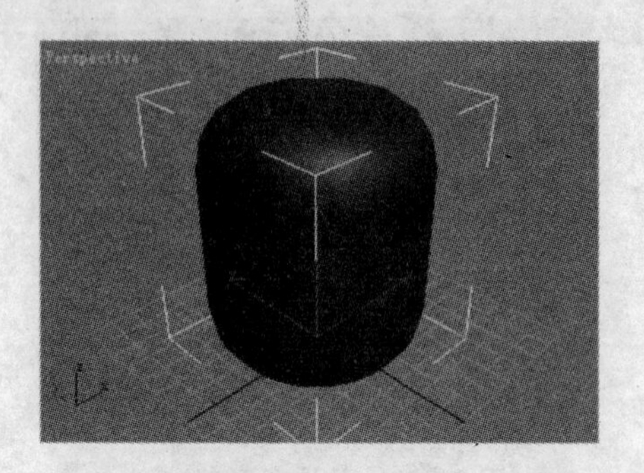

图3-22 倒角柱体

3.2.5 OilTank(油桶)

选择“OilTank”(油桶),在视图区创建一个油桶,其形状如图3-23。其参数参展栏具体解释如下。

图3-23 油桶造型

Cap Height(顶盖高度):设置油桶突起面顶盖的高度。

Overall(全部):选中该项,测量球状顶面柱体的全部高度。

Centers(中心):选中该项,只测量球状顶面柱体的柱状高度,不包括顶盖高度。

Blend(混合):设置一个边缘倒角,圆滑顶盖柱体的边缘。

Sides(边):设置球状顶面圆周上的片段划分数,值越高,球状顶面越圆滑。

Height Segs(高度段数):设置油桶高度上的片段划分数。

3.2.6 Capsule(胶囊)

选择“Capsule”(胶囊),创建一个胶囊物体,其参数解释可参考油桶的参数解释。

3.2.7 Spindle(纺锤体)

选择“Spindle”(纺锤体),创建出如图3-24所示物体,其参数卷展栏可参考前面的参数卷展栏,其用法基本相同。

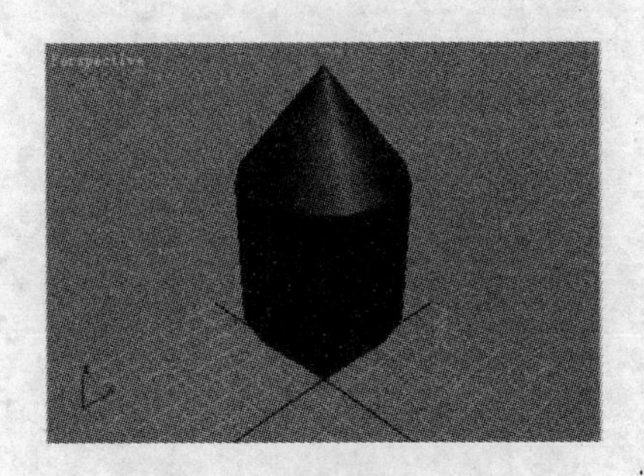

图3-24 纺锤体造型图

3.2.8 L-Ext(L形延伸体)

选择L-Ext(“L”形延伸体),在视图区可创建一个“L”形物体,如图3-25,其参数卷展栏的参数主要是Side Length、Front Length 、Side Width、Front Width这四个长度,宽度参数以及它们的段数。我们可以通过这些参数来改变“L”形物体的大小、形状。

图3-25 “L”形延伸体

Side /Front Length(边/正面长度):设置两边的长度。

Side /Front Width(边/正面宽度):设置两边的宽度。

3.2.9 Gengon(多棱体)

选择“Gengon”(多棱体),在任一视图创建一个多棱体,我们可以通过调整参数命令来修改这个多棱体,它的参数卷展栏里的大部分命令都在前面介绍过了,其中,“Sides”的用法有一点不同,“Sides”的值表示多棱体的棱面,系统默认值为5,生成的是一个五棱体。上图如果把“Sides”值改为3则会得到一个三棱体。

3.2.10 C－Ext（“C”形墙体）

其创建、参数卷展栏与“L”形物体十分相似，可以通过改变参数的数值来调整物体的外形和段数，如图3－26。

图3－26 “C”形墙体

3.2.11 RingWave（环形锯齿）

选择“RingWave”（环形波），在视图区创建一个环形锯齿物体，如图3－27。它的参数命令很多，观察其参数卷展栏，较前面多了一个“RingWaveTiming”的选项组，通过它可以播放环形锯齿的生成过程。

图3－27 环形锯齿造型

在选项组中，如果选中了No（无）命令，将使环状锯齿的生成过程不能以动画的形式显示出来。

Grow and命令可以通过动画播放环形锯齿生成过程，当环形锯齿物体生成到最后确定的大小时，就停止生成。然后再重复前面的过程，如此循环。

Cyclic命令也可以通过动画播放环形锯齿的生成过程。而且，环形锯齿在生成过程中不断增大，其形状会超过建成时的大小，然后再重复前面的过程。

播放的时间可以通过修改Start Time（起始时间），Grow Time（生成时间），End Time（终止时间）来进行调整。

在 Outer/Edge Breakup 选项组中,选取 On 选项,既可以调整所创建物体内外部的大小和形状以及边缘波浪状的幅度大小,来达到最佳的创作效果。

3.2.12　Hose(软管)

选择“Hose”(软管),在视图区创建一个软管物体,如图 3 - 28。可以看出“Hose”(软管)物体在某些特性上与“Dynamics Objects”(动态物体)中的“Spring”(弹簧)物体相同,但它有动力学参数,一般用来制作水管的连接处或导线与插头的接缝处。

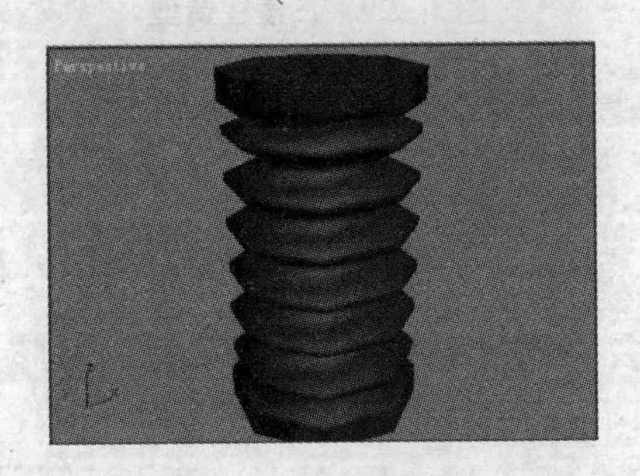

图 3 - 28　软管造型

Free Hose Parameter(自由软件管数)选项组

Height(高):调节软管物体的高度。

Common Hose Parameter(公共软管参数)选项组

Segments(段数):调整软管物体的纵向段数。

Starts(始端):调整软管开始弯曲处的百分比。

Ends(终端):调整软管结束弯曲处的百分比。

Cycles(循环):调整软管褶皱弯曲的圈数,与 Segment 参数配合调节才能看出效果。

Diameter(直径):调整褶皱最低点和最高点的相对宽度。

Smoothing(光滑):调整软管表面的光滑属性。

3.2.13　Prism(三棱柱)

选择“Prism”(三棱柱),在视图区创建一个棱柱,如图 3 - 29。它的参数命令面板比较简单,相比较多棱体的创建而言,棱柱三角形截面的三条边可以通过修改参数面板里的三个长度参数值来设定。

图 3－29　三棱柱造型

3.3　二维图形

在 3DSMax 中提供了很多二维绘图功能,可以随意绘制图形,这些图形由端点连接而成,通过点和线段可以调节二维图形的形状。

二维图形在 3DSMax 的应用中常有下列几种情况:

利用填充修改的功能,把一个封闭的二维图形拉伸成一个有厚度的立体模型。

利用旋转修改的功能,把一个二维图形截面旋转成一个三维立体模型。

可以作为放样造型的路径或剖面图形。

可以作为运动的动画路径。

可以作为反向运动的一种连接方式。

下面我们对几种常见的二维图形进行简单的说明。

3.3.1　Line(线)

使用画线工具可以自由的画出曲线和直线。我们可以利用画线工具在任意视图进行图形的绘制。在默认情况下,一次点击创建一个点,点击后按住鼠标左键拖动可以拉出弧形的曲线,如果单纯的点击后拖动将会产生直线。如果最后一个点和第一个点重合,会弹出是否闭合曲线的对话框,如图 3－30。

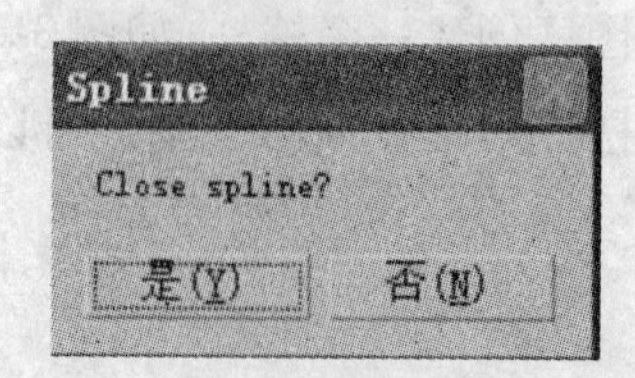

图 3－30　样条线封闭对话框

我们可以根据需要进行选择。这就是绘制直线和曲线的基本方法。在绘制的时候应该注意一些特殊的设置。如果我们配合按下键盘上的“Shift”键,所有的曲线将会锁定在直角线上,绘出的图形全都是直角边。如果我们配合按下键盘上的“Ctrl”键,那么将会按照角度的锁定进行绘制。这里的角度锁定和工具栏里的角度锁定设置相关联。如果要延伸到当前的视图外,可以通过按下键盘上的“Z”键来对视图进行放缩。

接下来我们来了解一下它的参数设置面板。首先来认识一下渲染设置面板,如图3-31。

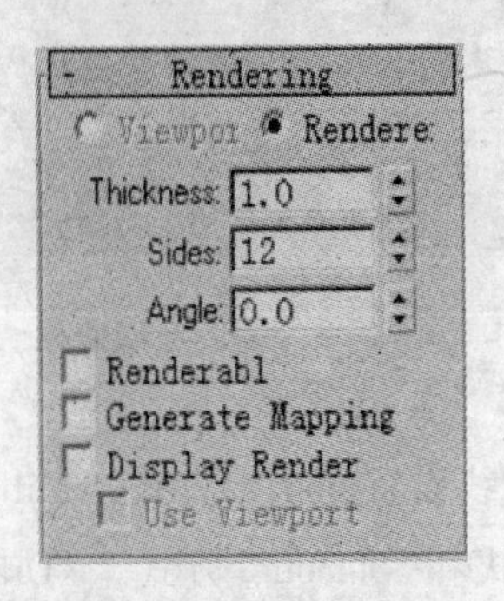

图3-31 渲染设置面板

3DSMax的曲线有很多种用途,而且在这里它还支持直接渲染。如果勾选了可渲染“Renderable”,在最终渲染的时候就可以将它渲染出来。

Thickness:可以理解为渲染曲线的截面半径大小,决定渲染出来的曲线粗细程度。

Sides:截面半径上的边数,数值越大,渲染出来的模型越精细光滑。

Angle:曲线旋转的角度。

Generate Mapping:是对曲线使用贴图的方式。如勾选,为使用自身的贴图坐标。

Display Render:如果勾选此项,便可以打开使用视图设置。Use Viewport打开以后,可以预览渲染出的效果,以便于对曲线的属性进行调节。

Interpolation面板中是差值选项,如图3-32。

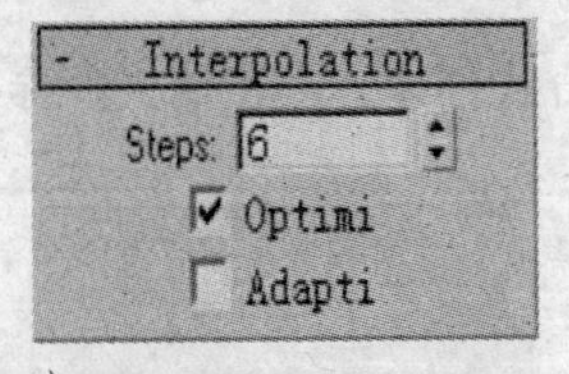

图3-32 差值选项面板

它可以决定曲线在长度上的段数。这个选项的调节对曲线的创建也有很重要的意义。其中,不勾选“Optimize”项的时候,绘制任意曲线,两点之间都会有“Steps”中默认的步幅值,也就是片段数。这样会造成片段数的浪费,而且增加渲染的时间。我们可以勾选该项,这样在创建的时候,直线部分就只有一个片段数。而在弯曲的部分才会有设定的片段数。而

“Adaptive”项是系统默认的精度调整，在越弯曲的地方片段数越多，越精细；而越直的地方，片段数越少。如图3－33，依次为不勾选Optimize，勾选Optimize，勾选Adaptive的效果。

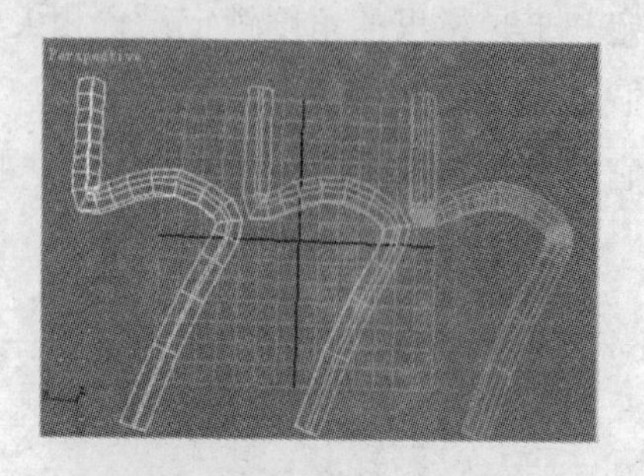

图3－33 差值选项效果

图3－34中，我们可以设置曲线设置的初始方式，“Initial Type”项是创建时不拖动鼠标的点的处理方式，有光滑“Corne”方式和“Smooth”方式。“Drag Type”是拖动时点的处理方式，比“Initial Type”多出一个“Bezie”方式。例如，我们将“Initial Type”设置成“Smooth”，将“Drag Type”设置成“Bezie”，那么在创建曲线的时候，不拖动鼠标，可以拉出光滑的曲线，而拖动鼠标的时候，将拉出“Bezie”曲线。这些属性会在对曲线修改的时候表现出巨大的不同。

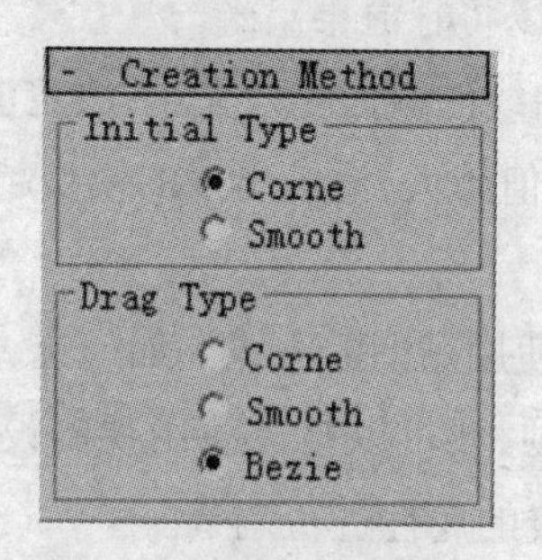

图3－34 线的建立方法

曲线也可以通过键盘输入的方式创建。键盘输入的参数卷展栏如图3－35。

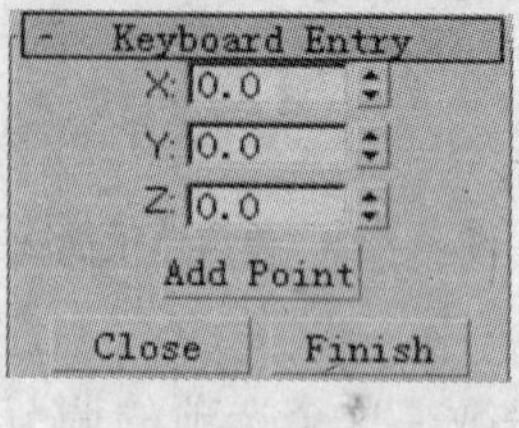

图3－35 键盘参数

使用键盘输入的方式，我们可以对曲线进行精确的定位创建。通过X、Y、Z、的数值精确定位每一点的位置，然后点击“Add Point”，可以在设定的位置创建点。然后进行下一点的创建。创建完成后可以点击“Finish”结束曲线的创建，也可以点击“Close”闭合曲线。对于曲线的编辑也是主要通过对修改面板的参数进行设置。进入修改面板，我们会发现曲线的编辑菜单主要是编辑样条线的设置面板，这些我们将在修改器和修改器堆栈中详细讲解。

3.3.2 Rectangle(矩形)

选择矩形的创建工具，我们可以直接在视图上拉出一个矩形，如果配合“Ctrl”键可以拉出一个正方形。矩形的设置面板和修改面板和曲线的基本相同，这里我们要注意的是在它的“Parameters”参数菜单中。除了长宽的设定外，还有一个圆角半径可以设置。通过这个参数的设置我们可以创建带有圆角的矩形。例如我们将“Corner Radius”的值设为20，创建的矩形如图3-36所示。将它的可渲染属性打开并增大渲染截面半径，可以更清楚地看到圆角效果。如图3-37。

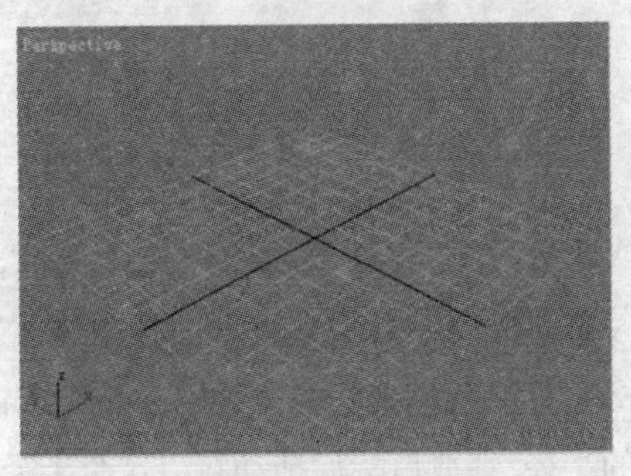

图3-36 二维圆角矩形

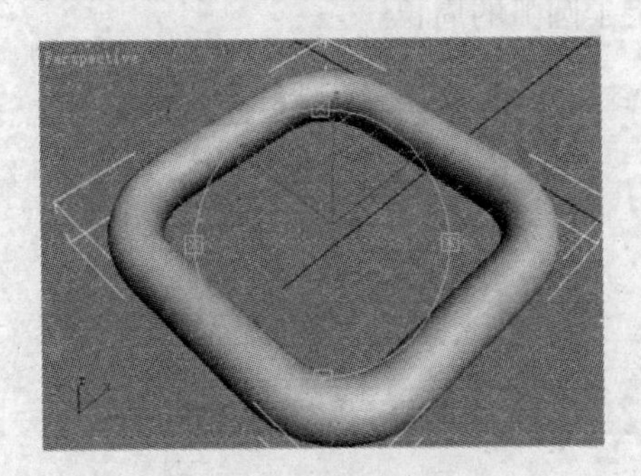

图3-37 二维圆角矩形

3.3.3 Circle(圆)

选择圆形的创建工具，可以在任意试图通过拖动鼠标创建一个圆形。圆形的参数设置如图3-38。

和其他的二维图形的参数基本相同，这里不再一一讲述。

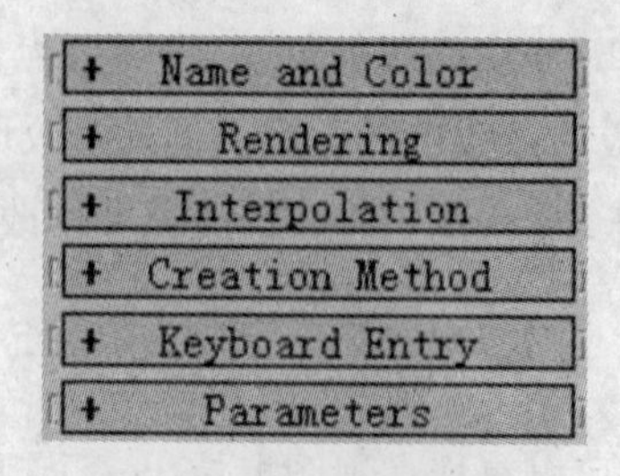

图 3－38 圆形参数

3.3.4 Ellipse(椭圆)

选择椭圆绘制工具,我们可以在任意视图中创建一个椭圆形。椭圆的参数面板和圆形的基本相同,需要注意的是椭圆有两个半径,分为长半径和短半径,对这两个半径的调节可以改变椭圆的形状。

3.3.5 Arc(弧)

选择弧形创建工具,在默认情况下,在任意视图内拖动鼠标,首先拖动的是它的弧半径,释放鼠标,拖出的是弧周长。我们可以在其参数设置面板中修改“Creation Methed”选项,默认的是“End－End－Middle”方式,如果我们把它修改成“Center－End－End”方式,我们第一次拖动鼠标出现的是弧所在的圆的半径,释放鼠标后拖动将以这个半径像圆规似的画出一个圆弧。

在圆弧的参数面板中 Radius 为弧半径。

From 和 To 的参数决定了圆弧的周长。

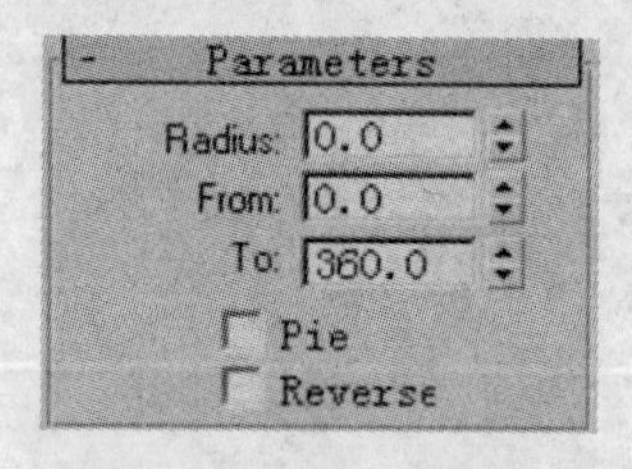

图 3－39 弧形参数

Pie Slice 是扇形切片参数。勾选该项可以得到类似扇形的切片效果。如图 3－40。

图 3－40 三维弧形

3.3.6　Donut(同心圆环)

选择同心圆环创建工具,可以方便地创建两个圆心在同一点的圆形。在任意视图拖动鼠标可以拖动出第一个圆,释放鼠标继续拖动可以拖出第二个圆。它的参数面板和圆形的参数面板基本相同。

3.3.7　NGon(多边形)

选择多边形创建工具可以在视图中创建任意边数的多边形。它和其他二维图形的参数面板最大的不同在于"Parameters"参数。如图3-41。

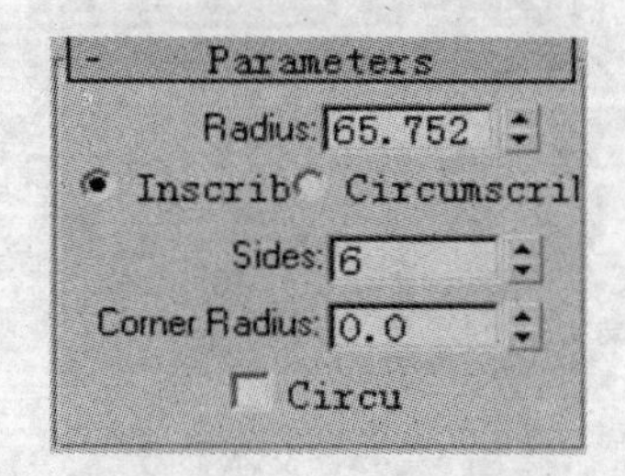

图3-41　多边形参数

在半径选项下,有"Inscribed"和"Circumscribed"两个选项,选"Inscribed"的时候,半径为多边形的内半径。选的时候,半径为多边形的外半径。"Sides"为多边形的边数,"Corner Radius"为多边形的圆角半径。如果勾选"Circular",系统将把多边形扩展成圆形,这里的圆形和直接创建的圆形不同的地方是,在修改的时候,这个圆上的点将是可以修改编辑的。

3.3.8　Star(星形)

选择星形创建工具可以在任意视图创建星形效果。选中星形工具,在任意试图中拖动鼠标,在恰当的位置释放鼠标可以确定星形的外径,然后再次拖动可以拉出星形的内径,释放鼠标可以确定星形的内径。星形的参数面板需要注意的地方是:在它的"Parameters"中有一个扭曲的参数"Distortion",当我们对它的值进行修改时,可以产生扭曲的星形效果,另外,它的圆角半径也有两个,可以设置内外角的圆角,效果如图3-42。

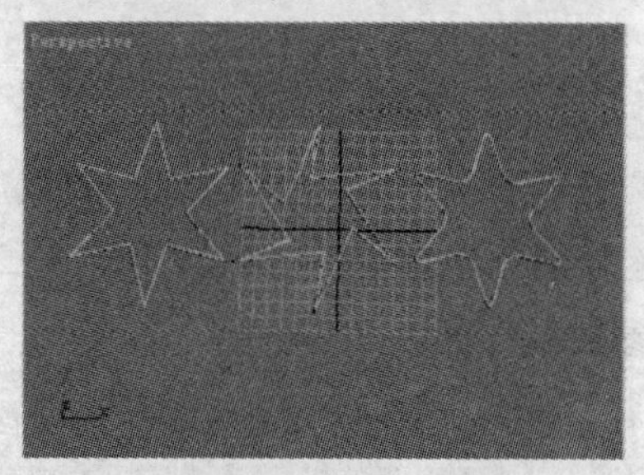

图3-42　星形造型

3.3.9 Text(文本)

选择创建文本的选项,可以在视图中创建文本,我们一般在“Front”视图中创建,点击文本工具,在任意试图中点击鼠标,就可以创建文本。文本也具有可渲染属性和段数属性。我们还可以在“Parameters”面板中对文字进行设定。

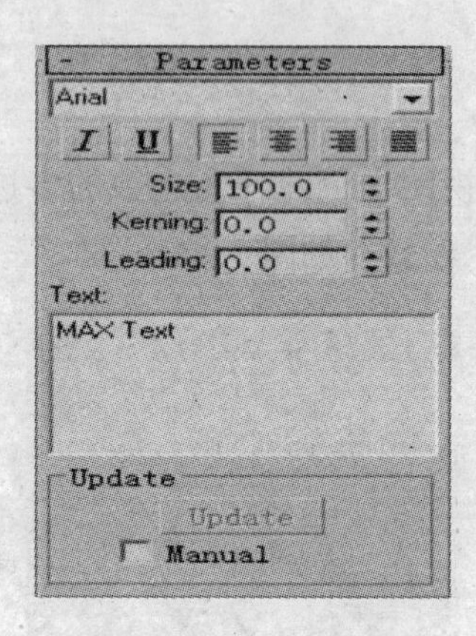

图3-43 文本参数

我们可以对文字的字体进行设定,前提是计算机字库中存在相应的字体。使用文字面板中的工具,我们可以设定文字的倾斜与下划线以及文字的对齐方式。“Kerning”的值可以调整字间距,“Leading”的值可以调整行间距。“Text”文本框内为创建的内容,可以先创建后编辑,也可以先输入文字再进行创建。对文字施加相应的调整器,可以得到各种效果,如图3-44。

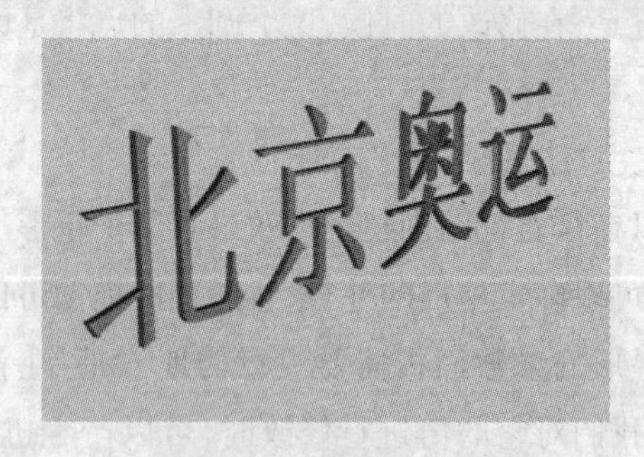

图3-44 三维文字

3.3.10 Helix(螺旋线)

点击螺旋线创建命令,可以在视图中创建一条螺旋的曲线。点击工具后拖动鼠标,首先拖出的是半径1,再次拖动鼠标分别创建螺旋线的高度和半径2。也可以在修改命令面板中设置螺旋线的各项参数,具体参数解释如下。

Radius1:设置螺旋线的内径

Radius2:设置螺旋线的外径

Height:用来设置螺旋线的高度

Turns:用来设置螺旋线的圈数

Bias:用来设置螺旋线圈数的偏向程度

CW\CCW:分别设置两种不同的旋转方向

如果内径和外径相同,则会产生弹簧效果。如果高度为零,螺旋线将平铺在一个平面上。如图3-45(可渲染)。

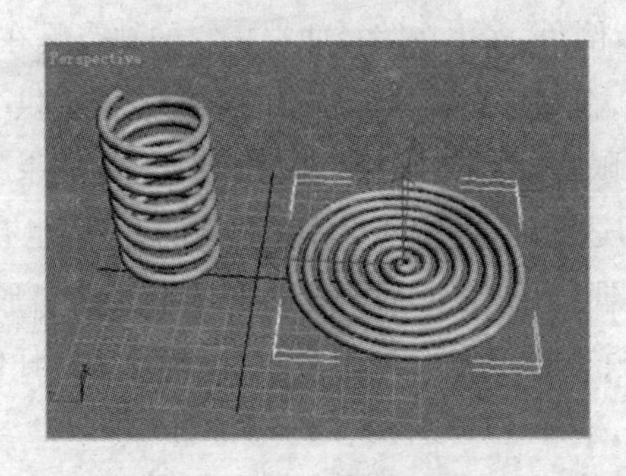

图3-45 三维螺旋线

3.4 放样(LOFT)

通过放样(Loft)的方法生成物体模型,与面片(Patch)建模和"Nurbs"建模相比,显得更简单易行且容易理解。在第一章生成弹簧的例子中我们已经对该命令有所了解,在这节里,我们通过实例对放样(Loft)做详细深入的介绍。

3.4.1 放样(Loft)的原理

放样是来源于古希腊造船的原理和方法,即将二维截面图形(Shapes)在一段路径(Path)上形成的轨迹和实体。任何复杂的三维对象最终都可以解剖为截面对象和沿截面对象的延伸。即构成放样的两个基本要素,路径和截面。作为放样路径的二维形体可以是闭合的,也可以是敞开的,但只能有一个起始点和终止点。而所有的二维几何对象皆可用来作为放样截面。

3.4.2 放样法建模的参数

放样法建模的参数很多,大部分参数在无特殊要求情况下用缺省即可,下面只对影响模型结构的部分参数进行介绍。

当三维对象的截面沿路径在发生变化的时候,路径参数(Path parameters)中可以多种方式确定截面图形在路径上的插入点,用于多截面放样。在路径上的位置可由百分率(Percentage)、距离(Distance)、和路径的步幅数来控制。

3.4.3 对放样对象的后期编辑

放样物体在编辑层可以进行放样变形操作,其中有五种变形方法:

缩放变形(Scale):在路径 X,Y 轴上进行放缩。

扭转变形(Twist):在路径 X,Y 轴上进行扭转。

旋转变形(Teeter):在路径 Z 轴上进行旋转。

倒角变形(Bevel):产生倒角,多用在路径两端。它的缺点是在狭窄的拐弯处产生尖锐的放射顶点,造成破坏性表面,在倒角面板顶部新增的下拉按钮提供了 Adaptive Linear、Adaptive Cubic 两种新算法可在最大限度上解决上述问题,获得很好的效果。

拟合变形(Fit):拟合即适配的意思,属于放样建模的一种,也有人称其为"三视图建模"、"拟合建模"、"变形建模",即由用户以平面放样图形的形式给出形体的"三视图",计算机依据"三视图"自动生成立体模型的方法。三视图可以准确地表达任何复杂的三维形体,因此该命令功能强大,应用广泛。

通过上面对放样法建模的学习,我们简单的了解了放样法建模的一般原理和过程,但对于如何完整的建模,还需要有一个熟悉的过程,接下来我们通过几个例子来进一步说明。

3.4.4 开放截面的放样

在 Front 视图里用"Shape"工具画出一段弯曲的曲线作为放样的截面,垂直画出一条直线作为放样的路径。

选择该曲线,施加编辑样条线"Edit Spline"调整器,切换到节点级的操作层次,将节点的类型变为"Smooth"类型。

选择路径线段,访问"Create\Compound Objects\Loft"中的"Get Shape"命令,然后单击曲线,这是生成了一个放样对象,但其不能完全显示,原因是跟截面为开放的图形有关。

访问材质编辑命令按钮"",选择一样本球,勾选 2 - Side 选项,设置为黄色,使用""命令将简单编辑的材质赋予放样对象。如图 3 - 46。

图 3 - 46 放样对象

访问 Modify 命令下的变换"Deformation"卷展栏中的"Scale"命令，在弹出的窗口中使用节点插入""和节点移动""命令将图中的曲线调整为如图3－47所示，放样对象被变化为束起的窗帘样式，如图3－48。

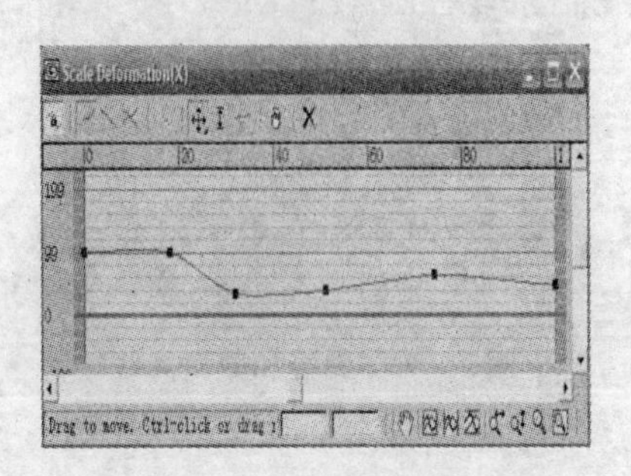

图3－47　缩放变形曲线

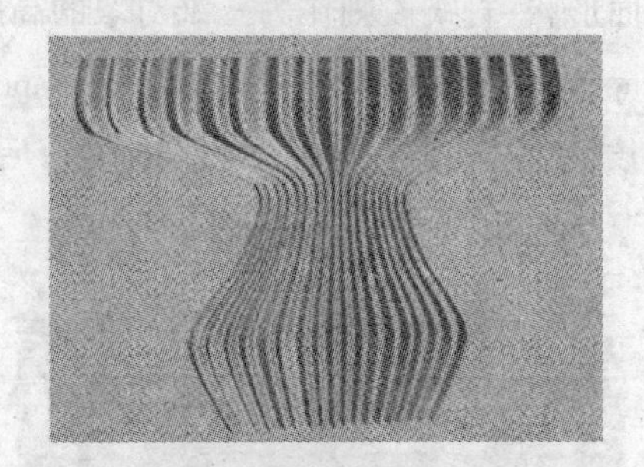

图3－48　束起的窗帘造型

在修改器列表中访问"Loft"下的"Shape"行，在"Top"视图里使用移动命，令将作为放样截面的曲线向右移动适当的距离，复制该对象，形成对开的窗帘。

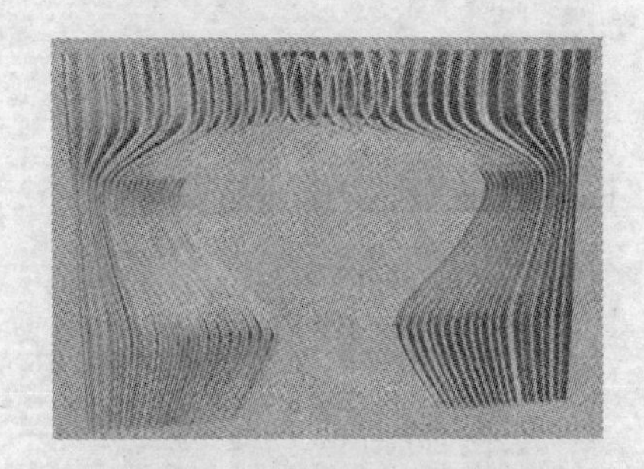

图3－49　对开窗帘造型

3.4.5　化妆品包装造型

在前面的例子中放样出来的对象都是规则的几何形体，既在路径上的截面是单一的。而大部分对象的截面是随着路径的延伸而变化,使用多截面方样是解决这个问题的途径。首先,我们在顶视图中绘制如图 3 - 50 的几条曲线。

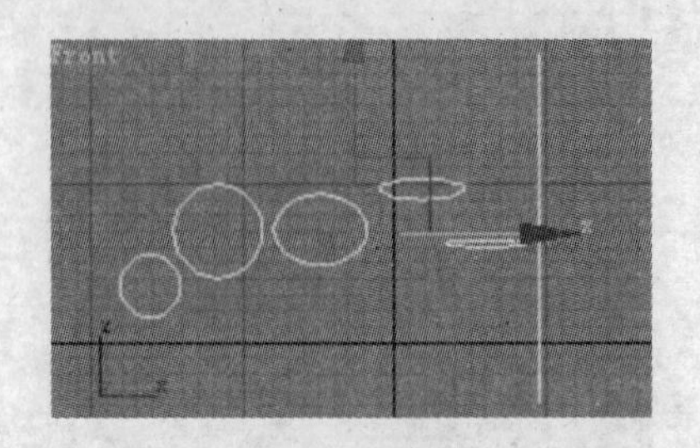

图 3 - 50　路径和截面曲线

它们分别是圆一,半径:19.5,圆二,半径:29.5, 椭圆一,length:45 width:61 椭圆二,length:12.8 width:56 椭圆三,length:4.8 width:53,一条线段。其中圆和椭圆对象是作为三维放样对象在不同高度上的截面形状,直线段则作为三维对象的高度,即放样路径。

选择线段,在 Create\Compound Objects\Loft 中选择 Get Shape 然后单击圆一,这是生成一个以圆一为半径,以线段长度为高的圆柱体,此圆柱体作为后面多截面放样的基础。如图 3 - 51。

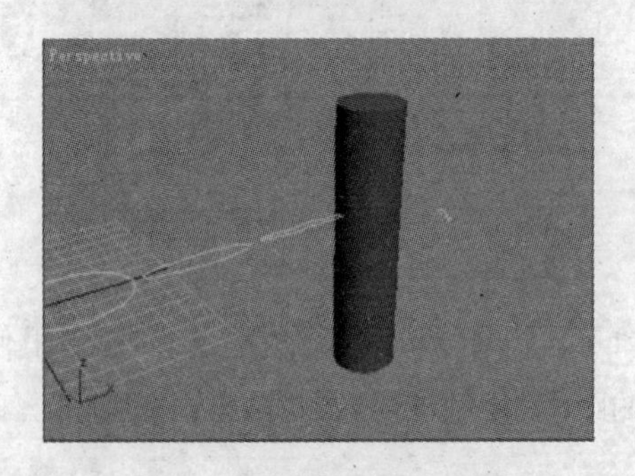

图 3 - 51　基本放样对象

在路径参数卷展栏中将“Path”值设置为 10,设置如图 3 - 52。

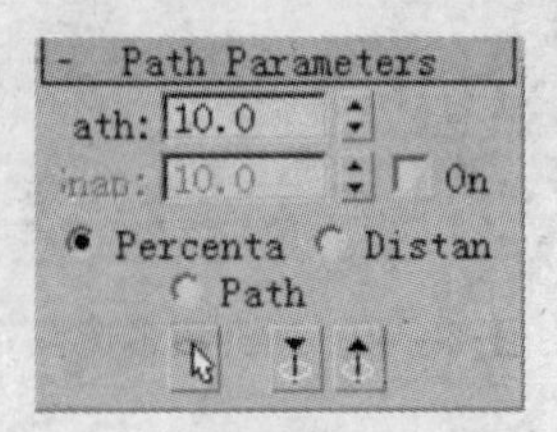

图 3 - 52　放样路径参数

选择“Get Shape”命令,点击圆一,这时圆一出现在路径的 10% 处。这也就是说,在路径上,从1%到10%初的“Shapes”被确定为圆一,而且对路径上的其他百分比处进行放养的时候,将会从10%处开始进行过渡计算,而不是从1%处进行。

设置Path值为11,选择Get Shape命令,点击圆二,放样对象在路径的11%以后的截面为第二个圆。

设置Path值为15,选择Get Shape命令,点击圆二,使放样对象在路径的11%到15%之间保持截面为第二个圆。

在以后的操作中,我们不再需要在路径上作垂直的过渡,而是需要在截面的形状上进行平滑的过渡,设置Path值为15,选择Get Shape命令,点击圆二,使放样对象在路径的11%到15%之间保持截面为第二个圆,如图3-53。

图3-53　多截面放样结果

然后开始从圆向椭圆的过渡。

设置Path值为35,选择Get Shape命令,点击椭圆一。也就是说路径上的截面圆二将在重新开始的35%范围内过渡成椭圆一。放样后的栅格对象如图3-54。

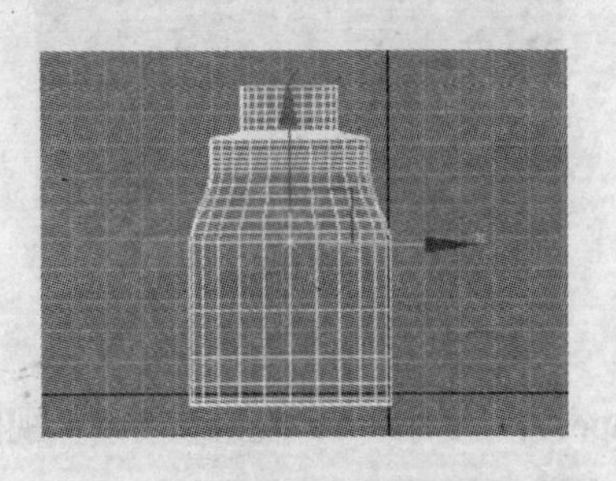

图3-54　加入椭圆截面后的栅格对象

设置Path值为70,选择Get Shape命令,点击椭圆二。

设置Path值为90,选择Get Shape命令,点击椭圆三。

这样通过简单的调整就得到(如图3-55所示的)化妆品瓶的基本模型。对这个外包装进行简单的贴图和灯光效果设定,就可以运用到招贴画或者影视广告中了。

3.5 布尔运算

布尔运算是一种数学逻辑计算方式,用来处理两个数值之间的逻辑关系。3DSMax 利用这种运算功能,借助于两个简单对象来产生一个复杂的对象。

在 3DSMax 中,布尔运算之后产生的新物体叫布尔物体,布尔物体也是参数化的物体,进行了布尔运算的原始物体永远保留其创建参数,用户可以返回修改器堆栈的列表中修改它们的创建参数,还可以对它们的修改命令作调整,并记录动画。

默认参数下,我们通过具体的操作和实例来讲述布尔运算的使用方法和功能。例如,我们想在一个立方体挖出一个圆洞,就可以用布尔运算来实现。首先在视图中创建一个立方体,然后再创建一个圆柱,利用对齐工具将他们对齐,使两个对象在空间位置上产生重叠,如图 3－60。下面我们对他们进行布尔运算,选择立方体,在创建面板中点选 Geometry—Compound—Objects—Boolean,在它的参数面板中选择 Pick Operand 按钮,然后点击圆柱体,即得到我们想要的效果,如图 3－61。

图 3－60 布尔运算前

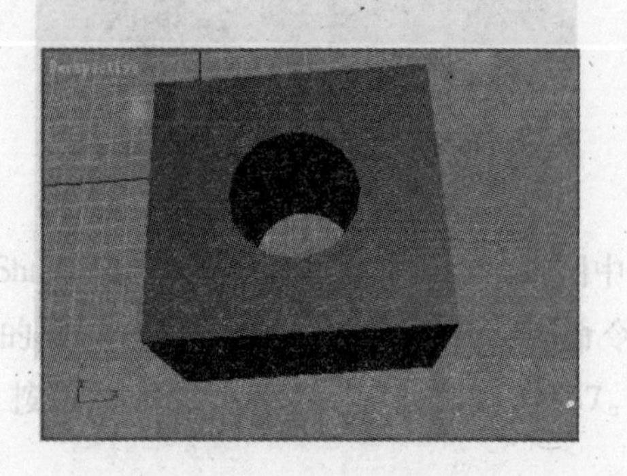

图 3－61 布尔运算后

布尔运算有三种类型:

(1)并运算,即两个物体合并成一个物体,去掉重叠的部分,同时将两个物体的交接网格线连接起来，去掉多余的面。

(2)交运算，即两个物体相重叠的部分保留下来，其余部分被去掉。

(3)差运算，即第一个物体减去与第二个物体相交的部分，同时除掉第二个物体，在这种情况下，鼠标首先选择的物体是第一个物体。

在 Operation 栏中，与上述三种运算相对应的选项及参数。

Union：即为并集方式，效果如图 3－62。

图 3－62　并集布尔运算

Intersection：交集方式，也是我们常用的方式。效果如图 3－63。

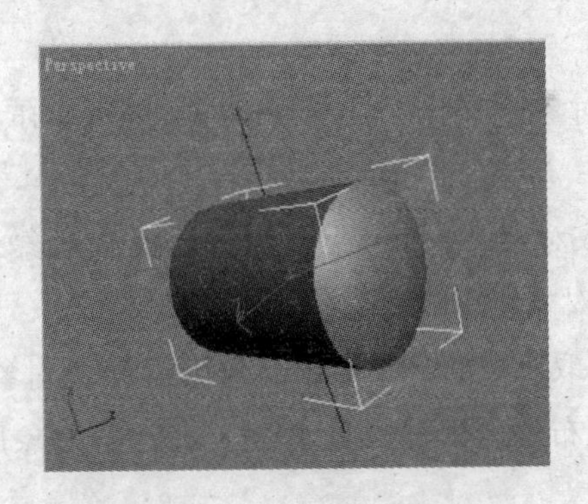

图 3－63　交集布尔运算

Subtraction：差集方式，它有两种差集方式，一种是 A 物体减 B 物体，一种是 B 物体减 A 物体。A－B 及 B－A 的效果如图 3－64。

下面我们对它的修改面板的参数进行解释。在图 3－65 命令面板中，是布尔运算的拾取方式，共有四种。

图 3－64　差集布尔运算

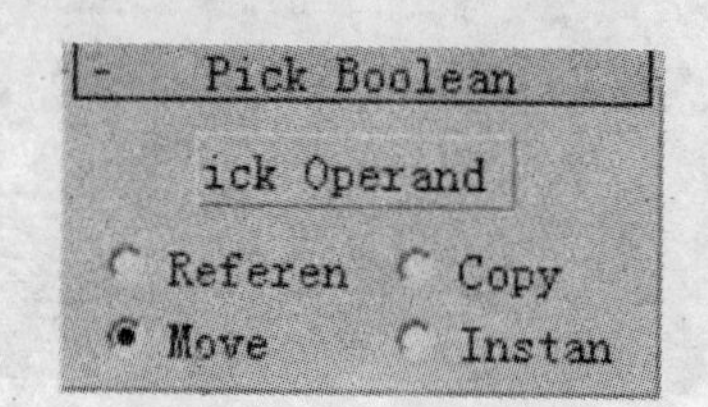

图 3－65　拾取运算对象

Copy:拷贝,将被拾取对象的一个复制品作为运算 B 对象,生成布尔运算对象,对被拾取的原始对象没有影响。

Move:移动,将被拾取对象直接作为运算 B 对象,进行布尔运算后,被拾取的原始对象消失。

Instance:实例,将被拾取对象的一个复制品作为运算 B 对象,进行布尔运算后,B 对象存在,修改 B 对象或布尔运算对象将影响对方。

Reference:参考,将被拾取对象的一个复制品作为运算 B 对象,进行布尔运算后,对 B 对象的修改操作会直接反映在布尔运算对象上,但对布尔运算对象所做的修改操作不会影响 B 对象。

这四种拾取方式我们在操作中用到的不多,最常用的也就是默认的移动拾取方式。

在图 3－66 参数面板 Parameters 中,Operands 栏中包含了所有布尔运算用到的模型,其

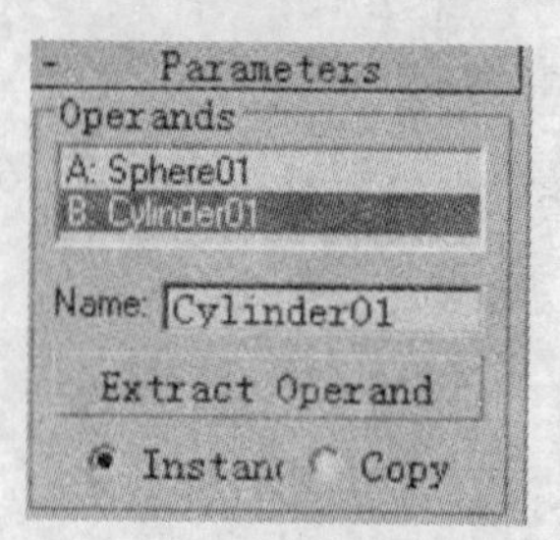

图 3－66　布尔运算参数

中,我们可以通过 Extract Operand 对 B 物体进行提取,可以将提取出来的模型用于其他的运算,也可以运用关联方式提取,通过对提取物的修改来影响原物体,从而制作布尔模型的动画。如图 3-67,对布尔运算中的 B 物体圆柱进行提取。

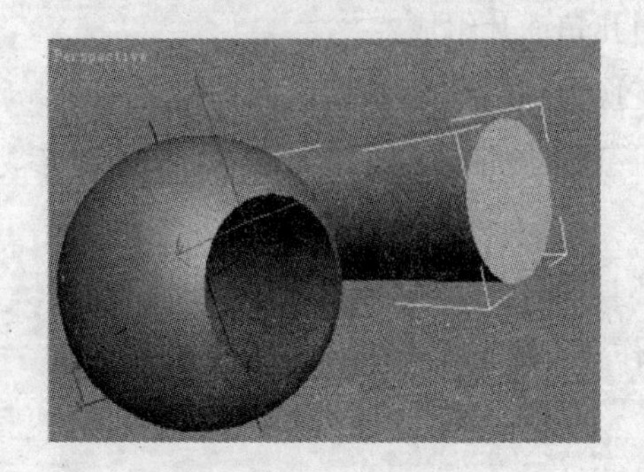

图 3-67 布尔运算结果

可以通过对圆柱体半径的调节,来影响布尔模型中的洞口的大小,在这一过程中就可以纪录并创建动画。

布尔运算的运算方式还有一种叫做 Cut 方式,它也分四种情况,Refine(细化)、Split(分离)、Remove Inside(删除内部)、Remove Outside(删除表面)。

Refine(细化):这种方式的剪切布尔运算,可以在 A 对象的网格上插入一条 B 对象与 A 对象相交区域的轮廓线。使用这种运算方法,可以在对象表面创建任意形状的选择区域,而不受网格的限制。

Split(分离):使用此种方式,可以将布尔运算的相交部分分离为目标对象的一个元素次对象。我们可以继续对次级对象进行进一步的编辑。

Remove Inside(删除内部):将运算对象的相交部分删除,并将目标对象创建为一个空心对象。

Remove Outside(删除表面):将运算对象的相交部分创建为一个空心对象,将其他部分删除。

3.6 本章小结

本章主要讲述了三维标准几何体、扩展几何体和二维对象的创建方法和参数解释,其中标准几何物体是常用的三维模型。我们可以通过调整二维或三维标准几何体的参数来创建几何物体的不同形态。本章还向读者介绍了基本的建模方法放样 Loft 和布尔运算,希望读者在掌握书中例子的基础上,学习一些其他建模技巧和方法。

3.7 习题与练习

(1)几何球体的表面由几角面片组成?

(2)如何将二维对象变换为三维实体造型?

(3)熟悉 NGon(多边形)Star(星形)的相关参数,并通过参数的设置生成衍生的二维对象。

(4)请使用 Loft 放样工具,制作一个花瓶的造型。

(5)使用布尔运算,制作一个碗的造型。

第 4 章　修改器和修改器堆栈

我们知道,3DSMax 提供现成的几何对象的形态和数量都是有限的,因此,在实际场景中的应用也会受到限制。这就需要对建立的对象进行变形和修改,以达到要求的效果。3DSMax 提供的几十种修改器就是对物体变形的最重要的工具,在本章中我们结合实例来分别叙述这些修改器的作用和使用的方法。在 3DSMax 中,修改器又称调整器。

在 3DSMax 系统中,一个对象从建立到修改的每一步动作,以及相应的参数都将被记录下来,以满足后期进一步调整的需要。调整器堆栈就是对对象的初始建立参数和中间施加的各类调整器进行管理的工具,它是 3DSMax 系统在计算机内存中开辟的一块专门的存储区,遵循计算机领域中堆栈的先进后出的操作特点,能够实现对修改器的修改、删除、属性设置等操作。熟悉修改器堆栈的结构,正确理解和使用常用的修改器,是进一步学习 3DSMax 创作的基础。

4.1　修改器列表及按钮的布局结构

默认情况下,修改器按钮区有十个左右的常用修改器按钮,这些按钮也可以不显示出来,鼠标左键点击" "按钮,弹出浮动对话框如图 4－1。

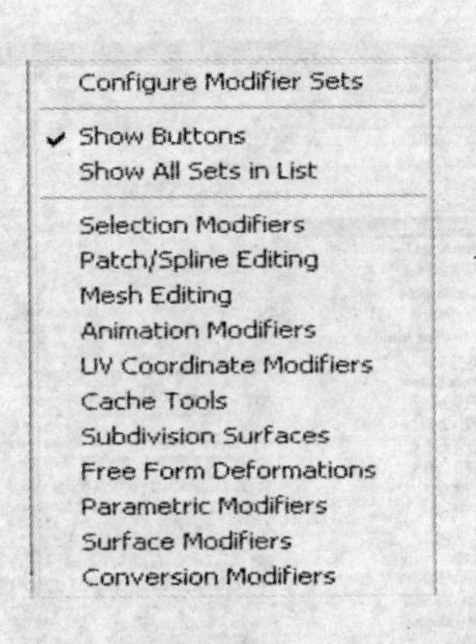

图 4－1　修改器分类列表

要对某一个被选择的对象使用其他的修改器,单击" "Modify 修改器按钮下的"Modifiers List",出现一个包含所有修改器的对话框,如图 4－1 所示为部分编辑器列表。我们可以在对话框里通过双击选择来使用修改器。在 3DSMax 8.0 版本中,修改器分为 18 大类共 93

个，如图4－2。可以通过访问“ ”按钮，在弹出的浮动菜单里选择“Configure Modifier Sets”配置编辑器命令，把常用的修改器放置在修改器按钮区，也可作为一个新的按钮集加以保存。在不同的使用环境和要求下，可以调用不同的修改器按钮集。

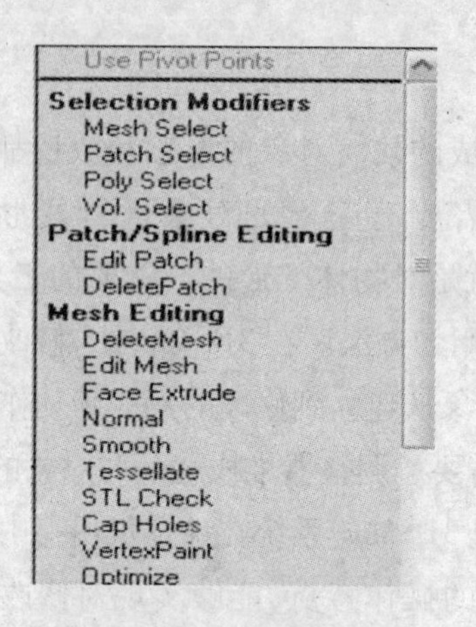

图4－2　修改器列表

设置过程如下。

访问“ ”按钮下的“Configure Modifier Sets”命令。设置“Total Button”的数量为14，则其下方的按钮布局区变为14个按钮，新增加的按钮为空。

选择“Modifiers”区域中的某个修改器，双击或者直接拖拽到某一按钮。这时，该按钮就变成了该修改器按钮。如图4－3。

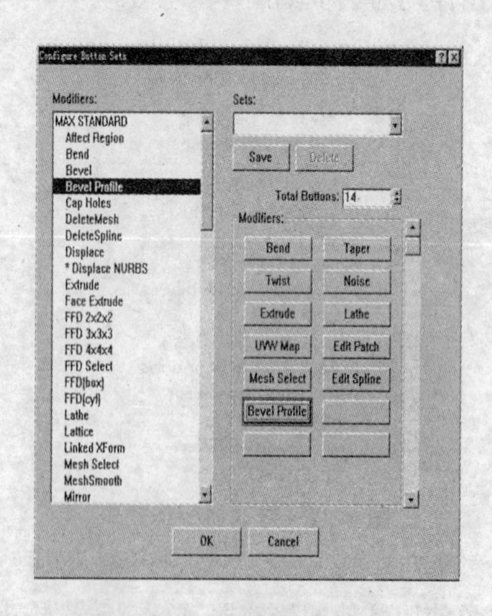

图4－3　修改器设置面板

在“Sets”栏中，可以输入当前定义好的按钮集的名称，根据个人需要设置不同的按钮集，在本栏中进行选择和切换。

通过使用“Save”按钮来保存新定义的选择集，使用“Delete”按钮删除已经存在的选择集。

4.2　修改器堆栈

任何一个对象建立以后，其形状、大小及其他一些特征并不是一成不变的，当需要对对象的原始建立参数进行修改时，则必须通过访问修改器堆栈来实现。因此，修改器堆栈是一个记录区，其记录的是某个对象在建立和修改时的操作和参数，将其展开，便可看到被选对象的原始创建参数和每一步施加的修改器，其特点是最后使用的修改器总被放置到修改器堆栈的最上面一层。

打开3DSMax或“File/Reset”场景复位，在“Top” 视图中创建一个“Cylinder”（圆柱体），适当调整其参数，调整在“Perspective”视图中的位置，使其居中。

选择圆柱体，单击“ ”按钮，单击选择“ Taper ”修改器，观察堆栈区的变化，如图4－4。

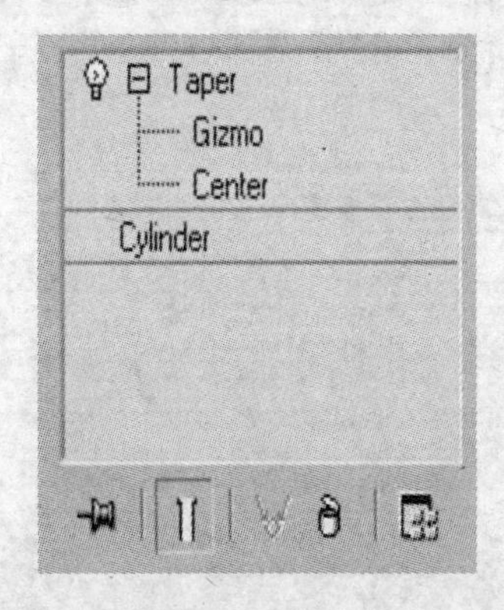

图4－4　使用Taper修改器后的堆栈

选择圆柱体，再单击选择“Bend”修改器，观察堆栈，发现“Bend”修改器出现在原来的“Taper”修改器的上方，如图4－5所示。

到目前为止，我们对3DSMax中修改器堆栈的结构已经有所了解，对其功能和作用也应该有所体会。比如，在很多情况下我们对圆柱体的半径或高度不满意，或者对“Taper”（锥化）修改器的锥化程度不满意，我们现在关心的是当初圆柱体建立时的半径、高度等原始参数，以及控制“Taper”（锥化）修改器的参数，从哪里能重新得到，并加以修改。通过对修改器堆栈的访问，便是解决这一问题的唯一方法和途径。在修改器区的下方有参数卷展栏按钮“+ Parameters ”，其具体的参数项是随着上部堆栈区所选对象的不同而不同。

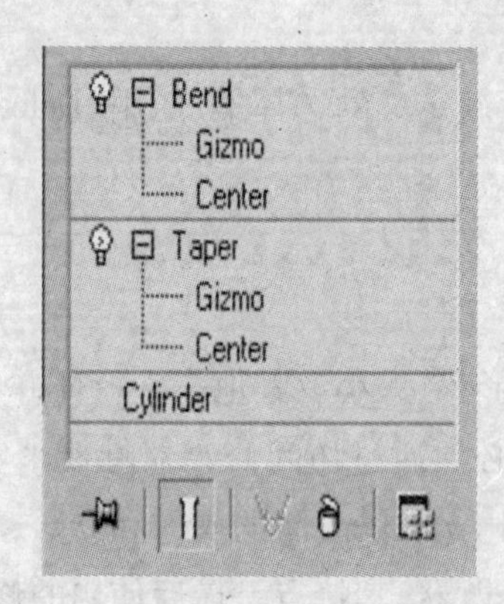

图 4-5　使用 Bend 修改器后的堆栈

具体来说，这时我们要是选择"Cylinder"，参数栏会出现圆柱体的长、宽、高等原始参数，如果我们选择了"Taper"或者"Bend"修改器，参数栏出现的是控制其修改效果的相关参数。

在修改器堆栈区域单击鼠标右键，弹出浮动菜单如图 4-6 所示，菜单中列出了一系列对修改器进行编辑修改、属性控制的调整命令，有些常用命令是以按钮的形式被列在修改器堆栈区的下面，如"　"按钮区。

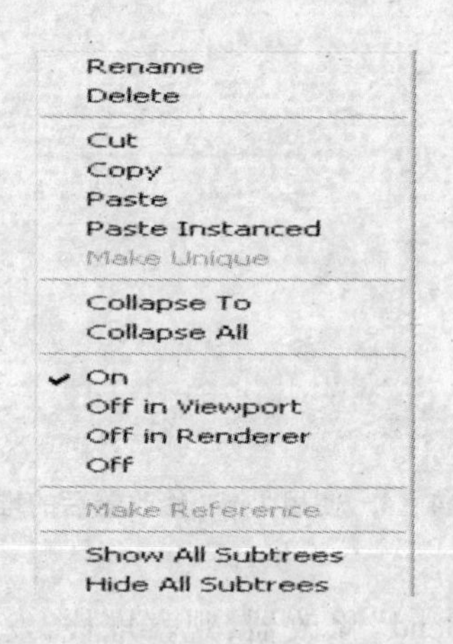

图 4-6

接下来，我们对以上菜单中的命令分别加以介绍。

"Rename"命令，可以对某个修改器重新命名操作。

Delete"　"修改器删除工具按钮。

当施加给对象的修改器没有存在的必要，或者位置上需要调整的时候，可以先将其删除，使用过程如下。

(1)在场景中选择要被删除修改器的对象。

(2)——通过访问修改器堆栈列表，选择将要删除的修改器。

(3)单击“ ”(Remove Modifier)工具按钮，则堆栈列表中的该修改器被删除掉，同时其作用效果也从对象的身上消失。

“Cut”、“Copy”命令，剪切和拷贝被选择的调整器，并将它们放置于剪贴板缓冲区中。

“Paste”、“Paste Instanced”命令。

将放置在剪贴板缓冲区中的调整器施加给一个新的对象，所不同的是“Paste Instanced”(实例粘贴)的结果是被施加给两个对象的修改器有一个加以调整时，另一个也产生同样的改变。

Make Unique“ ”独立设置命令。

这个命令按钮一般是呈灰色显示的，只有给场景中的两个对象施加了修改器的“Paste Instanced”(实例粘贴)操作后该按钮才起作用，其作用是将两个有关联的修改器相互独立。

修改器影响结果显示或关闭按钮“ ”。

其位置是在每一个修改器前，该按钮的功能是激活或关闭某一修改器，控制其效果的显示。使用方法是在堆栈列表中选择修改器，点击此按钮，当其颜色变为黑色时，该修改器的作用消失，再点击恢复为白色，修改器效果显示。

Collapse To 倒塌命令。

该命令是将当前被选择的修改器塌陷成“Editable Mesh”可编辑网格对象，然后可以进行点、线、面等子对象的编辑。

“ ”堆栈锁定按钮。

按下该按钮，将当前堆栈区中所显示的内容锁定在屏幕上。

最后结果显示或隐藏控制按钮“ ”。

该按钮的功能是控制对象施加调整器后最后结果显示与否。如果堆栈列表中选择的是最上一层(最后使用)的修改器，则此按钮默认处于凹陷(On)状态，即便是点击使其突起(Off)状态，对象始终显示的是最后修改的形态。但如果选择的不是最上一层修改器，当此按钮处于突起(Off)状态时，则该修改器上层的所有的修改器的结果都不能显示，对象的形态是其下层修改器的修改结果。当此按钮处于凹陷(On)状态时，显示最后结果。

4.3　修改器的分类

关于修改器的分类，依据不同，其分类的结果也不一样，在3DSMax的绝大部分著作和参考书中都是根据修改器的功能不同，将其分为三种类型。

“MAX Standard”，标准调整器，标准调整器提供对物体进行常规的一般性修改变形，如常用的弯曲“Bend”、扭曲“Twist”等调整器。

“MAX Surface”，外部调整器，对较为复杂物体(栅格或网格)的表面特征施加影响的调整器，该类型也包含对对象表面赋贴图时产生贴图坐标的调整器，如Smooth、UVW Map等调整器。

MAX Edit,编辑调整器,是一类专门针对网格物体的调整器,通过该类的调整器可以对物体的子层次和结构进行选择和施加变换。如"Edit Spline"、"Edit Mesh"、"Vol. select"等调整器。

在实际的介绍和演示过程中,笔者按被修改的对象不同对其进行分类,下面对部分常见、常用的修改器结合实例加以演示和说明。

4.4 二维对象修改器

3DSMax 提供的对象中有一类是二维的几何形体,主要是指在"Create"命令面板中"Shapes"下的一些常见的二维对象,这类对象建立以后,如果不做进一步的编辑修改,它们是不能渲染输出的。一般情况下,我们是将这类对象作为三维实体的截面、轮廓线及轴线等,然后通过施加类似的象拉伸、放样、旋转、斜切等修改器将其变换为三维对象,这一过程是进行复杂对象三维建模的常用方法。下面对常用的二维修改器进行介绍,希望我们要根据例子认真做好练习,循序渐进,逐步掌握好这些调整器的功能、作用和使用方法。

4.4.1 "Extrude"二维形体拉伸调整器

"Extrude"调整器的作用就是将封闭的二维曲线填充以后,再改变其厚度,变成三维物体,下例说明了这种调整器的使用方法和步骤。

在"Create"命令面板中"Shapes"下使用"Star"按钮在"Front "视图中创建一个星形,参数面板设置如图 4 -7(a)。

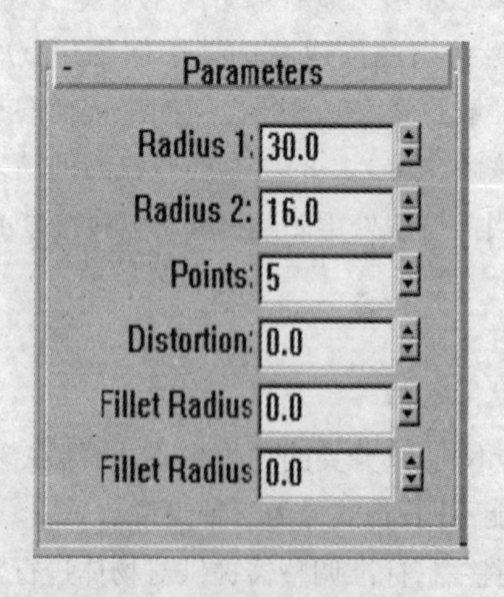

图 4 -7(a) Star 参数

利用"Text"按钮在文字编辑区输入文字"五星红旗",在"Front" 视图中点击鼠标左键,创建该线框文字,适当调整文字的大小和位置,参数面板设置如图4-7(b)。

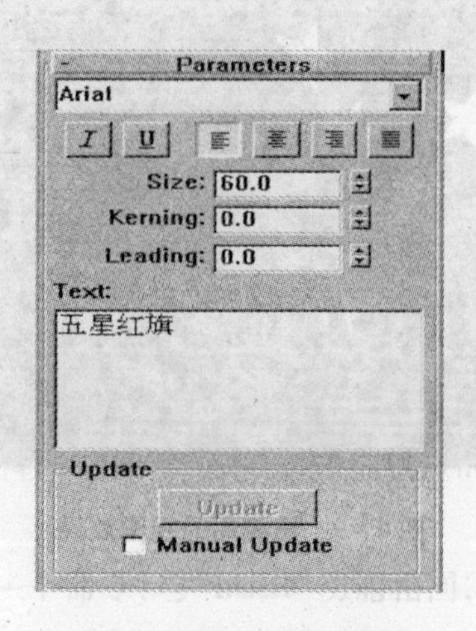

图4-7(b) 文字参数

将在第一步中建立的星形,使用"Shift"键加移动工具复制出4份,将"Radius1"改为20,"Radius2"改为10,其余参数不变。各个对象在视图中如图4-8。

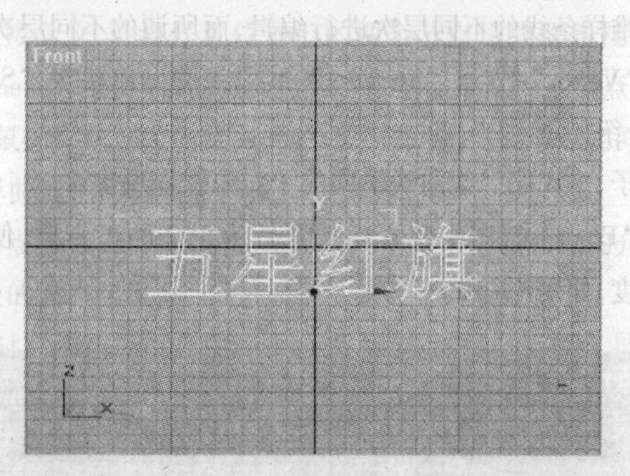

图4-8 渲染前的视图

择场景中所有的对象,在"Modify"命令面板中加载"Extrude"调整器,在参数栏中设置取默认值。

各对象在视图中的分布如图,设置背景(红色),调整对象颜色后,渲染场景如图4-9(将以上场景保存为"qi_1.max"线架文件,以后的例子中还可以用到)。

与各个小圆作连接操作(成为一复合对象)。

打开“Sub－Object”按钮,选择“Spline”操作层次,鼠标点击矩形使其呈红色,使鼠标呈手形后上移命令面板,点击“Boolean”按钮,使其下陷,取“ ”Subtraction 运算方式,即矩形(A 对象)减去与小圆(B 对象)重合部分所得。

一一点取各个小圆,最后得造型如图 4－17 所示。

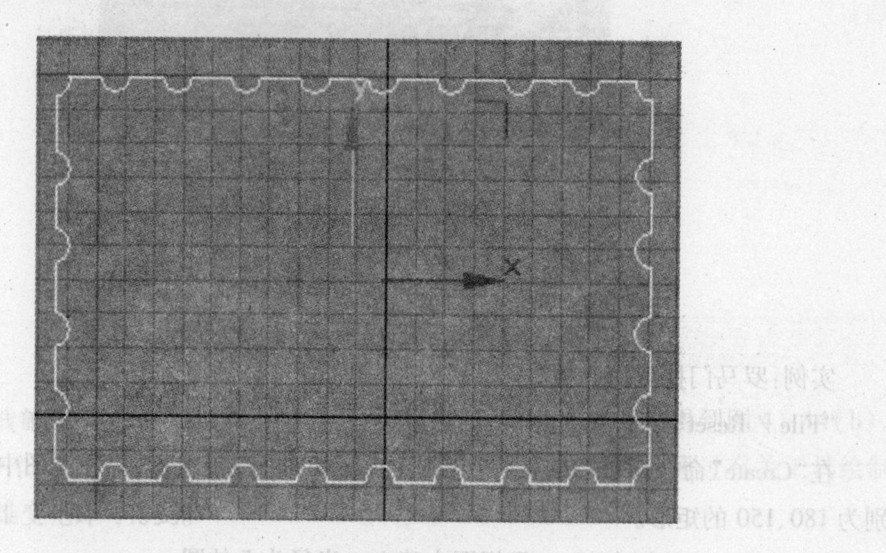

图 4－17　二维对象布尔运算结果

以上实例是专门针对二维曲线的常用调整器,我们之所以把它们放到调整器一章的最前面进行讲述,是因为这些二维曲线调整器是建模的基础。3DSMax 只给我们提供了基本的二维造型,对于在场景中的一些的复杂对象,我们就可以利用上述调整器的一些功能进行的基本建模,结合上例,希望大家理解,熟练掌握。

4.4.6　“Lathe”旋转二维图形调整器

“Lathe”又称车削,来源于将零件沿某一中心轴固定在机床加工这一过程。它一般要求画出二维图形作为轮廓线(剖面图),然后再通过该调整器提供的参数进行设定,将作为轮廓线的二维图形沿某一轴向进行旋转,产生符合要求的三维实体。

实例一:制作啤酒瓶造型

使用“Shapes”命令面板下的“Line”工具在“Front”视图中绘制一酒瓶的轮廓线(剖面图),要求熟练掌握鼠标和画线工具。

选择轮廓线,施加“Edit Spline”调整器,使用“Vertex”节点操作层次,选择瓶口及瓶腰过渡处的节点,鼠标右键,将节点类型变为“Smooth”光滑顶点及“Bezier”贝齐尔顶点,然后对它们进行仔细的调整,使过渡更加平滑。如图 4－18 所示。

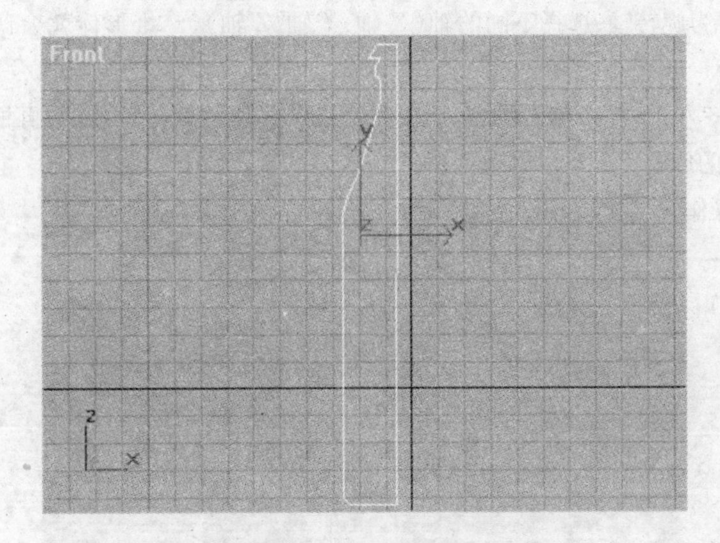

图4-18　啤酒瓶的侧面图

在"Modify"命令面板中加载"Lathe"调整器,在参数栏中设置如图4-19。

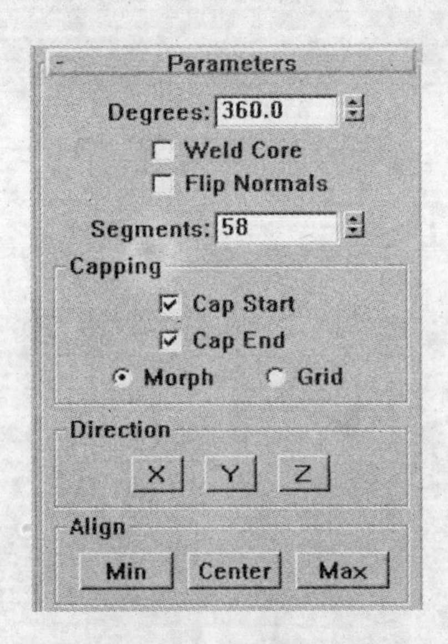

如图4-19　车削参数面板

鼠标单击"Direction"下的"Y"按钮,再单击"Align"下的"Max"按钮;

"Degrees"微调器设置二维图形沿某一轴旋转的角度,默认为360度。

"Capping"为设置蒙皮效果,起始端"Cap Star"和终止端"Cap End"都被选中,则旋转后的物体上下两端都被覆盖,不产生空洞效果。

"Segments"区域设置三维对象旋转后的段数,即复杂度,段数越多,物体结构越复杂,表面也就越平滑,但处理时消耗计算机的资源也就越多。

"Direction"为旋转轴,选择不同的轴(X 轴,Y 轴,Z 轴),二维形体就会产生不同的旋转效果。

"Align"对齐方式,共分为三种,它是在固定二维形体的旋转轴以后,再根据二维形体的结构,选择不同的旋转中心。

通过以上操作,最后得到酒瓶的栅格形式如图 4-20。

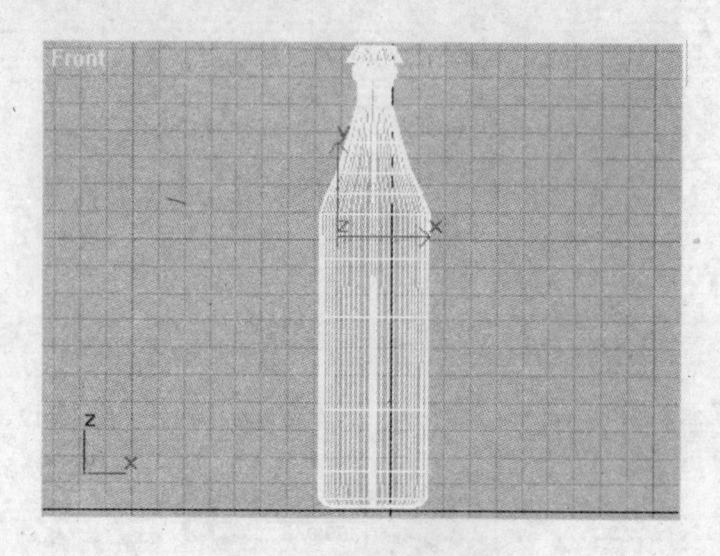

图 4-20　啤酒瓶栅格对象

酒瓶的三维实体造型如图 4-21。

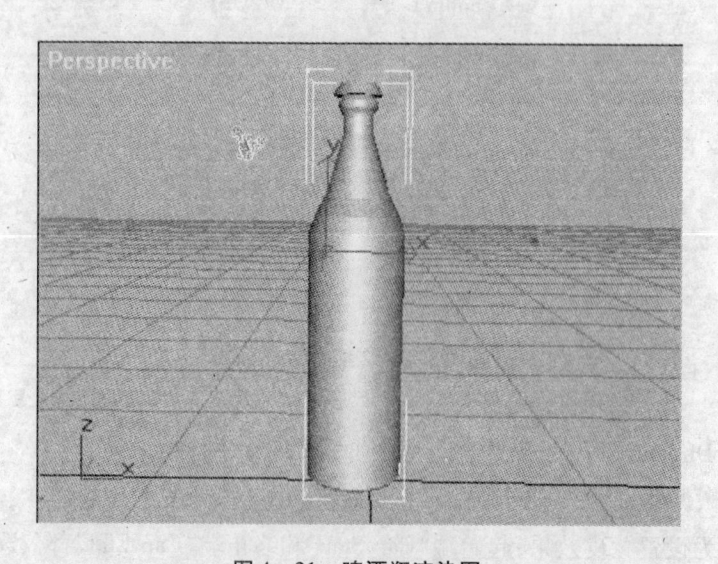

图 4-21　啤酒瓶渲染图

关于 Lathe 旋转调整器参数栏中的"Direction"旋转轴下的三个不同的选项(X 轴,Y 轴,Z

轴)应该很好理解,我们现在对"Align"对齐方式下的"Min"、"Center"、"Max"三个选项通过下例作相应的解释。

实例二:制作酒杯三维造型

使用"Shapes"命令面板下的"Line"工具在"Front"视图中绘制一小酒杯的轮廓线(剖面图),如图4-22所示。

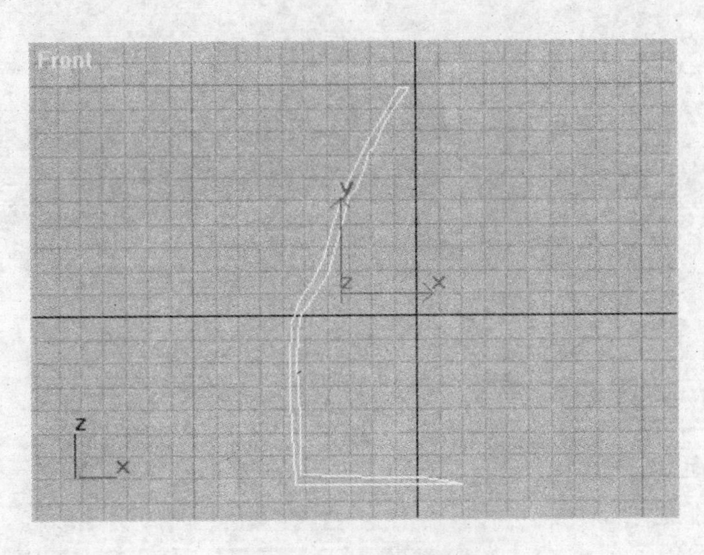

图4-22　高脚杯侧面图

在"Modi"命令面板中加载"Lathe"调整器,在参数设置同上例;

鼠标单击"Direction"下的"Y"按钮,再单击"Align"下的"Min"按钮,得到如图4-23所示的三维形体(酒杯);

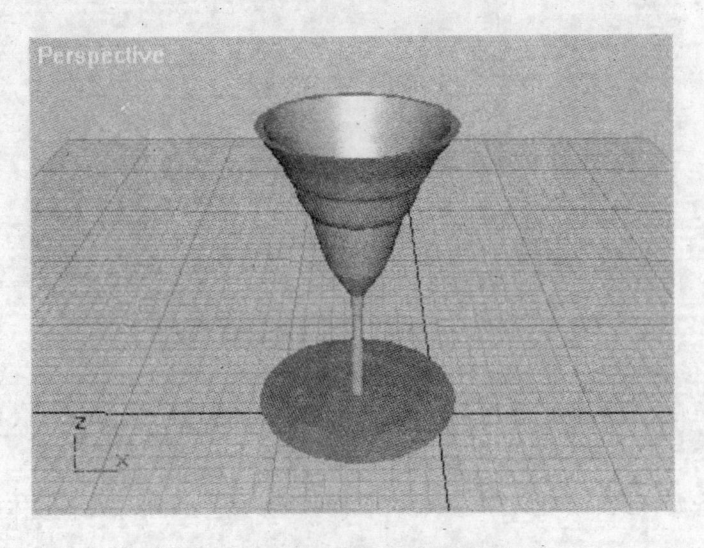

图4-23　Min选项下的三维对象

单击“Align”下的“Center”按钮,得到如图 4－24 所示的三维形体;

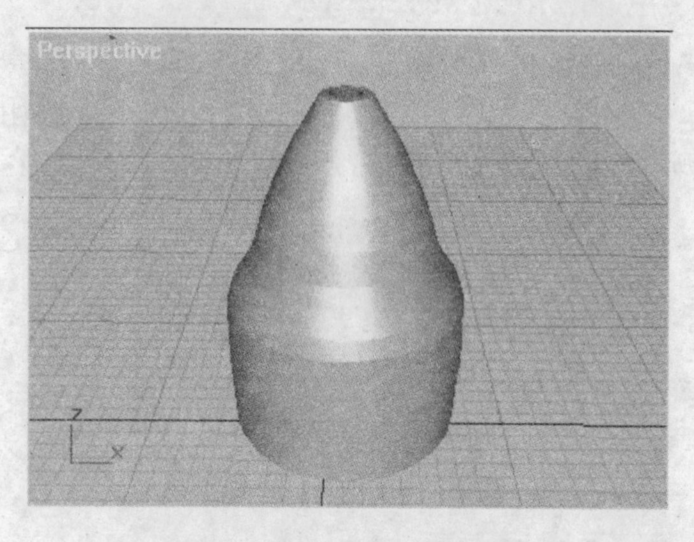

图 4－24 Center 选项下的三维对象

再单击“Align”下的“Max”按钮,得到如图 4－25 所示另外一种不同的三维形体;

通过上例我们总结如下。

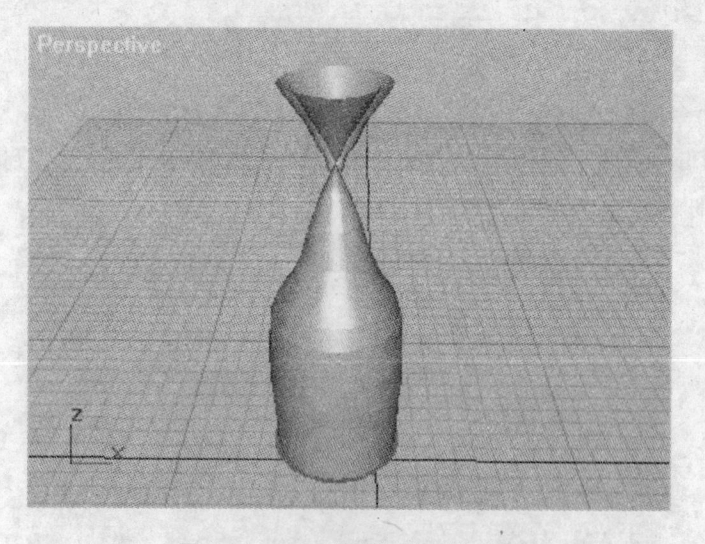

图 4－25 Max 选项下的三维对象

“Min”:对齐旋转到形体的最左端,即在轴向固定的情况下,以二维形体的最左边线为中心旋转;

“Max”:对齐旋转到形体的最右端,即在轴向固定的情况下,以二维形体的最右边线为中心旋转;

"Center":绕形体的几何中心旋转;如图 4－26 所示。

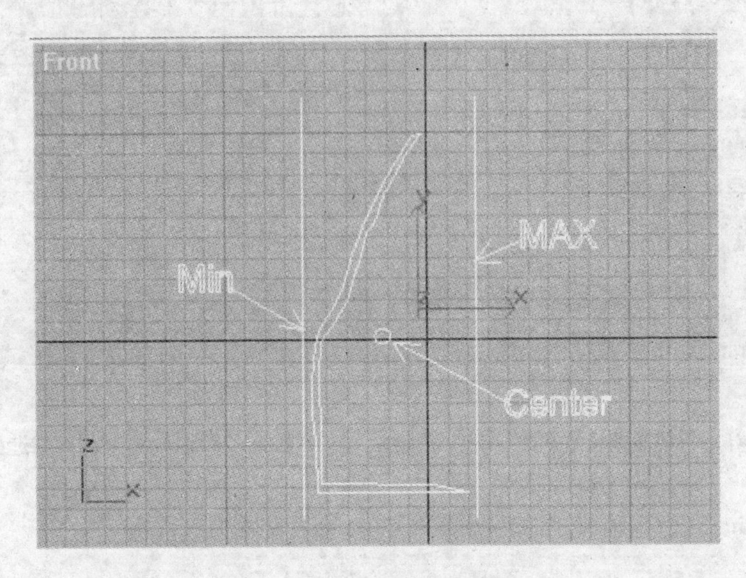

图 4－26　车削旋转轴图解

4.4.7 "Bevel"调整器产生分层的斜切效果

"Bevel"调整器是将二维线型先填充为实体后,再分层次地进行有角度的倾斜拉伸,这样就会产生一些具有特殊造型的实体,一般可以用作建筑物的顶部或其他对象,下面两例分别说明其功能和使用方法。

实例一:古城门造型

使用"Shapes"命令面板下的"Rectangle"工具在"Top "视图中绘制一个矩形,参数如图 4－27所示。

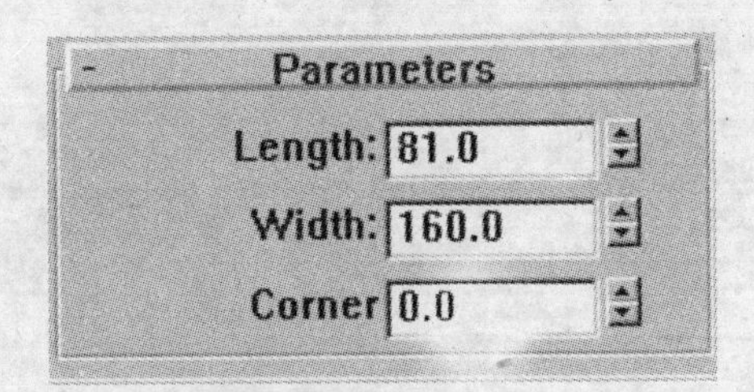

图 4－27　矩形参数

在"Modify"命令面板调整器列表中选择并加载"Bevel"调整器;

访问命令面板下的"Bevel Values"卷展栏,设置其参数如图 4－28(a),稍加修饰,加上两边的墙体(Box),就会得到一个类似于古代城门楼的造型,如图 4－28(b)。

Bevel Values
Start Outline: 0.0
Level 1:
Height: 56.0
Outline: -18.0
Level 2:
Height: 5.0
Outline: 2.0
Level 3:
Height: 2.0
Outline: 0.4

图 4－28(a)　斜切参数设置面板

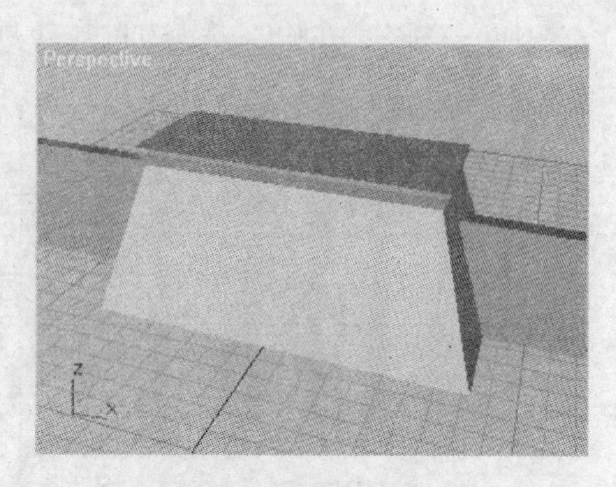

图 4－28(b)　古城门三维造型

"Start Outline"：为起始填充的轮廓线的大小，一般设置为零。

Level1：

"Height"：第一层拉伸的高度；"Outline"：在拉伸的同时，斜切的方向和程度，值为正时，是倾斜放大，值为负时，倾斜缩小。

Level2、Level3：

这两项是可选择项，最多提供三层拉伸，其中"Height" 和"Outline"参数项的含义同Level1。

实例二：雨伞造型

用"Shapes"命令面板下的"Circle"工具在"Top "视图中绘制一个圆形，在参数栏里设置其"Radius"值为30；

"Modify"命令面板中加载"Bevel"调整器；设置其参数如图 4－29(a)；得到如图 4－29(b)雨伞上部的造型；

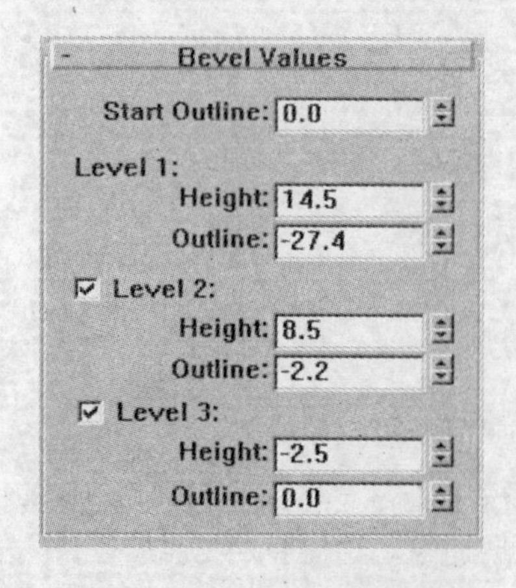

图 4－29(a)　斜切参数设置

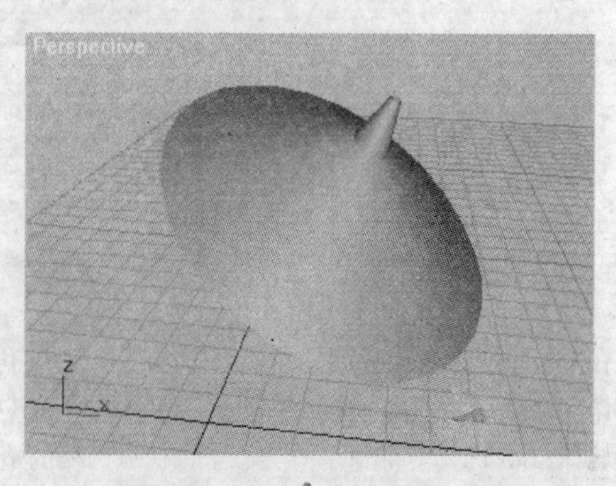

图 4－29(b)　雨伞造型

4.4.8　“Bevel Profile”斜切轮廓调整器，产生沿轮廓线的倒角。

“Bevel Profile”调整器是“Bevel”调整器功能的衍生。一般情况下，它需要两个二维曲线，一个作为轮廓线（可以是非封闭的）；一个作为产生轮廓线倒角的路径。下面由实例说明此调整器功能和使用方法：

在“Front”视图使用“Line”工具，画一轮廓线，如图 4－30(a)。

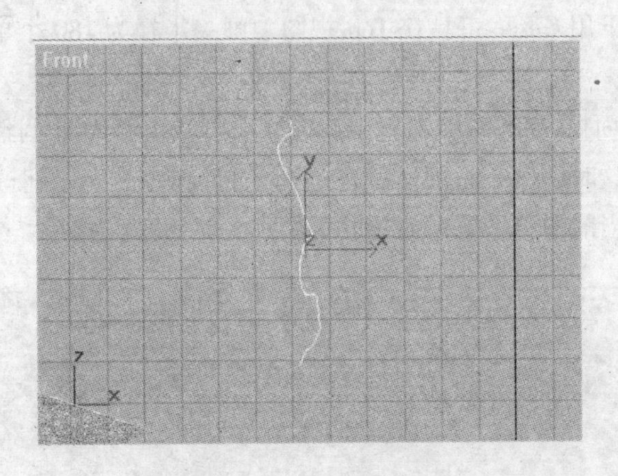

图 4－30(a)　斜切轮廓线

在“Top” 视图中使用“Rectangle”工具，画出一个矩形，作为产生倒角的路径；

选择该矩形，在“Modify”命令面板列表中选择并加载“Bevel Profile”调整器，参数取默认值；

在“Modify”命令面板下方参数区点击“Pick Profile”（拾取轮廓）按钮使其凹陷；

鼠标指向场景中第一步画出的轮廓线，单击；效果如图 4－30(b)，可作为花瓶或家具的底座。

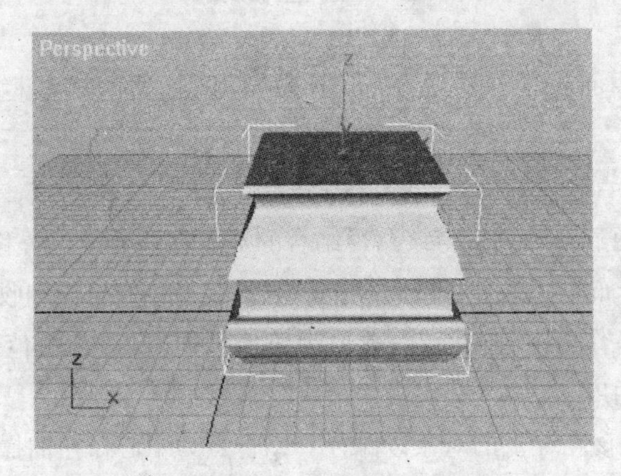

图 4－30(b)　斜切轮廓三维造型

4.4.9 “Path Deform”路径跟随调整器

该调整器使对象产生沿路径弯曲的效果，路径可以是封闭的也可以是非封闭的。

使用 Shapes 命令面板下的 Text 工具，在文字编辑栏输入“中央电视台”，字和字之间打上一个空格，默认字体字号；

点击 Front 视图，使用放缩工具适当缩小文字；

在相同命令面板下用 Circle 工具在 Top 视图中画一半径为 180 个单位的圆，调整文字和圆在各视图中的位置；

访问 Modify 命令面板，在调整器列表中选择并加载 Path Deform 调整器，选择 Pick Path 按钮，点击场景中的圆，这时产生一新的橘黄色的圆，而且圆和文字之间产生了一个结合点，新圆的产生和位置是由当前的参考坐标的选取所决定的。如图 4－31。

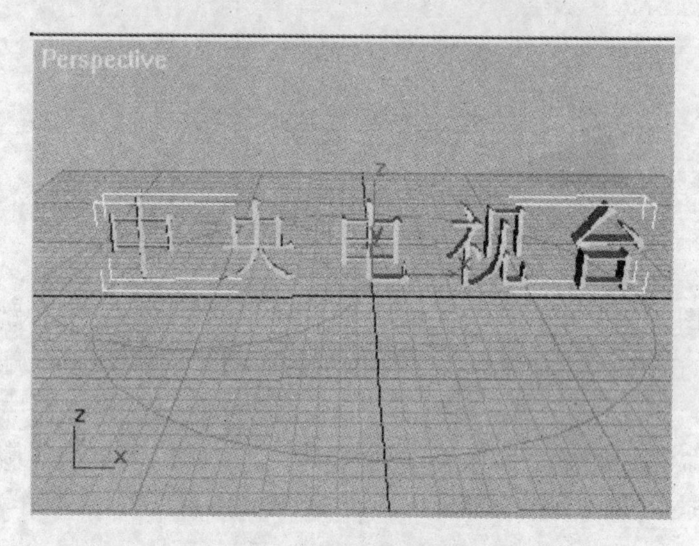

图 4－31　基本对象

访问“Modify”命令面板下的有关“Path Deform”调整器的参数栏，各参数的含义解释如下：

“Percent”：路径的百分比。一条路径有一个起始点和一个终止点，二者位置也可以重合，在某一段时间内可以通过动画设置与该路径结合的对象在路径上位置移动的百分比。

“Stretch”：拉伸分布。将结合在该路径上的对象沿路径作拉伸和收缩。

“Rotation”：以路径作为中心轴旋转，数值为正值时逆时针，为负值时顺时针。可以与路径所在的轴向呈任意角度。

“Twist”：将结合在该路径上的对象以路径和结合点为中心作扭曲操作。

“Path Deform Axis”：可分别选择 X、Y、Z 轴作为路径跟随的轴向。

在“Path Deform Axis”下选择 X 轴，利用旋转变换工具将文字和圆在“Front ”视图中以 X

轴旋转 90 度,将参数区中“Rotation”设置为 90,文字沿 X 轴立起来。

打开动画记录按钮,将帧滑动钮移动到第 100 帧,将“Percent”的值由原来的零改为 100。参数如下图 4 - 32(a)。

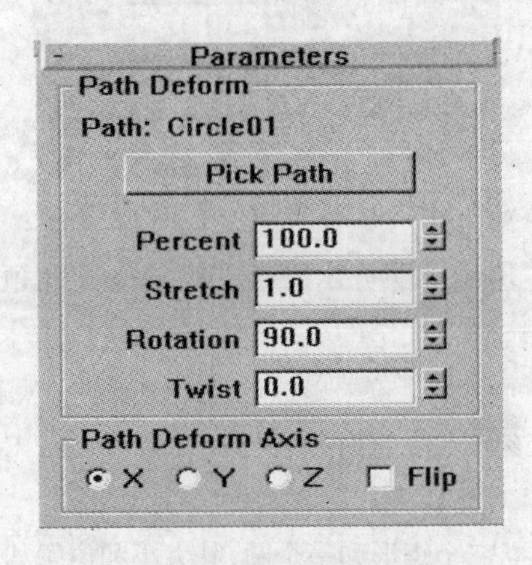

图 4 - 32(a)　路径跟随参数设置

可以在文字的旋转中心建立一个半径适中的球体贴上类似地图的贴图,播放动画观察效果。如图 4 - 32(b)。

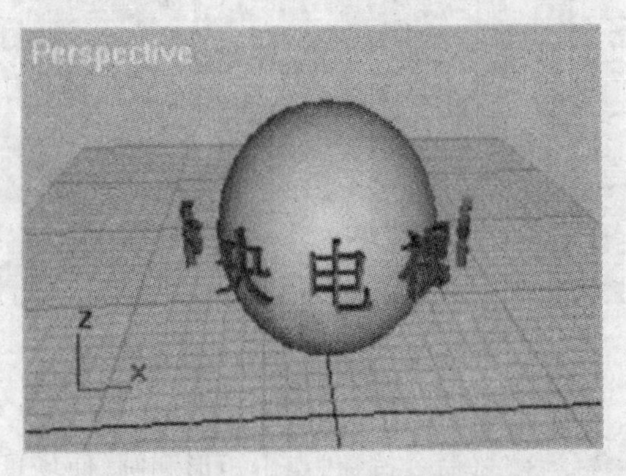

图 4 - 32(b)　路径跟随动画效果

4.5　二维调整器综合练习

使用“Shapes”命令面板下的“Rectangle”工具在“Front” 视图中绘制一个矩形,参数如图 4 - 33所示。

在“Modify”命令面板调整器列表中选择并加载“Edit Spline”调整器,选择“Vertex”节点操作,使用鼠标选择最右下方节点,按下键盘上的“Delete”键将其删除,再选择弧线两边的两个

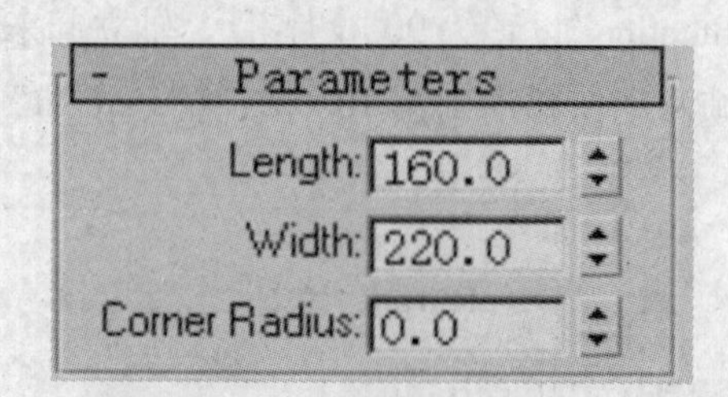

图 4－33　矩形参数

节点，使用右键将其属性由“Bezier” 贝齐尔顶点改为“Corner”角顶点，这时曲线则变为一个三角形。

在命令面板中访问“Geometry”下拉菜单，点击“ Refine ”节点插入命令，在斜边的中部点击左键插入一个节点，选择该节点按前面方法将其改为“Bezier Corner”贝齐尔角顶点，适当上移。

在“Front”视图中，再建立三个矩形和一个圆，其大小和位置如图 4－34 所示。

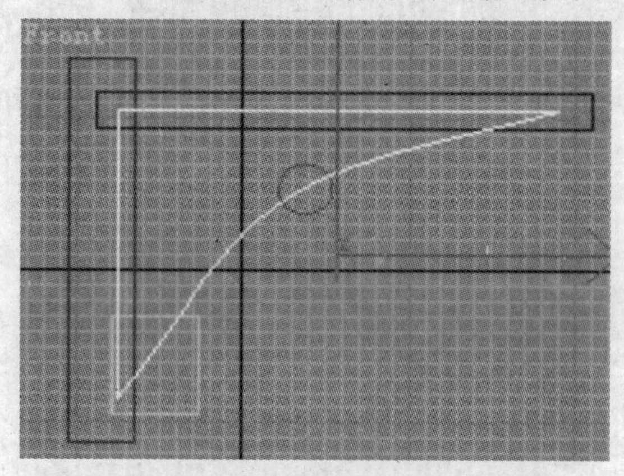

图 4－34　三维对象位置关系图

选择三角形，访问“ Attach ”命令按钮，点击矩形和圆，使场景中的四个对象成为一个组合对象。

在修改器列表中选择“Spline”作层次，点击三角形使其呈红色，选择布尔运算按钮 Boolean ，使用合并运算，并依次点击小圆，上面的矩形和下面的小矩形；选择减运算，点击左边的矩形执行减运算，这样就得到镜框的横截面造型。如图 4－35。

在“Modify”命令面板中加载“Lathe”调整器，将段数“Segments”设置为 4，点击“Direction”下的“Y”按钮和“Align”下的“Max”按钮，以上设定让横截面沿 Y 轴右边界为中心旋转，在参数栏中设置如图 4－36。

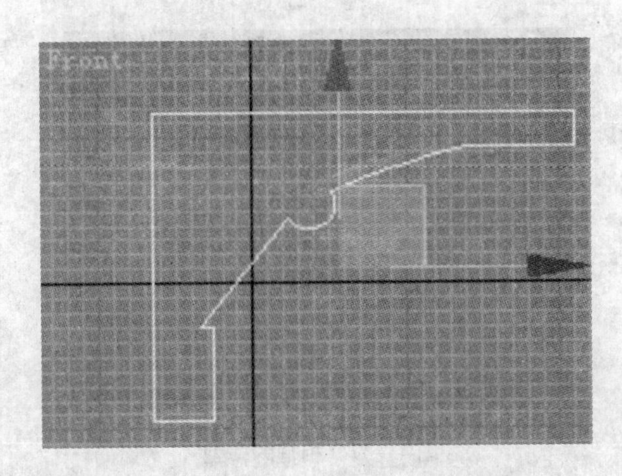

图 4－35　布尔运算结果

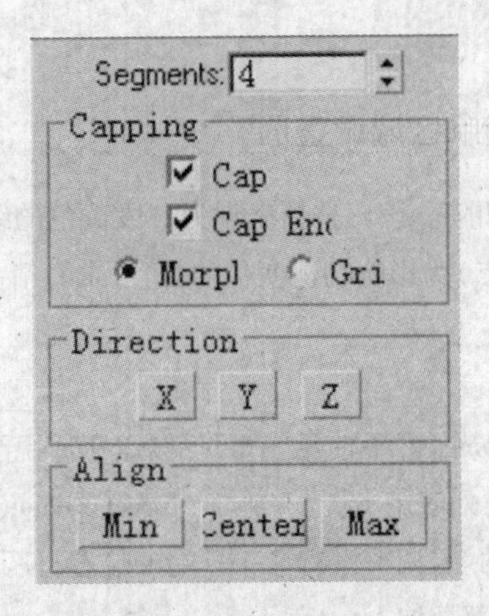

图 4－36　车削参数

选择“Lathe”调整器下的“Axis”轴选项，在 Top 视图中沿 X 轴向右拖动鼠标将对象的旋转中心拉开，形成边框。

切换回对象层次的操作，在视图中进行调整，建立一个“BOX”放置在边框的中央，最后结果得到如图 4－37 所示的相框模型。

本例中涉及了二维造型中的布尔运算和三维建模技术，在二维造型中是将简单的几何形体经复合变为复杂的几何对象，通过“Lathe”调整器参数的设定和操作，完成从二维截面到三维形体的制作过程，希望读者能仔细体会相关命令和操作方法。

图 4-37 相框的模型

4.6 三维对象调整器

4.6.1 “Affect Region”影响区域调整器

产生物体表面的凸起和凹陷。该调整器表现为一段黄色的线段，在线段的两端分别为两个控制点，没有箭头的一端(点)为影响物体变化的位置，带有箭头的一端为影响的效果，可以对两端点进行移动操作。例：

“File / Reset”场景。

在“Create”命令面板“Geometry”下使用“Tuble”按钮在透视图中建立一个圆管。

在“Modify”命令面板下拉列表中，选择并施加“Affect Region”调整器。

调整移动橘黄色线段的两端，调整没有箭头一端的位置，使其与圆管表面重合，移动带有箭头的一端，使线段往圆管内部拉伸。

最后得到类似于一个被踩扁的易拉罐的造型。如图 4-38。

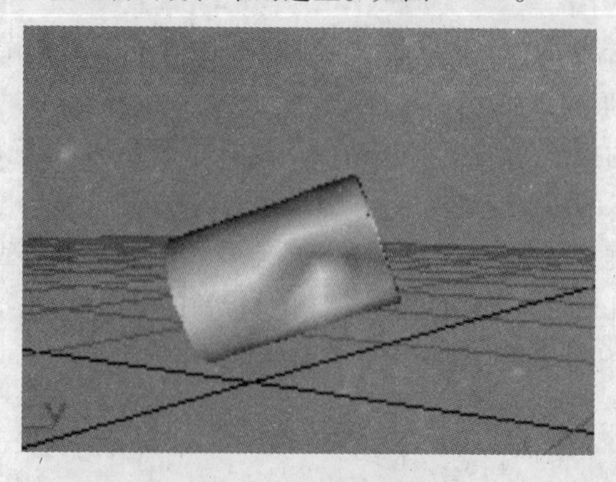

图 4-38 踩扁的易拉罐造型

4.6.2　"Ripple"涟漪效果调整器

该调整器可以使物体产生一个从中心向四方发散或者四周向中心聚合的圆形波。此调整器被经常应用于对象从水面浮出或者物体落入水中的场景动画。作为水波的主体,经常使用半径较大,高度很小的圆柱,但要注意在半径方向上圆柱的复杂度,即圆柱的"Cap Segment"参数要设置一定的值,否则,涟漪的效果不明显或者没有。

实例:下面我们通过使用前面做过的酒瓶的例子来模拟一个关于啤酒广告。

"File / Reset"场景。

在"Create"命令面板"Geometry"下使用"Cylinder"按钮在透视图中建立一个圆柱体,各项参数如图 4－39。

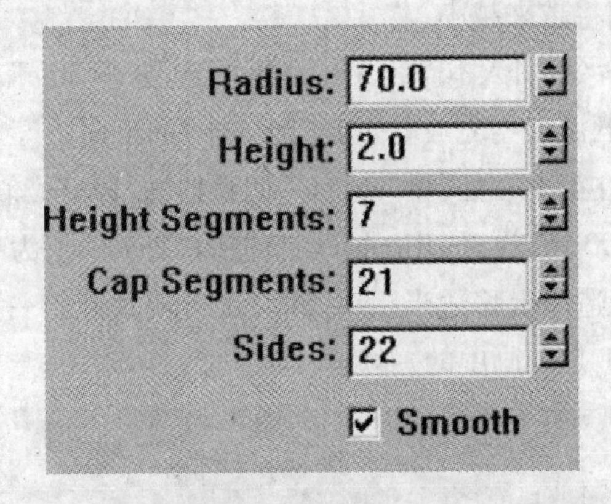

图 4－39　圆柱体参数

在"Modify"命令面板中,选择并施加"Ripple"调整器,调整器的各项参数设置如图 4－40 所示。

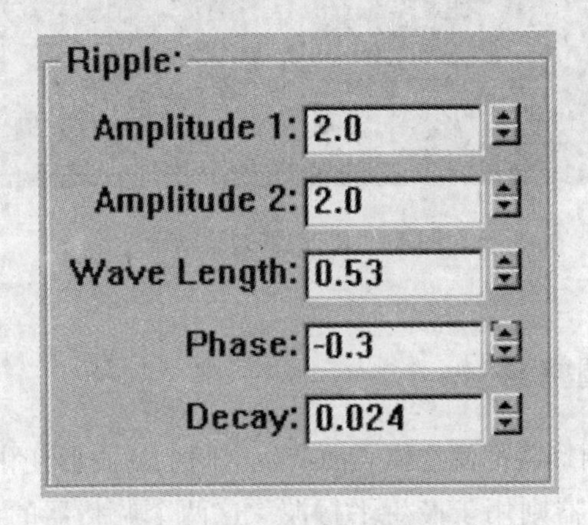

图 4－40　"Ripple"调整器参数

其中:

Amplitude 1:表示"Ripple"调整器在"X"轴上的振幅;

Amplitude 2:表示"Ripple"调整器在"Y"轴上的振幅;

振幅的大小与所设置的值成正比。

Wave Length:表示"Ripple"调整器的波长,其特征是波长越小产生的涟漪波越稠密、细腻。

Phase:表示"Ripple"调整器的相位,在物理学上相位的改变会引起波的震动,因此,在这里可以通过设置并记录该项参数的变化来设置相关动画。其值由0变为正数时,波动是从中心向四周发散,由0变为负数时,波动是从四周向中心收缩的。

Decay:衰减,通过设置该项参数值来改变涟漪的振幅从中心向四周逐渐减小的趋势,值越大从内向外涟漪的振幅将越来越小。

使用"File / Merge"命令,引入本章例子中酒瓶的造型("Lathe"车削调整器);

适当放大透视图,将酒瓶造型先放置于波(圆柱体)的下面;

打开动画控制按钮,在第1帧处,将"Ripple"调整器的"Phase"值设置为0;

拖动帧指示器到第100帧,设置"Ripple"调整器的"Phase"值为0.3;

使用移动工具将酒瓶造型上移适当距离,同时也可使其倾斜一定的角度,关闭动画控制器,播放动画。下图4-41是动画中的一帧。

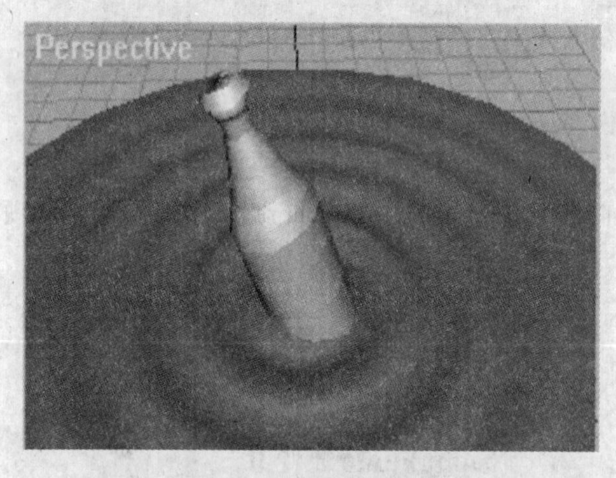

图4-41　涟漪效果动画

4.6.3　"Wave"波形调整器

"Wave"和"Ripple"调整器都使物体表面产生空间上的波形变化,但"Ripple"调整器产生的圆形波,而"Wave"调整器则用于产生平行波。这两个调整器的参数相似,想出现预期效果,除了需正确设置调整器参数外,要确保被施加该调整器对象的复杂度(各种段数)足够,这也是使用所有三维对象调整器过程中需注意的一点。

有关“Wave”调整器的各项参数不再具体说明，可以参考“Ripple”调整器，下图是“Wave”调整器的一个具体例子，读者可以试着做出如图4－42所示的场景效果。

图4－42　平行波造型

4.6.4　“Bend”弯曲调整器

该调整器能使具有一定段数的物体产生任意程度和方向上的弯曲。

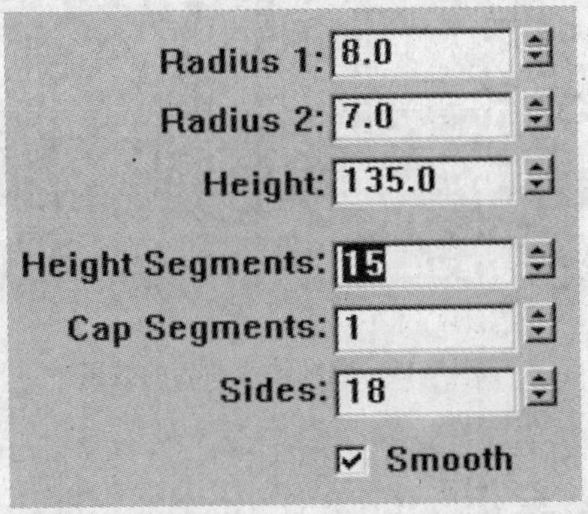

Radius 1: 8.0
Radius 2: 7.0
Height: 135.0
Height Segments: 15
Cap Segments: 1
Sides: 18
☑ Smooth

图4－43　圆柱体参数

在任一视图建立一个Tube物体，并设置其参数如图4－43。

在“Modify”命令面板中选择并施加“Bend”调整器各项参数设置如图4－44所示。

“Bend”调整器的参数由两大类共五项构成：

设置“Angle”项的值来决定弯曲的角度或者说是程度，角度越大，弯曲越明显，值为正的时候，顺时针弯曲，值为负的时候，逆时针弯曲；

“Direction”设置弯曲的方向，以弯曲的参照轴为中心可作360度的方向旋转；

通过选择“Bend Axis”下的“X”、“Y”、“Z”单选框来决定弯曲的参考轴；通过以上各步操

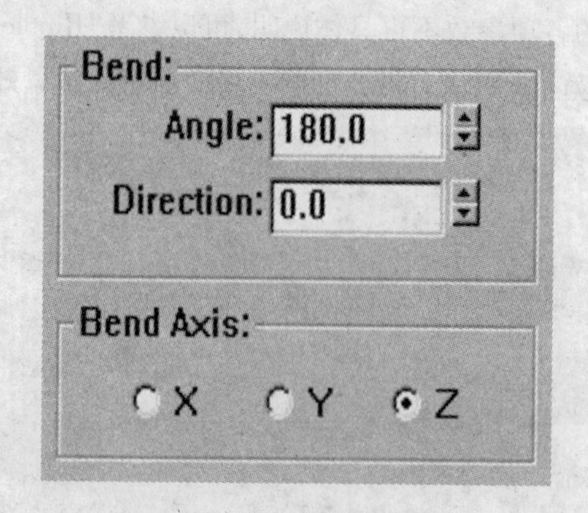

图 4-44 弯曲调整器参数

作,得到一个弯曲的充气气囊,如图 4-45 所示。

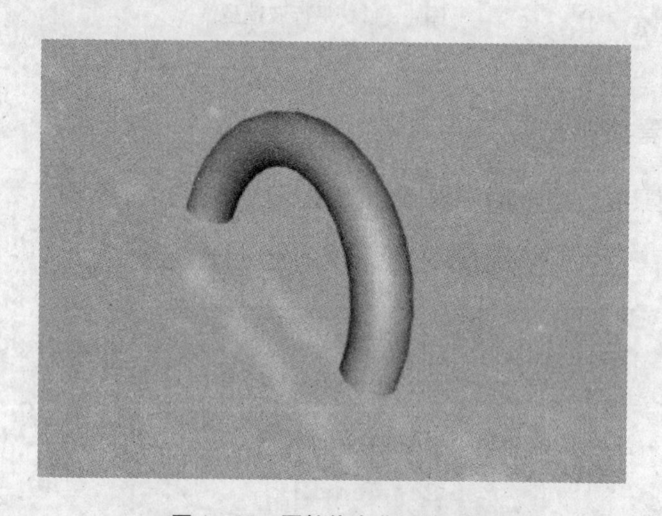

图 4-45 圆柱体弯曲后的效果

4.6.5 “Taper”锥化调整器

使规则物体的终端收缩或放大,产生锥化的效果。

创建一个球体,设置其参数如图 4-46。

对其施加“Taper”调整器;

设置相应参数;观察球体的形状随着“Amount”值的变化而变化的情况,参数如图 4-47,总结出规律:

“Amount”的值为正,上大下小,相反,则上小下大;

、“Curve”的值决定锥化路径上的弧度,值为零时,斜面路径为直线时,为正值,斜面路径向外弯曲,相反,则向内弯曲。

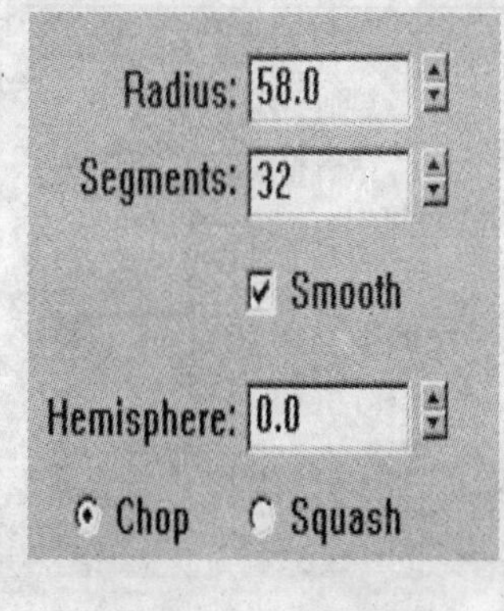

图 4－46　球体参数

“Taper Axis”下可选择锥化的基本轴和产生的效果轴，复选框“Symmetry”决定锥化是否从物体的几何中心产生。

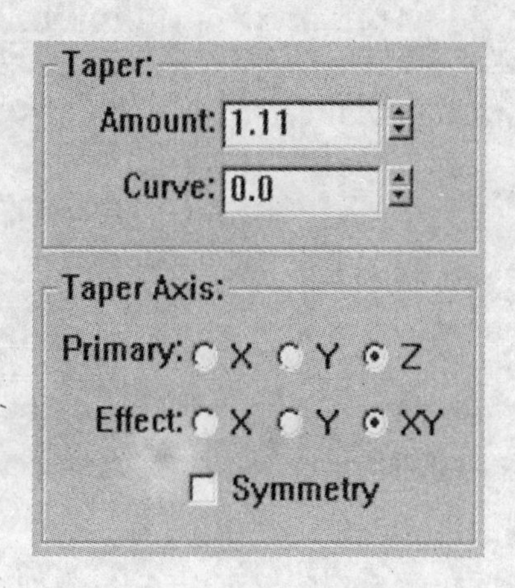

图 4－47　锥化调整器参数

4.6.6　“Noise”噪声调整器

该调整器是将规则的几何对象的表面变得崎岖不平，甚至是杂乱无章，通过该调整器可以模拟山体造型，下面通过实例来说明这一调整器的使用方法。

在任一视图建立一个“Box”物体，并设置其参数如图 4－48。

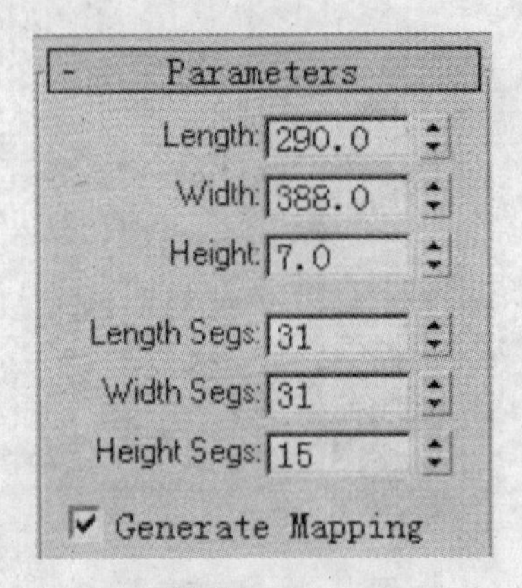

图4－48　方体参数

形状如图4－49。

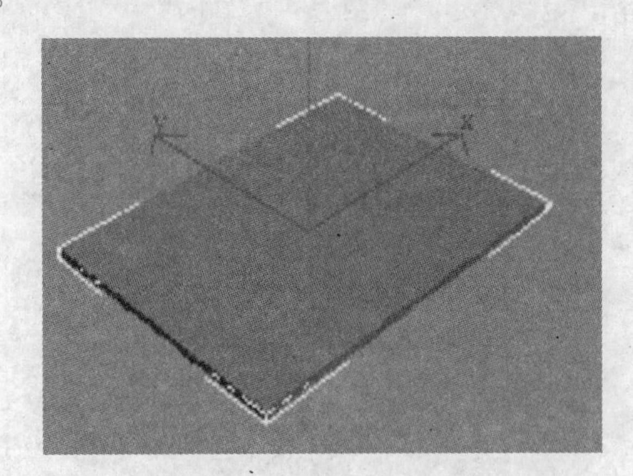

图4－49　方体造型

在“Modify”命令面板中选择并施加“Noise”调整器，各项参数设置如图4－50所示。

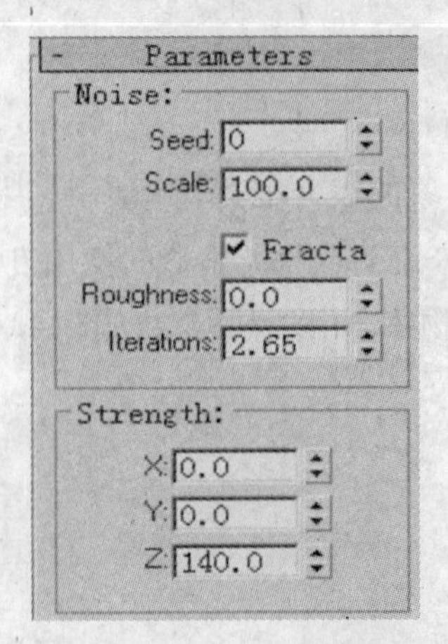

图4－50　“Noise”调整器参数

Seed：变化率。

Scale：变化过程中的放缩情况。

Fracta:在影响对象表面的同时,使其变得更加的杂乱无章。

Roughness:过渡效果的柔和程度。

最终渲染得到如图4－51所示场景效果。

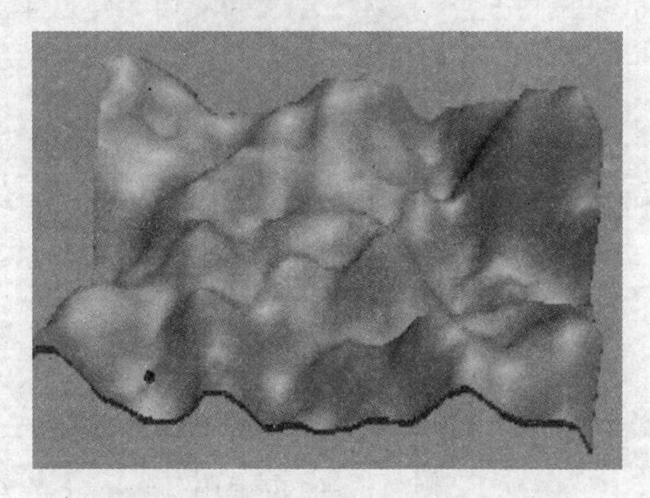

图4－51　"Box""Noise"效果

4.6.7　Vol. select 体选择调整器

该调整器是配合其他调整器(如"Noise")来使用的,其主要作用是将其他调整器的作用范围加以限制,保留对象中一些不该变化的区域。

4.6.8　Edit Mesh 编辑网格调整器

"Edit Mesh"(编辑网格物体)修改命令面板主要针对网格物体的不同次级结构进行编辑。当我们对一个几何模型加入"Edit Mesh"的时候,就可以对它的点、边、面和物体级别进行修改操作。当对一个模型施加该调整器以后,那么它会自动转换成网格物体类型,而没有真正将它塌陷成一个真正的网格物体。

4.6.9　实例:飘扬的红旗

该实例综合运用了 Edit Mesh 编辑网格调整器、Noise 噪声调整器、Vol. select 体选择调整器。通过 Noise 噪声调整器及其相位参数值的设定来模拟旗子随风飘动的效果,通过 Edit Mesh 编辑网格调整器和 Vol. select 体选择调整器的相互结合来限定随风飘动旗面的范围。(使靠近旗杆的部分不动)过程如下:

制作旗杆,使用圆柱体工具在前试图中制作出一半径为2,高为100,高的段数为3的柱体。

施加 Edit Mesh 编辑网格调整器，在调整器堆栈区选择子对象操作层次为 Vertex 节点级。

使用选择并移动工具，将第二、第三排节点上移，如图 4－52 所示。选择第一排节点，使

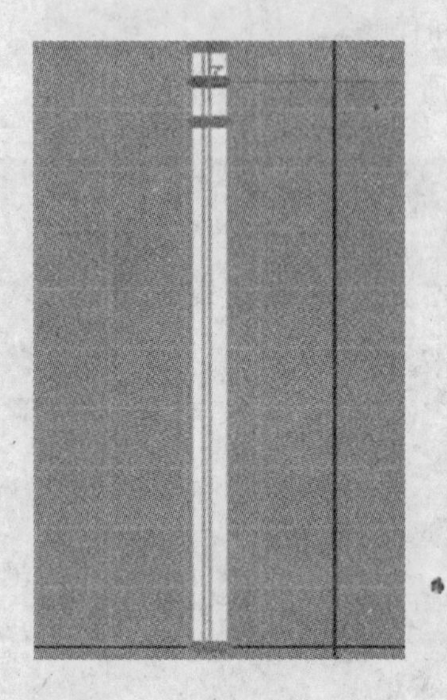

图 4－52　旗杆节点位置

用放缩工具将其收缩为一个点。选择第二排节点，使用放缩工具将其进行适当放大。形状如图 4－53 所示。

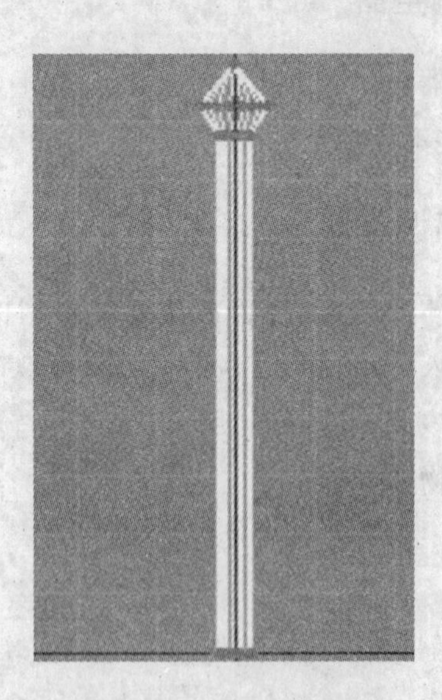

图 4－53　放大节点后的旗杆

使用 Box，在场景中制作出一个适当大小的方体，设置方体的长、宽、高的段数 20。

选择并施加 Vol. select 体选择调整器，打开调整器堆栈中的 Vol. select 卷展栏，选择 Gizmo 魔术线框,选择参数栏中的子对象层次为 Vertex 节点级。使用移动工具,向右移动 Gizmo 魔术线框,在框内部分为红色,框外为蓝色。如图 4－54。

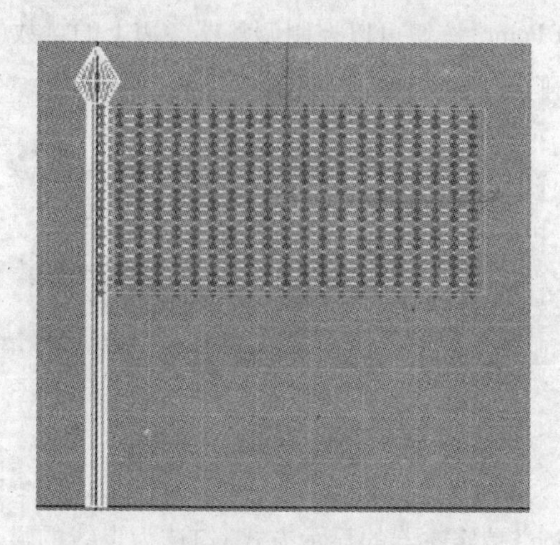

图 4－54　旋加体选择调整器效果

施加 Noise 噪声调整器,勾选 Fracta 项,使 Box 表面变的杂乱,设置 Z 轴向变化强度值为 30,勾选 Animation 下的 Animate 项,记录相位变化动画。

被 Gizmo 魔术线框包围的红色区域受 Noise 噪声调整器效果的影响,而靠近旗杆部分,未被包围的蓝色区域则不受影响,这也正是符合客观实际。施加前章例子中的红旗贴图,并渲染输出,可得到飘动旗子的动画。其中一帧如图 4－55。

图 4－55　红旗飘扬动画

4.6.10　FFD 修改器

"FFD "即 Free Form Deformations 自由变化,该修改器是对对象进行大面积的变形操作。

它可以对一个或选择的一组对象或元素进行调节。我们通过对“FFD(box)”修改器的操作来讲解它的一般用法。引入光盘上的“touxing. max”文件,对其施加“FFD(box)”调整器。参数面板中,“Set Number Of Point”按钮可以控制调整器各边上的点数(晶格数),默认的为4×4×4,在弹出的对话框中我们可以进行修改,如图4-56。

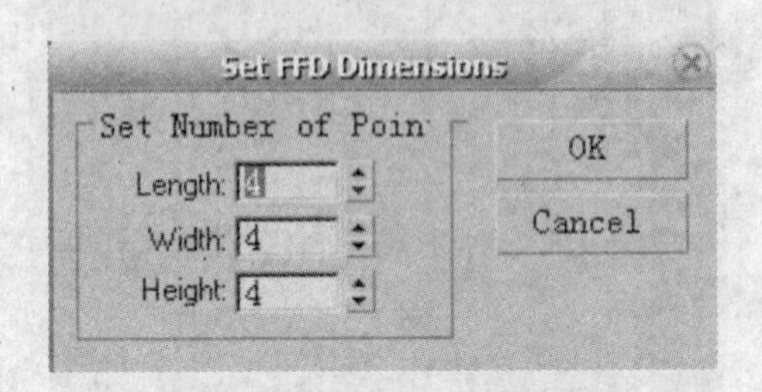

图4-56　自由变化参数

在显示参数中,“Lattice”是修改器的显示方式,勾选为点线的显示方式,不勾选则为点的显示方式。在勾选的情况下如图4-57。

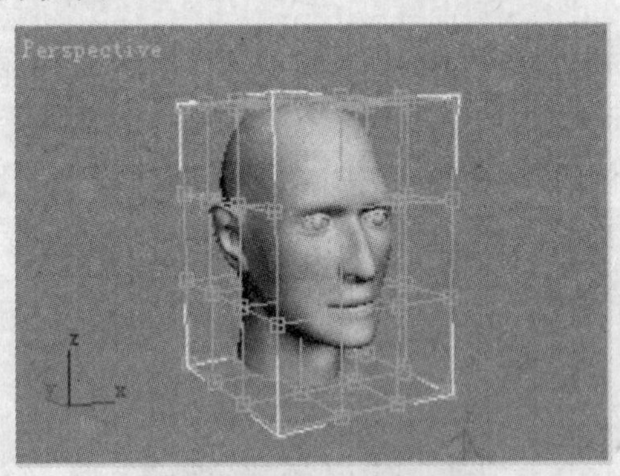

图4-57　人头模型

“Source Volume”是显示原模型体积,我们在修改以后可以勾选它来察看原始的体积。我们在对物体进行编辑的时候,进入堆栈,可以看到有三个级别的操作层次,如图4-58。

图4-58　“FFD”控制选择列表

如果我们对“Control Point”控制点进行编辑,那么对控制点进行的编辑将会影响到它周围的点,这样我们就可以对一组点的变换操作来产生模型的整体的形变而不影响模型的细节。如图4－59,我们对人头模型中的一组点进行放缩变换可以改变其脸型。

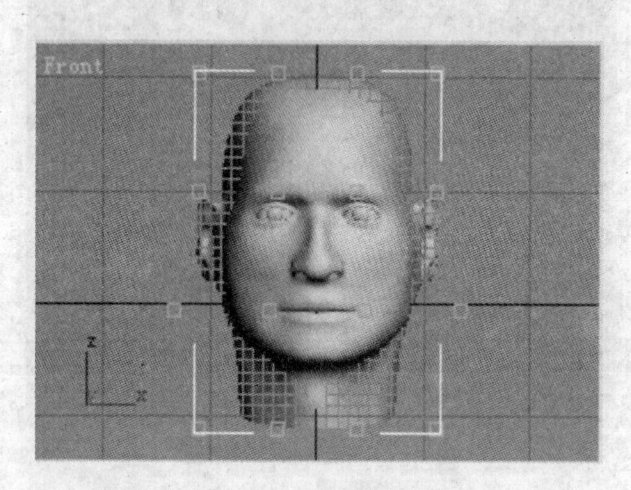

图4－59　编辑后的人脸造型

我们可以对点进行任意变换,利用这种变换制作表情动画。在“Lattice”层级中我们可以对整个线框进行操作,比如对线框移动来产生影视广告中的动画,模拟异物进入管道的效果。在“Set Volume”层级中我们可以对线框的体积进行修改。如果对修改的效果不满意,还可以通过图4－60栏中的“Reset”进行重设,在修改的过程中,还可以直接通过“Animate All”来记录动画,这也是“FFD”修改器的一项重要功能。

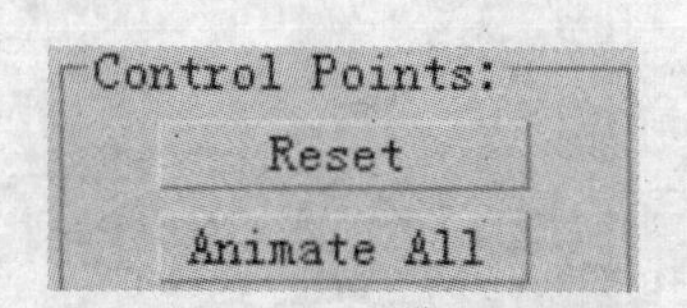

图4－60　“FFD”控制点设置

4.6.11　Slice 修改器

在很多电影中或者是房地产宣传广告中有这样的动画镜头,平坦的大地上由低到高生长出一幢幢楼房,这些楼房开始是线框形式的,最后由线框变成实景。“Slice”修改器即可实现这一动画效果。

调入学生宿舍原文件,选择场景中的所有楼体对象,在主菜单中执行 Group 命令,命名为 lou1,形成一个组对象。使用复制工具,复制该组对象,命名为 lou2,场景如图4－61。

使用命令面板显示工具,把复制的组对象 lou2 隐藏起来。在材质编辑对话框中选择一个样本球,设置其颜色,然后在 Shader Basic Parameters 卷展栏下勾选 Wire 和 2－Sided 两项,形成一个双面的线框材质,选择 lou1 对象,并赋予刚编辑好的材质。场景如图4－62。

图 4－61　宿舍楼三维造型

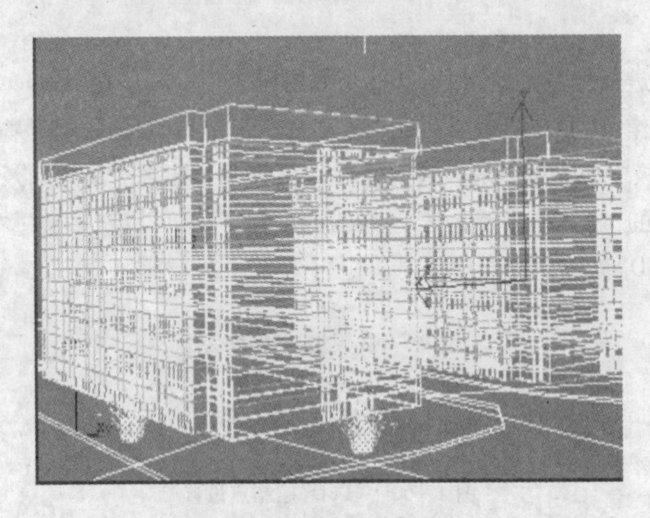

图 4－62　宿舍楼线框显示

选择 lou1 对象，施加 Slice 修改器，场景中出现一个黄色的线框，在修改面板中展开 Slice 加号栏，选中 Slice Plane 项，在 Front 视图中把黄色的线框移动到下部，为记录动画做准备，接着在 Slice Parameters 卷展栏下选择 Remove Top 项目，这样在视图中黄色线框以上部分已经没有楼房存在。场景如图 4－63。

拖动时间滑块到 30 帧处，打开动画纪录控制器，在 Front 视图中上移 Slice 修改器黄色线框，随着黄色线框的上移，楼房对象重新出现，这一过程被记录下来，形成楼房对象生长动画。

本步骤实现楼房在生长过程中由线框样式变为实体，在主工具栏中打开 Track View－Curve Editor 对话框，在 Track View－Curve Editor 对话框最左边的树状分支中选择 lou1 对象，现在需要给它添加一条可见性曲线。在对话框主菜单中执行 Track 下的 Visibility Track 中的 Add 命令，lou1 对象下面出现一项 Visibility，选择 Visibility，使用加点工具在 Visibility 曲线上

图4-63　施加“Slice”调整器后的宿舍楼

增加两个点，选择第一个点并右击，在弹出的节点编辑窗口中，把第一个点的Time设置为45，Value设置为0，使用上部箭头跳至第二个点把Time设置为70，Value设置为1，以上对话框设置如图4-64，即实现楼房从45帧到70帧由虚变实的动画。

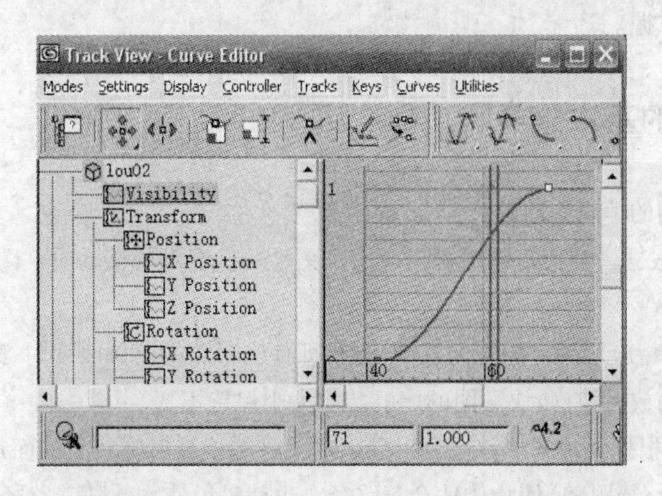

图4-64　“Track View - Curve Editor”对话框

4.6.12　Stretch修改器

模拟传统的挤压拉伸动画效果，在保持体积不变的前提下，沿指定轴向拉伸或挤压物体的形态。可以用于调节模型的形态，也可以用于卡通动画的制作，施加“Stretch”拉伸修改器后，对象周围出现橙色的八边框。参数Stretch的值可以对拉伸的强度进行调节，“Amplify”的值可以扩大局部拉伸的效果，同时可以对拉伸的轴向进行选择。这些选择和数值的组合可以供我们实现不同的效果，例如我们可以通过对头像在X轴上进行值为0.3，扩大值为-0.5的拉伸修改，把人面目变的狰狞。还可以通过勾选 Limits 项，实现栏对模型进行拉伸限制，在限制的范围内不会受拉伸修改器的影响，从而实现不同的面部表情。

4.6.13　Xform 修改器

使用此修改工具，可记录基本的变换修改信息，如移动、旋转和缩放等。

在工具栏中直接使用移动、旋转、缩放等工具来进行修改操作并不会被加入到修改器堆栈中，这样的话也就不能对这些修改操作进行重新编辑。对于此类情况，若想在将来再编辑动画或删除这些变换修改，可以将这些基本修改操作加入到 Xform（变换）修改器中来。即先将对象加入 Xform 变换修改，再对其 Gizmo 次对象级进行变换修改（Gizmo 对象这时相当于替身对象），这样所作的任何修改都将记录在修改器堆栈中。

此修改工具没有可修改的参数。可修改的次对象级别为 Gizmo 对象和中心。用户如果要进行移动、旋转、缩放动画，注意一定要在 Xform 中进行，否则在动画编辑时会遇到调节困难。我们使用“Xform”的时候一般使用它来制作动画和进行动画保留。这样可以对一个模型纪录多段的位移旋转和放缩动画。

以上只是介绍了部分常用的修改器的功能和使用方法，其他大部分修改器需要读者在实践中进行学习和掌握。

4.7　修改器的基本分类和功能介绍

针对世界空间的编辑修改器：

Camera Map 根据一个指定的摄像机应用贴图坐标。当对象移动时贴图也跟着改变，以便匹配背景。

Map Scaler 保持应用到对象上的贴图比例，即使当对象的比例改变时，贴图的比例也不改变。例如当墙被缩放后，有砖块贴图的墙的砖块大小保持不变。

Patch Deform 根据面片的形状改变对象。对象将趋于与目标对象的面片一致。

Path Deform（路径跟随）使物体适合于路径。也就是说使物体随着路径的弯曲而弯曲（路径跟随）。分为 Patch Deform（面片变形）和 Surf Deform（曲面变形）两种类型。在使用此修改器时，先利用 Pick Path（拾取路径）按钮选择要变形用的样条曲线，再通过 Percent（百分比）确定对象沿路径移动的距离。此外，还可以通过 Parameters（参数）卷展栏中的 Stretch（拉伸）、Rotation（旋转）和 Twist（扭曲）来决定对象在路径上的运动方式。

Surf Deform 根据“NURBS”点或者“CV”表面的形状改变对象。对象将趋于与目标对象的表面一致。

针对对象的编辑修改器：

Affect Region 影响区域，通过作用点和控制点的操作，使对象表面产生凸起或凹陷，可实现动画。

Bend 使对象或次对象沿一个轴向产生弯曲,并可设定弯曲的程度。

Camera Map 根据一个指定的摄像机应用“UVW”贴图坐标。当对象移动时,贴图不跟着改变。

Cap Holes 定位只有一个面的彼此相连的边界,并在它们之间创建新面。

Delete Mesh 参数化地删除堆栈中的对象网格。

Displace 根据“Displace”的“Gizmo”或者位图来改变几何对象的形状。

Edit Mesh 能够访问并修改网格子对象。

Edit Patch 能够访问并修改面片子对象。

FFD “FFD”编辑修改器可以用变形的格子包围网格物体。从而将对象分为若干晶体块。“FFD”编辑修改器有五种,FFD2×2×2、FFD3×3×3、FFD4×4×4、FFD(Box)和“FFD”(Cylinder)。它们的操作方式相同,只是用于包围网格物体的晶格不同。3DMAX 6.0 以上的版本中的“FFD”修改器不但可以移动格子、格子的控制点,还可以编辑格子的形状,却不影响被格子包围的对象。

Face Extrude 这是一个可以制作动画的编辑修改器。它影响被修改的面,并沿法线方向拉伸面和建立侧面。

Lattice 将所有网格对象的线段转换成圆柱形的支柱,并在结合处放置用户定义的控制对象。

Linked Xform 这是一个变换编辑修改器,它把传递到堆栈中的次对象选择集连接到用户定义的控制对象上。

Material(材质)修改器可以改变对象的材质 ID 号。此修改器的唯一参数是 Material ID(材质号)。当选择对象的子对象并且使用此修改器时,材质号只用于选择的子对象 。此修改器与 Multi/Sub-Object Material(多重/子对象材质)一起使用时可以为单个的对象创建多重材质。

Material By Element 给对象的元素随机指定材质的 ID 号。

Melt 可以使对象产生融化效果、有玻璃、胶状物等几种融化方式。

Mesh Smooth 在网格对象的边界和拐角处增加面,以使边界光滑。

Mirror 用来制作对象或次对象的镜像动画效果。

Morpher 该编辑修改器可以用来制作变形动画,它提供了 100 个变形通道,具有强大的变形动画制作能力。

Noise(噪声)该调整器沿着三个轴中的任意一个来改变对象表面的节点位置。

Normal 翻转或者统一网格对象表面的法线。

Optimize 减少对象的面和节点的数目。

Patch Deform 根据面片的形状变形对象,面片保持不动,只将目标对象移动到面片上。

Flex 使用基本的弹性系统模拟柔体变形。

Preserve 当使用对象的副本工作时,保持边界、面的角度和体积接近原始对象。

Push 此编辑修改器可以将对象的所有节点向外推,创建膨胀的效果。

Relax(松弛)根据确定的中心点将节点移近相邻的点来平均一个几何体。几何体将变得光滑,而且尺寸变小。

Ripple(涟漪)在对象的几何体上产生可动画的波浪变形。

STL—Check 为输出 STL 文件检查几何体,也适用于游戏模型的输出。

Skew 沿三个轴偏移对象或者次对象。

Skin 一个骨骼变形工具,它允许用一个或多个对象来变形其他对象。

Slice 这个编辑修改器可以创建一个剪切平面,实现对象的剪切效果。

Smooth 可实现对象表面的光滑效果。

Spherify 将基本对象变成球形对象、可制作变形动画。

Squeeze 它可以挤压一个对象,使对象的中心变窄,两端变宽。

Stretch 可以动态的"挤压和拉伸"对象,可实现对象在一个方向减小,在其他方向增大,但总体积保持不变。

Surf Deform 根据". URBS"点或者"CV"表面形状变形对象,对象位置不变。

Taper 使对象产生锥化效果。

Tessellate 增加对象面的数目,可以设置张力动画。

Twist 使对象产生锥化效果。

UVW Map 给对象设置贴图坐标,使贴图能正确的在对象表面表现出来。

UVW Xform 调整已存在的贴图坐标,在改变使用"Generate Mapping Coordinates"选项时,这个编辑修改器很有用。

Unwarp UVW 允许在 UV 贴图空间直接编辑。

Vertex Paint 可以实现直接在几何对象上绘制颜色。

Vol. Select 限定其他修改器作用范围。

Wave 给对象应用一个波浪形的效果。

Bevel (斜切)拉伸样条曲线,生成有倒角的几何体,对 3D 文字很有效。

Bevel Profile (斜切轮廓) 通过使用参数或者". URBS"曲线作为轮廓来扩展 Bevel 的功能。

Delete Spline 参数化的删除样条曲线。

Edit Spline(编辑样条线)允许访问子对象并进行编辑修改。

Extrude 实现二维封闭曲线的填充和增加厚度,产生三维效果。

Fillet/Chamfer 给直线设置倒切角和圆角。

Lathe(车削)以一个曲线和轴为中心旋转,产生三维效果。

Spline Select 实现二维对象选择集。

Trim/Extend 切割或者延长样条曲线,以使它们在某一点相连。

4.8　本章小结

本章对修改器堆栈和有关修改器做了较为详细的介绍,使读者能够基本掌握几种常用的修改器的功能和使用方法,这对于在场景中建立复杂模型具有重要意义。在实际运用中,许多意想不到的效果都是利用修改器中的修改命令制作出来的。

4.9　习题和练习

(1)物体在哪种情况下无法使用 Bend 功能得到理想的弯曲效果?

(2)Taper(锥化)修改功能的 Amount(数量)参数含义是什么?

(3)Path Deform(路径跟随)调整器在使用过程中应注意什么?

(4)如何记录 Noise(噪波)动画?

(5)Edit Mesh 修改功能有哪几种子对象?

(6)练习制作本章中的有关例子。

图 5－3　泛光灯阴影参数效果对比

另外，在对象较多的复杂场景中，需要有选择的照射某些特定对象，或将某些对象排除在照射范围之外，这需要在灯光 Exclude/Include 对话框里进行设定，如图 5－4。

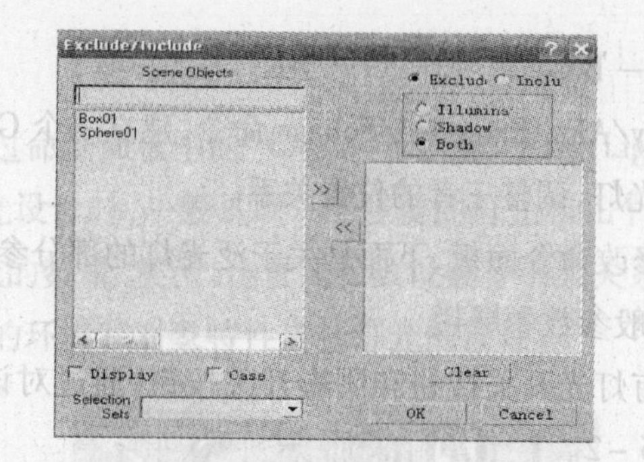

图 5－4　灯光排除/包含对话框

Tensity/Color / Attenuation 强度、颜色、衰减参数

Multiple：倍增值，通过对该值的设定决定光的强弱。发光的色彩是通过其后的颜色设定按钮来实现的。

“Decay”（衰减）：用于设置灯光在照射方向上的衰减变化，在“Type”下拉菜单中有 3 种可供选择的衰减方式，“None”（无衰减），“Inverse”（反比例衰减），“Inverse Square”（反比例平方衰减），后两种情况下，衰减强度可以通过“Start”中的数值进行调节。如图 5－5。

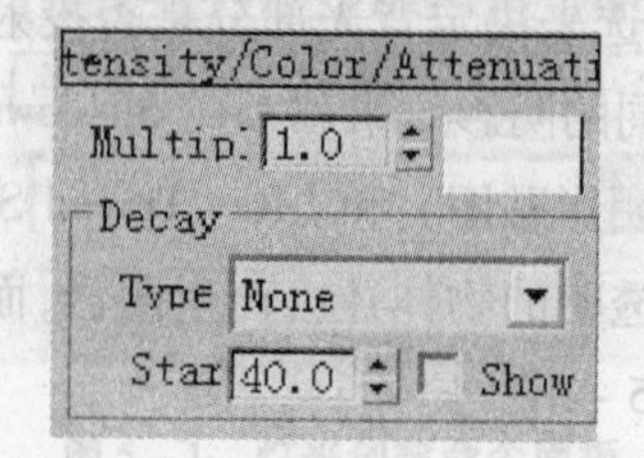

图 5－5　灯光颜色衰减对话框

可以设置两次衰减:“Near Attenuation”(近处衰减)、“Far Attenuation”(远处衰减),衰减的距离可以由“Start”和“End”值来控制。

Advanced Effects 卷展栏

“Affect Surfaces”(影响表面):此设置区中的参数用于控制灯光对物体表面照射情况的影响,“Contrast”表示对比度,对比度越大,物体表面的明暗分界线就越明显。

“Soften Diff”(柔和度):这一参数是用来设置物体表面漫反射的情况,从而控制光线的柔和度,值越大则场景中的照明效果越柔和。后面的3个选项“Diffuse”,“Speculars”,“Ambient”,分别表示物体的亮部、高光区、暗部,可以指定灯光的照射范围。

“Projector Map”(投影贴图):它类似于一个不透明的贴图通道,用贴图的灰度值来影响灯光的照射范围,它将白色视为完全透明,黑色视为完全不透明。贴图的色彩还会影响灯光的颜色,因此可以用来模拟幻灯片效果或植物的影子。如图5-6。

图5-6 灯光投影贴图效果

Shadow Parameters 阴影参数卷展栏

此卷展栏中是关于阴影的参数设置,点击“Color”后的色块可以弹出一个选色器,调整阴影的颜色。“Dens”设置代表“Density”(密度)控制阴影的阴暗程度,数值越低,阴影较亮,反之较暗,而且可以是复值。“Map”贴图通道可以选定一张贴图作为阴影,还会影响阴影颜色。

Shadow Map Parameters 阴影贴图卷展栏

下面的“Bias”(偏移)设置使阴影移向或者移开投射阴影的物体,“Size”(尺寸)用来控制阴影贴图的精度。“Sample Range”(样本范围)可以对阴影贴图的边界进行模糊。

在灯光做投影效果时,可以改变投影区的颜色或做投影贴图,即将一幅图片作为幻灯片将其投射到另一个对象的表面。

关于灯光的基本知识我们已经有所了解,下面通过对一些代表性实例的制作和讲解,让读者更深的了解灯光在3DSMax的使用。

实例:用泛光灯来模拟吸顶灯照明效果

分析:吸顶灯照明效果是指顶灯在天花板上产生的特定的照明效果,特点是随着距离的增加照明效果由亮变弱最终消失。顶灯的本身我们用白色的自发光材质来模拟(材质编辑在后面章节中有详细介绍),因自发光材质无法照亮其他对象,所以还需要增加一盏泛光灯来模拟该灯光的照明效果。

创建场景,天花板是一块没有厚度的BOX,顶灯是一个经过Edit Mesh编辑网格处理后的圆柱体(通过该修改器,将圆柱体最上一排节点收缩为一个点,倒数第二排节点做适当收缩)。吸顶灯本身采用了自发光材质。具体做法是把吸顶灯材质的环境色、漫反射色与高光色都设置为亮白色,再把自发光度调整到80,将编辑好的材质赋予吸顶灯对象。

在吸顶灯的中心建立一盏泛光灯,泛光灯的各项参数取默认值。最好是在顶视图中建立,在前视图、左视图中调整泛光灯的高度位置,随着泛光灯位置的调整,场景变暗并出现效果。渲染透视图,可以发现吸顶灯的周围有了我们想要的光池效果,如图5-7。光池的大小可以通过上下移动泛光灯的位置来调节,该例子也可以用聚光灯来模拟。

图5-7　泛光灯模拟吸顶灯效果

5.2.2　Target Spot 目标聚光灯

该灯光有一个发射点和目标照射点,由发射点和目标点之间的距离和角度决定了照射距离和照射范围。该灯的其他参数与泛光灯基本一样。

使用目标聚光灯和体积光特效来模拟光柱效果。

(1)在任一视图中建立一目标聚光灯。

(2)调整其发光区和过渡区的大小使其成为一条较窄的发光带,这时渲染输出,不会看到任何的效果,因为灯光本身的发光特性需要其他对象来表达。

(3)选择该灯光,访问Modify命令面板。展开Atmospheres Affect大气效果卷展栏,点击Add按钮,在弹出的对话框中选取Volume Lights(体积光)。

(4)渲染输出,如图5-8。

图5-8 目标聚光灯模拟光柱效果

5.2.3 Free Spot(自由聚光灯)

其照射方式与目标聚光灯相同,有一个发射点和目标照射点,不同在于目标点一旦确定则不可更改,要使用旋转工具或进入灯光视图才可以调整方向,使用频率不是很高。

5.2.4 Target Direct(目标平行光)

该灯光有一个发射点和目标照射点,发射点和目标点是一束平行的光源,该类型的灯光可模拟太阳光照射物体。

5.2.5 Free Direct(自由平行光)

是一种没有目标点的平行光。

5.2.6 Skylight(自然灯光)

是用来模拟自然的日光效果的灯光,可以模拟类似太阳光的照射效果。

5.3 荧光灯辉光效果模拟

分析:荧光灯可以起到照明的作用,但是如果仔细观察的话,就可以发现荧光灯管的周围有很稀薄的辉光。在三维室内设计效果图中的荧光灯如果能做出辉光效果则能大大增强真实感。发光的荧光灯可以用自发光材质去模拟,而要做出辉光效果则要靠视频后期处理中的Glow发光特效。

创建一个荧光灯模型,笔者创建的模型如下图所示。每个部件都是基本几何体做成的,其中灯座为两个Box的叠加,两侧和灯管均为圆柱体,通过前几章的学习,相信大家能够做出如图5-9的场景造型。

“Target Area”,目标面光源;

“Free Point”,自由点光源;

“Free Linear”,自由线光源;

“Free Area”,自由面光源;

“IES Sun”,IES 太阳光;

“IES Sky”,IES 天光。

“Target”光度灯含三种形状,“Point”(点),“Linear”(线),“Area”(面),它们的灯光照射区域大小不同,形状不同。Point(点)灯光的亮度最高,它的线框是一个球体;“Linear”(线)灯的线框是一个球体加一条线;“Area”(面)灯的线框是一个球体加一个平面。

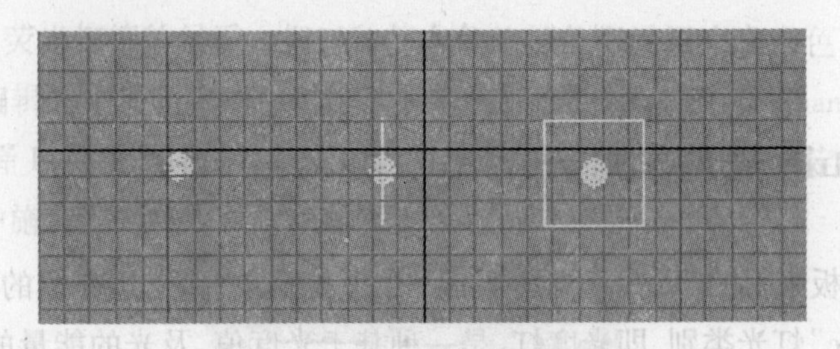

图 5 - 13　灯光形状图示

上图 5 - 13 所示的分别是“Point”(点),“Linear”(线),“Area”(面)的灯光形状图示。

光度灯的参数设置卷展栏与标准灯光基本相同,只有“Intensity”/“Color”/“Distribution”卷展栏较为不同,如图 5 - 14。

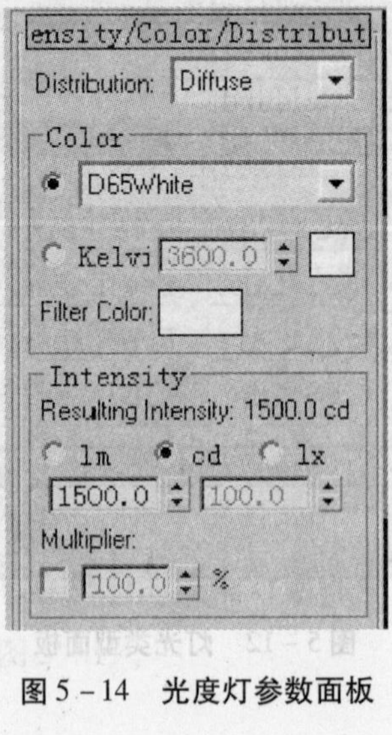

图 5 - 14　光度灯参数面板

“Distribution”(分布)后的下拉菜单在“Point ”灯时有三种选择,如图 5 - 15,在“Linear”

和“Area”时有两种选择,如图5-16。“Isotropic”选项和“Diffuse”选项表示的意思相同,在灯光的所有方向提供的是均匀光,离光源越远的地方光线就越弱。“Spotlight”选项表示光线集中为一个锥体,从光源射出,并可以通过“Hotspot”和“Falloff”值调整方向。“Web”选项是自定义选项。

图5-15 光度灯分布参数一

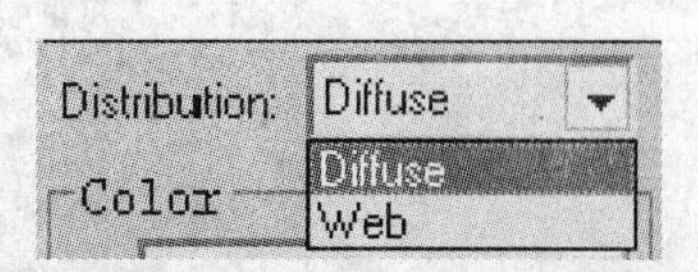

图5-16 光度灯分布参数二

“Color”列表中有两种方式设置灯光的颜色。一种是下拉菜单式,列出了一些真实世界中的灯光类型,用表5-1说明。

表5-1 灯光类型与颜色对应表

灯光类型	显示颜色
Cool White(冷白灯)	黄白色
Custom(自定义)	任意颜色
D65White(65瓦白灯)	白色
Daylight Fluorescent(日光荧光灯)	大部分为白色,略带灰色
Fluorescent(荧光灯)	黄白色
Halogen(卤素灯)	米白色
High Pressure Sodium(高压钠灯)	茶色
Incandescent(白炽灯)	米白色
Low Pressure Sodium(低压钠灯)	浅橘色
Mercury(水银灯)	绿白色
Metal Halide(金属卤灯)	黄白色
Phosphor Mercury(磷粉水银灯)	浅绿色
Quartz(石英灯)	黄白色
White Fluorescent(白色荧光灯)	黄白色
Xenon(灯)	白色

除此外还可以打开“Filter Color”滤色器设置灯光颜色。

“Intensity”(亮度)选择有“Lumens”、“Candelas”、“Lux”三种选择。

此外,“Photometric”灯光例子中还有“IES Sky ”和“IES Sun ”两种。“IES Sky”模拟了环

境光,并在“Sky Parameters”中设置了“Clear”(晴朗),“Partly Cloudy”(多云),“Cloudy”(阴天)三种模式,如图5－17。

“IES Sun”模拟了阳光的照射,在做室外渲染时可以起到很好的效果。

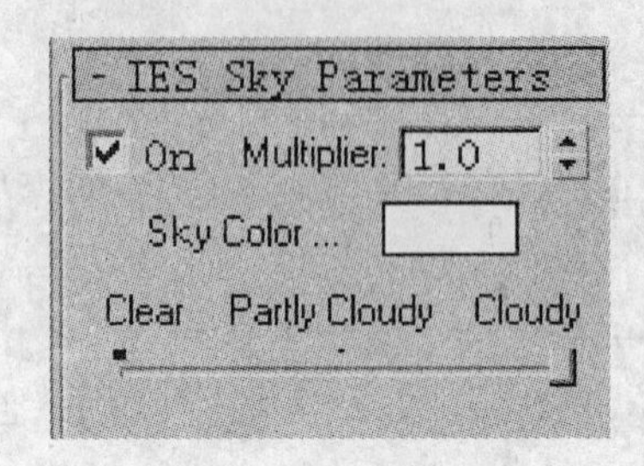

图5－17　太阳光参数

5.5　摄像机

摄像机是3DSMax的一个重要组成部分,摄像机运用的好坏在很大程度上决定着3D作品的质量,在一些优秀的动、静态图像中,摄像机都是得到了很合理的应用。和现实中的摄像机一样,3DSMax中的摄像机也有镜头、焦距的设置,也要调节镜头远近和类型。在实际操作中也要遵循透视原理和摄影原理。而它比现实中的摄像机更强大之处在于不用考虑闪光灯、光圈计算等问题。摄像机在三维视图中的作用可简单的描述为实现特定的视觉效果,如广角镜头下的俯视和鸟瞰,长焦镜头下的特写,实现摄像机的焦距、视角、景深等的动画效果,制作旋转、游走动画等。

5.5.1　创建摄像机

单击右侧命令面板上的图标“ ”,使其下陷呈黄色,如图5－18所示。

图5－18　摄像机创建面板

3DSMax 提供了两种摄像机，“Target”目标摄像机和“Free”自由摄像机。这两种摄像机用法相差不大，参数相同。

目标摄像机很容易定位目标对象，在摄像机不能移动的情况下，目标摄像机很有效，建立目标摄像机时，可单击一个视口，先确定摄像机的观测点，拖动摄像机，再确定目标点的位置，目标点和摄像机（观测点）是绑定在一起被命名的。创建动画时，可以把目标摄像机的目标点拖动到运动的物体上，实现目光跟随的动画效果。而自由摄像机在视图中不能单个操作投影点和目标点，只能进行整体控制，可以把它绑定到运动物体上，随着物体在运动轨迹上的运动，实现游走、跟随和倾斜动画。

5.5.2　摄像机的参数

摄像机的拍摄范围由两个参数来定义。

一是摄像机的镜头焦距（Lens）：决定摄像机的视野的角度，单位是毫米（mm）。

摄像机的镜头有普通镜头、长焦距、广角镜头等等，长焦距类似于望远镜，能够清楚地拍下远方的物体，但是拍摄范围（视野）较小，广角镜头刚好相反，距离近但是视野宽，各有所长。

摄像机的镜头具体描述如下。

短焦镜头：这种镜头的视野角度大，场景中的对象彼此很开，靠近摄像机的对象看起来很大，远处的则几乎看不见。

广角镜头：适用于在场景中同时表现多个对象，如拍摄建筑物，室内效果图等。

中等焦距镜头：这种镜头与人们的眼睛观察到的目标差别不大，场景中对象的空间关系正常。

长焦距镜头：这种镜头的视野很窄，看起来对象离摄像机非常近，场景中的空间距离好像是被压缩了。

二是视野“Fov”（field of view）：以度数（deg）来衡量一台摄像机所能观察到的范围，即视角范围。摄像机是用镜头拍摄的，因此有一个拍摄范围，超出部分自动被切掉，在视图中用一个锥形表示，锥形之内都是可以拍摄到的，也就是可见的。

使用“FOV”左边的弹出按钮可以将其设置成代表“↔”Horizontal（水平），“↕”Vertical（垂直），或“⤢”Diagonal（对角线）距离。如图 5－19。

摄像机镜头长度与视野宽度对照表如表 5－2。

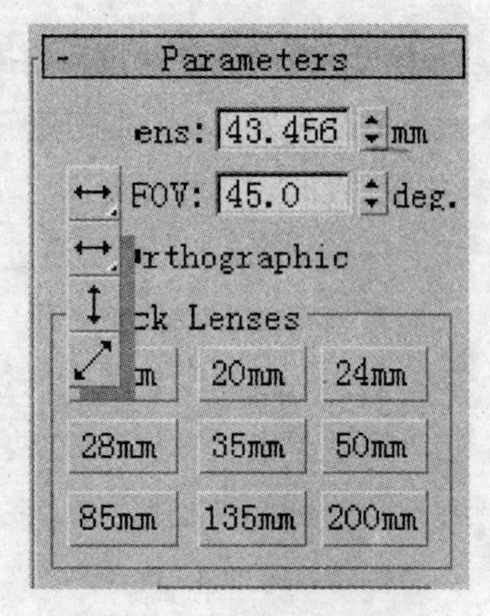

图 5－19　摄像机参数

表 5－2　摄像机镜头长度与视野宽度对照表

镜头	视野	镜头焦距	应用场合
10 mm	132.01	鱼眼	建筑群、天空等集体对象
15 mm	112.62	超广角	
28 mm	77.57	广角	建筑物、室内效果图
35 mm	65.47	中等广角	
50 mm	48.45	标准/正常	
135 mm	18.93	长焦距/长镜头	特写，表现远处某一特定对象或对象的特定部分
500 nm	5.15	常长焦距/超长镜头	

摄像机的其他主要参数还有“Stock Lenses”（储备镜头）包括九种长度的备选镜头，这些镜头的长度与现实中的摄像机的镜头相同，单击其中的任何一个，即可输入相应的“Lens”（镜头）和“Fov”（视角）值。

5.5.3　摄像机的控制

在第一章里讲到，屏幕最右下的视图控制区中，八个视图控制按钮的功能和使用方法。当前视图为摄像机视图时，则右下角的视图控制按钮变为专门针对摄像机的调节按钮。使用这些按钮可以对摄像机进行移动、改变方向、放缩观察范围等操作。各视图控制按钮的具体功能和使用方法见第一章中介绍，读者需要在本章中结合实例进行练习，达到熟练操作的目的。

5.5.4　摄像机动画

摄像机动画是通过利用摄像机位置的移动、观察角度的变化或观察范围的缩放，产生视觉上的动画效果，从而形成游走、环顾、镜头推拉等的视觉改变，下面我们以具体实例来演示动画设置的过程和原理。

以室内场景为例子，通过开门、进入、环视周围来了解摄像机动画。

场景中的对象设置：

制作并使用学生宿舍场景文件，在场景中设置一目标摄像机对象，在“Perspective”视图的名称区域单击右键，在出现快捷菜单中选择 Camera01，将当前视图改变为摄像机视图。使用右下角的摄像机控制工具，在视图中调节摄像机，达到最佳视角和位置。如图 5－20。

摄像机动画设置：

选择摄像机，打开动画控制器记录按钮，使其下陷呈红色，将时间滑块拖到第 30 帧，使用移动工具，在 Left 视图中移动摄像机，使观察点接近门。选择门对象，将时间滑块拖移到第 50 帧，使用旋转工具，将门沿门轴限制在 Y 轴上旋转 90 度，门被打开。使用移动工具，在 Left 视

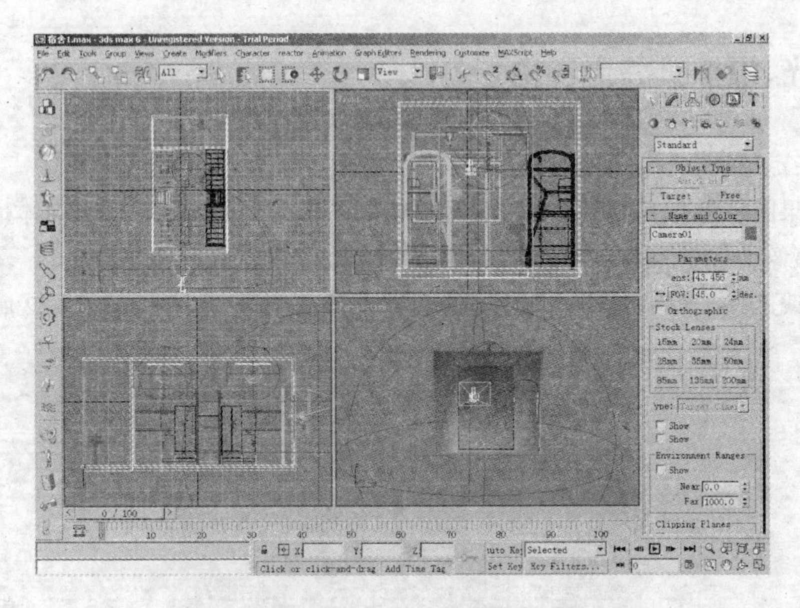

图 5－20　宿舍场景

图中移动摄像机使其进入房间。

将时间轴拖到 100 祯，使用摄像机控制工具，在视口里调节摄像机的位置和观察角度，实现其在不同的位置环顾整个房间的视觉效果。将摄像机视口最大化，点击播放按钮，预览动画效果。第 60 帧的效果如图 5－21 所示。

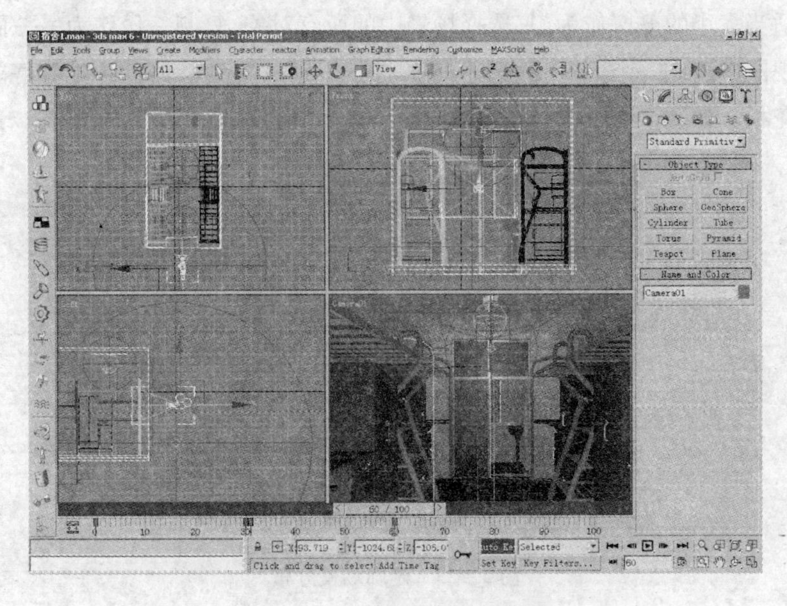

图 5－21　宿舍场景动画效果

5.6　灯光、摄像机综合实例

实例一:走廊效果

走廊效果图是建筑、家居装饰装潢设计中经常涉及的场景效果,它涉及基本墙体、门的建模,并通过摄像机、灯光和材质的设置,产生走廊的效果。

使用画线工具在 Front 视图中画出走廊两侧墙面的二维平面图,如图 5 – 22 所示。

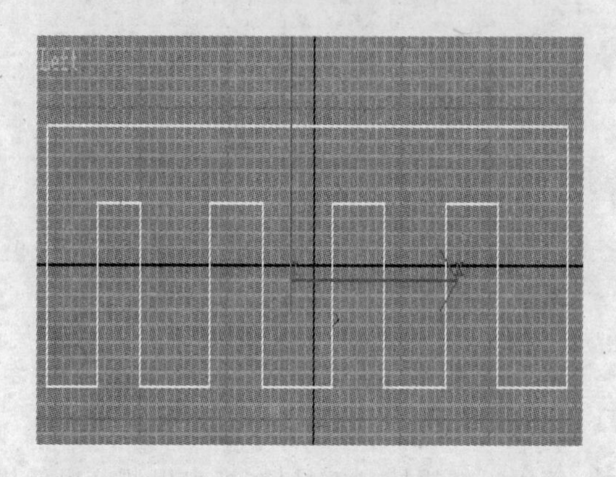

图 5 – 22　走廊侧面图

选择该平面图,在 Modify 命令面板施加 Extrude 调整器,Amount 值为 10,在作为门的开口处建立四个适当大小的 Box 作为门,选择场景中的所有对象,复制一份作为另一面墙。

在 Top 视图中建立一个 Box,并复制一份,将其分别放置到墙体的顶端和底端,当作走廊的地面和天花板。如图 5 – 23。

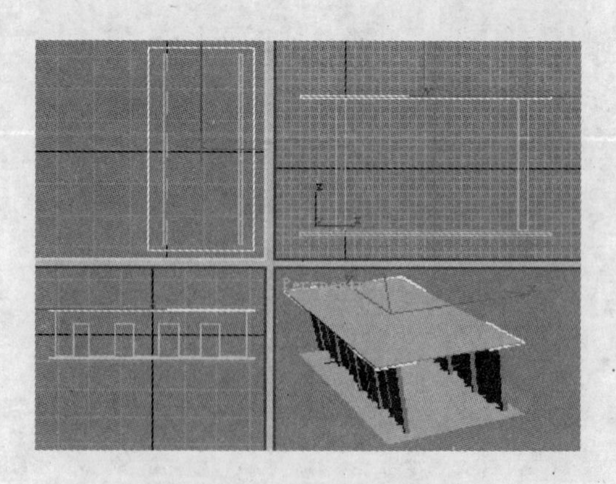

图 5 – 23　走廊场景分布

以上操作为场景中基本对象的建立,因为本例为走廊内部视觉效果,所以不考虑基本模型对象的外部结构。

在 Left 视图中建立一个摄像机，将摄像机的观测点放置于走廊内部，摄像机与走廊保持基本平行的角度，在透视图中将该视图切换至 Camera 摄像机视图，进一步调整摄像机的位置和相关参数以便更好的观察走廊内部效果。选择任一视图，建立一到两个泛光灯并调整其位置，场景 Left 视图如图 5-24，场景最后渲染效果图如图 5-25。

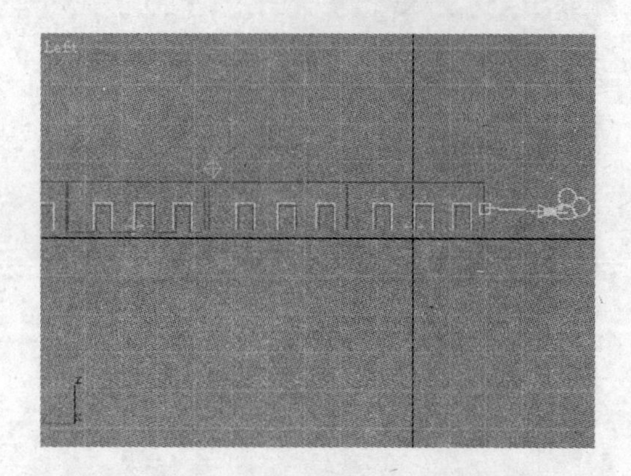

图 5-24　走廊摄像机视图

图 5-25　走廊渲染效果图

实例二：阳光射入室内效果

本例模拟阳光从窗户射入室内（房屋的一角）的视觉效果。重点在房屋、窗户、窗格的建模、太阳光及投射阴影的模拟及摄像机的设置上。

房屋、窗户场景对象制作：

分别在 Front、Left 和 Top 视图中建立一个 Box 对象，调整它们的位置，形成房屋的一角。

在左边墙壁的适当位置处建立两个大小适当的 Box，作为窗户，其厚度要超出墙壁。

选择左边墙壁对象，使用 Boolean 布尔运算的 A 减 B 运算，对左墙壁和作为窗口的两个 Box 对象分别进行运算，运算的结果是在左边墙壁上形成两个大小适当的窗口。

在 Left 视图中设置一个摄像机，将透视图切换为摄像机视图，调整摄像机的镜头和焦距。

得到观察房屋一角的视图效果。如图 5 – 26。

图 5 – 26　室内三维造型

艺术窗格的制作：

选择并放大 Left 视图，使用画线工具，在该视图中画出如图 5 – 27 所示的线形。(思考：这里为什么要选择 Left 视图)。

选择所有的线对象，施加 Edit Spline 调整器，切换到 Spline 级别的操作层次，分别选择每个线形，使用 OutLine 命令，将线型变为封闭的轮廓线。

使用镜像复制工具，将选择对象进行对称复制，形成艺术窗格的基本构成元素。如图5 – 28。

选择二维基本元素对象，施加 Extrude 拉伸调整器，变为具有一定厚度的实体。

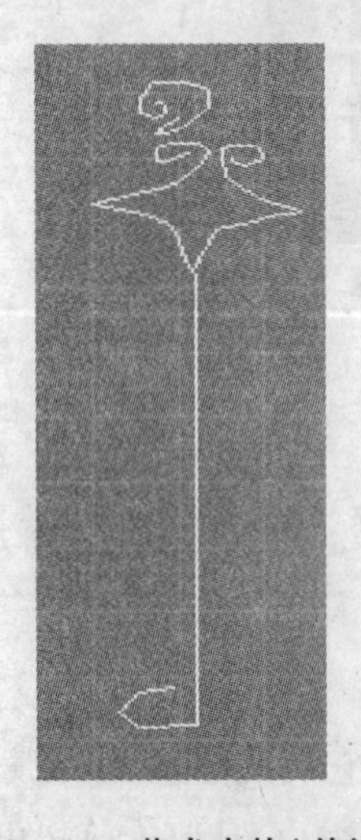

图 5 – 27　艺术窗格(单线)

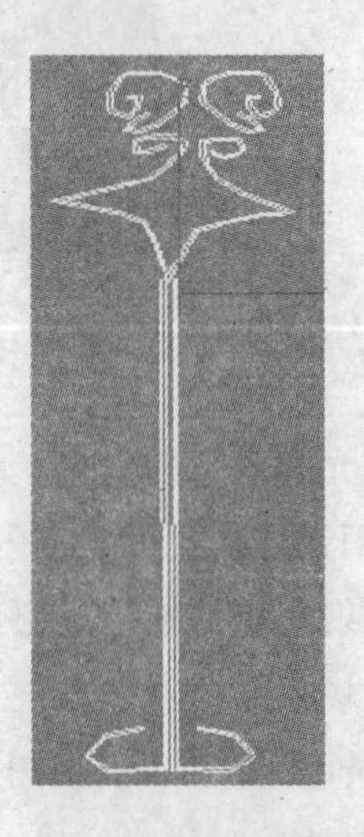

图 5 – 28　复制后的艺术窗(双线)

利用基本元素，使用复制工具复制出若干组栅格对象，根据窗户大小，使用缩放工具调整窗格大小。使用移动工具调整窗格与窗户之间的位置关系。完整窗格对象如图 5 – 29。

图 5－29　完整艺术窗格

在 Left 视图中建立一目标聚光灯模拟太阳光，调整该灯的照射位置和参数，勾选阴影参数，选择线跟踪渲染方式。

建立场景内部适当类型和数量的灯光，合并灯场景文件。制作有关材质。渲染输出。

如果要模拟窗外的景色，可以在背景贴图中做，在“Rendering”/“Environment”下使用。最终渲染效果如图 5－30。

图 5－30　阳光射入室内的效果图

在场景中还可以引入其他线架文件，如沙发、茶几等。同学们可以思考如何将上例场景改为一幢建筑的一层大厅效果。

5.7　本章小结

本章重点介绍了灯光和摄像机的类型，参数和使用场合。通过一些具体实例，详细演示了这两种场景中的辅助对象对整个场景视觉效果的影响。读者要熟练掌握这两种辅助对象的使用。通过查阅有关书籍，并结合大量的实例练习以达到运用自如的目的。

5.8 习题与练习

(1)3DSMax 提供了哪几种光源?

(2)什么是目标聚光灯?

(3)什么是泛光灯?

(4)体积光的特点是什么?

(5)3DSMax 提供了哪两种相机?

(6)请你做出本章中 5.6 节的综合实例一,实例二的场景效果。

(7)请你参考实例一,实例二设计出一个客厅的效果图。

第6章　材质与贴图

在前面的章节里，我们已经介绍了如何利用3DSMax中的创建命令面板来创建三维造型，以及如何利用修改命令面板里的修改器来修改和调整对象，从而生成较复杂、逼真的3D造型。然而只有逼真的造型是不够的，从客观和美术学角度两方面来看，空间世界中的任何对象都有它表面的色彩特征，包括颜色的色系、亮暗，一个真实对象的表面色彩特征光凭创建模型时的那些单一色彩是不能够实现的。实际上，在三维创作中，最能体现一个软件水平的地方应该是其对造型渲染能力的体现，也就是能够让复杂的造型更接近于真实物体。

在自然界中现实存在的真实对象，不仅具有某种颜色特性，同时还具有不同的质地。如地板可以是木质的，也可以是大理石的，而木质、石材又有多种不同的类形。所谓材质，就是三维对象表面的一种属性，是指对物体表面进行加工和处理，使物体在色彩、亮度、饱和度和对比度等方面具有某种特征。通过贴图则使对象表面具有纹理特征。同时，材质也会影响到物体的颜色、反光度、透明度、纹理等。在前面例子中，我们已经运用到了材质与贴图。在这一章中我们将详细地介绍3DSMax的材质与贴图。要创造逼真生动的场景，最重要的环节是要赋予对象真实的材质与贴图。

6.1　材质编辑器

6.1.1　材质编辑器基本结构

在3DSMax中专门有一个“材质编辑器”窗口，用来进行材质与贴图制作编辑及赋予对象等操作，往左拖动工具栏，在右边有一个四个小球的按钮“▦”，这就是“材质编辑器”，单击后打开材质编辑器窗口（或按下键盘上的M键），如图6－1所示。

材质编辑器从上到下分为三个部分：最上面是菜单栏，在菜单栏里我们可以进行所有和材质有关的操作，其功能与下面的卷展栏中的有关对材质进行编辑与修改的功能一致。

菜单栏下面是样本球窗口，它相当于一个调色盘，在这里我们可以观察材质的先期缩放效果。材质球的个数和样式都可以调节，样本球默认的是3×2，即有六个灰色的样本小球，小球代表物体。还有5×3和6×4的分布样式，样本球的多少是根据当前场景的复杂程度来决定。通过点击右键可选择显示数量，如图6－2。

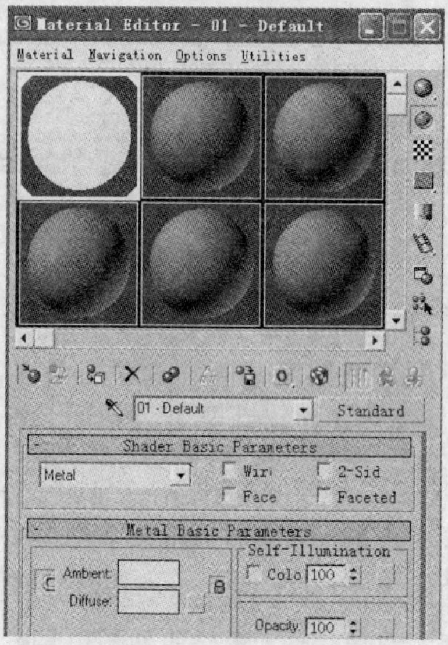

图 6－1　材质编辑器窗口

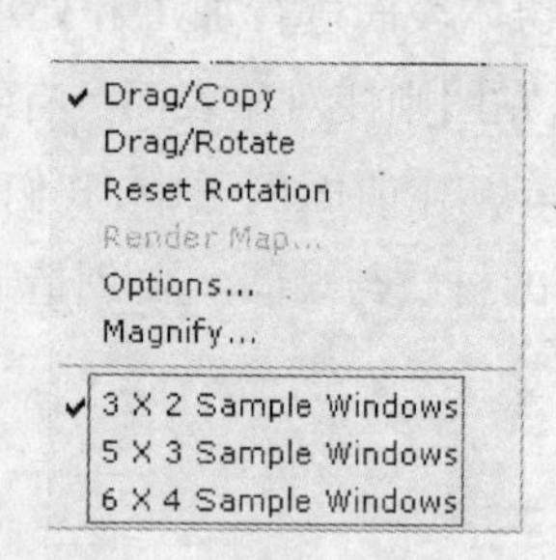

图 6－2　样本球分布选项

6.1.2　材质编辑器工具栏介绍

下方是常用的对材质操作的按钮。

蓝色的小球“”是“获取材质”,用来访问一个现成的材质或者制作一个新的材质,单击该按钮,在弹出的“Material / Map Browser”窗口右边蓝色小球代表的是各种材质,而下面的菱形则代表不同的贴图。

按钮“”是用材质编辑器中的当前材质更新场景中的材质。

按钮“”的作用是将当前编辑好的材质施加给场景中被选择的对象。

按钮“×”的作用是将当前的材质中的所有参数恢复到默认状态,相当于材质的删除操作。

按钮“”只有在材质被场景中的某一对象使用后才可用,通过该按钮的操作可以将场景中的热材质变为冷材质。所谓的热材质是指被场景中的对象已经使用过的材质,冷材质是指已经编辑好但没有被使用的材质。

按钮“ ”的作用是将编辑好的材质保存并放入材质库。

按钮“ ”是设置材质效果通道,一般在特殊的场合下才能使用。

按钮“ ”是将材质的效果适时地显示在当前视口的对象上。

按钮“ ”是显示材质的最终效果,松开此按钮,将会显示当前层级所在的材质效果。

按钮“ ”是回到上一级,最后的两个按钮是在进行子材质编辑的时候才起作用。

按钮“ ”是去下一个同级材质,在一个材质的层级中,如果并行有其他层级材质,那么单击此按钮,可以快速转换到另一个同级材质中去。

右侧是一些常用的工具按钮。

按钮“ ”为样本类型切换,用于控制样本球的形状,单击并按住鼠标左健不放,可以显示出隐藏的按钮,样本球的形状分为球体、圆柱体和方体三种。

按钮“ ”为背光按钮,为示例球增加背光效果。

按钮“ ”为背景按钮,为示例球增加一个彩色的方格背景,主要用于透明材质贴图效果的调节。

按钮“ ”为样本重复贴图,用来测试贴图的重复效果,这只改变示例窗中的显示,并不对实际的贴图产生影响。

按钮“ ”为视频色彩检查,可以检查和过滤材质的非 NTSC 和 PAL 制式标准颜色。

按钮“ ”用于动画的预览。

按钮“ ”为材质编辑器选项对话框。

按钮“ ”为通过当前材质选择对象,可以将当前场景中所有赋予该材质的物体一同选择。

按钮“ ”材质贴图导航。单击此按钮,弹出材质/贴图导航器。

6.1.3 简单的材质操作

一个材质可以赋给几个物体,不同的材质用不同的样本球来示例。使用并打开素材光盘“changjing1. max”文件,我们将通过对这个场景来学习材质简单的编辑和操作。

引入场景文件,开始其中的模型为原始的质地和色彩,没有进行任何材质的指定,打开材质编辑器,选择默认的任意样本材质赋给选择的对象,也可以直接拖动编辑好的材质到对象,我们拖动一个材质给场景中的花瓶,则花瓶失去自身模型的颜色,变成与材质样本球一样的灰色,这即是一个赋予的过程。如图 6-3。

图 6－3　材质场景

当一个材质被指定给模型以后，材质球的四角出现了白色的小三角，如图 6－4。表明它和当前场景中的模型关联，即它为激活材质（热材质）。这时我们对材质进一步的编辑就可以改变被赋予对象的材质效果，如图 6－5。当一个材质不被激活，那么它也可以被编辑，但是它的改变不会影响场景中的任何模型。在样本球窗口中，材质可以直接拖动拷贝，这样便于我们对将要进行复杂调整的材质进行备份。

图 6－4　热材质样本球

图 6－5　编辑后的材质样本球

例如，我们已经初步编辑好了花瓶的材质颜色，并将它在“ huaping Standard ”中命名。现在我们要对它进行透明度和高光的调节，为了保存当前材质，我们将它拖动到另外一个样本球上，该样本球不被激活，但是它们的名字是相同的，如果我们对第一个样本球的调节不满意，但是又没有办法恢复，这时我们可以按下按钮“ ”，该按钮只有在有同名材质的时候才可用，作用为同名材质激活状态的转换，也就是说它把刚才复制保存的材质转换为激活状态。没有达到调节目的的材质就失去了激活属性。

当场景比较复杂，样本球不够用的时候，我们可以在材质贴图浏览器中进行操作。点击“ ”可以打开材质贴图浏览器，在左侧选中“Scene”，如图 6－6。

这里显示了所有场景中编辑好的材质，当样本球不够用的时候，我们可以点击样本球窗口下面的“×”按钮任意删除一个材质，对其他材质进行的编辑和命名。在删除时出现一个对话框，我们要注意选择只删除样本球选项，这样这个材质也还会保留在场景和材质贴图浏览器中，当我们需要对该材质进行编辑的时候，任意选中一个样本球，双击浏览器中的该材质，该材质就会被重新在样本球窗口中显示出来。

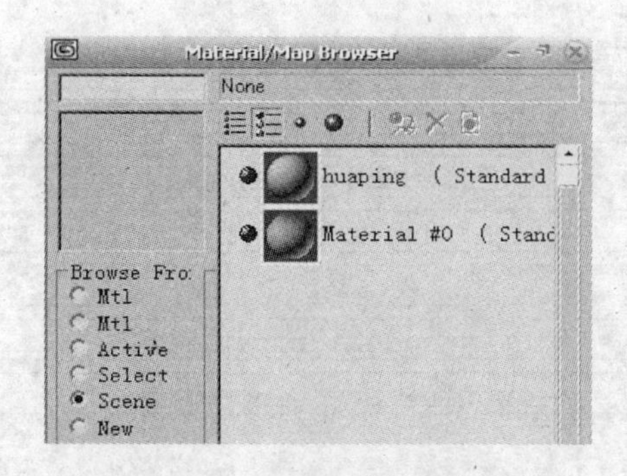

图 6-6　材质贴图浏览器

6.1.4　材质编辑器卷展栏介绍

材质编辑器的下方是参数控制区,是以卷展栏的形式体现的,卷展栏中的各项操作是对材质进行各项参数设置,包括自身颜色、反射、自发光等等,在本节中我们将通过具体的操作详细阐述材质编辑器卷展栏中各种参数的功能和设置方法。打开 3DSMax,在视图中新建一个倒角立方体,一个圆和一个平面,调整好视角如图 6-7。

图 6-7　材质场景

当前的场景我们没有打开任何的灯光系统,完全使用系统默认的照明。通过深入的学习和体验,我们会发现,材质的调节和最终效果需要和灯光调节配合,二者是分不开的。即使相同的材质,在不同的光照下显示的效果也是完全不同的。现在我们只是学习材质的基本编辑方法,所以先使用系统默认灯光。打开材质编辑器。把第一个样本球材质指定给倒角立方体。当前材质是默认最常用的一种标准材质,进入参数控制区,共有七个卷展栏。如图 6-8。

分别是 Shader Basic Parameters(阴影参数)、Blinn Basic Parameters(Blinn 参数)、Extended Parameters (扩展参数)、Super Sampling (超级实例) Maps(贴图)、和 Dynamics Properties(动态特性)等。它们都是卷展栏形式,使用手形光标可以进行上下滑动。下面对有关卷展栏中的常用参数作以介绍。

\+ Shader Basic Parameters
\+ Blinn Basic Parameters
\+ Extended Parameters
\+ SuperSampling
\+ Maps
\+ Dynamics Properties
\+ mental ray Connection

图6-8　材质基本参数卷展栏

6.1.5　Shader Basic Parameters(阴影参数)卷展栏

该参数卷展栏如图6-9所示。

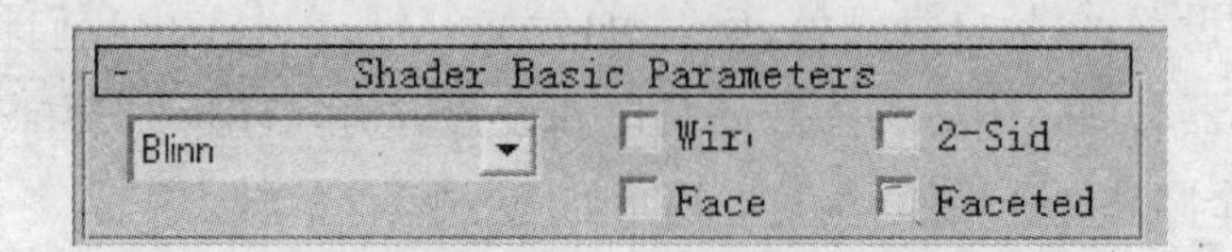

图6-9　材质阴影参数

阴影参数卷展栏提供了八个着色方式用于设定物体表面材质。单击“Blinn”右边下拉按钮即可以显示各种着色方式。这八种着色方式分别是:Anisotropic、Blinn、Metal、Multi-Layer、Oren-Nayar-Blinn、Phong、Strauss 和 Translucent Shader。每一种着色类型确定在渲染一种材质时着色的计算方式。

这几种着色方式的选择取决于场景中所构建的角色需求。当你须要创建玻璃或塑料物体时,可选择 Phong 或 Blinn 着色方式,如果要使物体具有金属质感,则选择 Metal 着色方式。在完成着色类型的选择后,着色基本参数卷展栏下的卷展栏会自动切换为与着色方式相应的卷展栏。在这一卷展栏内可对材质部件颜色、漫反射颜色、反光、不透明度进行设置。

在 Shader Basic Parameters 卷展栏中,另外有四个选项:Wire 线框、2-Sided 双面、Face Map 面状贴图、Faceted 面状材质,通过对这四种选项的设置,可使同一种材质实现不同的渲染效果。

Wire(线框):使用该选项将以网格线框的模式来渲染物体,只表现物体的框结构。

2-Sided(双面):选择该复选框可以将材质渲染成双面材质,以便显示物体的内外两面效果,在实际场景对象中,有些物体需要看到其内壁的材质效果,这时就必须选择双面设置。

Face Map(面贴图):将材质指定给物体所有的面。

Faceted(面方式):选择此项后,使物体表面以面片方式进行渲染。

6.1.6 Blinn Basic Parameters(基本参数)卷展栏

这个卷展栏不是一成不变的,随着阴影参数卷展栏中下拉式的组合框中选项的不同,该参数卷展栏中的内容也有所不同,但是它们大部分的参数是相同的。下面我们以Blinn基本参数卷展栏为例,针对它们的基本参数卷展栏进行介绍。

Blinn Basic Parameters(基本参数)卷展栏如图6-10所示。

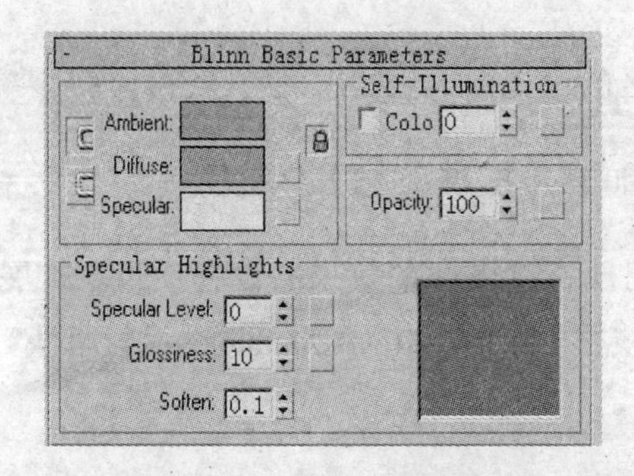

图6-10 材质基本参数

该卷展栏里有以下三个选项。

Ambient(环境光颜色):用来控制对象阴影区的颜色,它是环境光比照射光强时对象反射的颜色。

Diffuse(漫反射颜色):用来控制对象漫射区的颜色,一般情况下,漫反射区占据对象表面的95%以上,又被称作对象的固有色。

Specular(高光颜色):用来控制对象高光区的颜色,即反光亮点的颜色。高光区的形状和尺寸可以控制。根据不同质地的对象来确定高光区范围的大小以及形状。

在左侧有两个锁定钮,用来锁定Ambient(环境色)、Diffuse(漫射色)和Specular(高光色)中的两种或全部锁定。被锁定的区域将保持相同的颜色。右侧的空白按钮是用来指定贴图的,选择它们可以直接进入该颜色区的贴图层级,进行贴图的指定。如果指定了贴图,按钮上就会显示出字母“M”,单击它就可快速进入该贴图层级。在默认状态下Ambient(环境色)和Diffuse(漫射色)的贴图是相互锁定的,关闭右侧的锁标,就取消了锁定状态。

这三种颜色在边界的地方相互融合。在环境光颜色与漫反射颜色之间,融合根据标准的着色模型进行计算,高光和环境光颜色之间,可使用材质编辑器来控制融合数量。被赋予同种基本材质的不同造型的对象边界融合程度不同。使用三种颜色调节及对高光区的控制,可以创建出大部分基本材质。这种材质较为简单,可生成有效的渲染效果。在此卷展栏中,配合其他参数,可以模拟发光对象及透明或半透明对象。

Self-Illumination(自发光):可以使材质具有自身发光的效果。如果打开Color选项,通过右侧的颜色块可以调出颜色选择器,进行发光颜色的指定;如果关闭Color选项,通过右侧的数值输入域,可以调节发光的强度。右侧是贴图快捷按钮。

Opacity(不透明):通过数值输入用来设置材质的透明度,值为100时为不透明材质,值为0时为完全透明材质。一般用来制作玻璃等透明对象的材质。

Specular Level(反光强度):用来调节材质表面的反光区的光线强度,值越大反射光的强度越高。

Glassiness(光泽度):确定材质表面反射光面积的大小,值越高反光面积越小,反射点越集中。

Soften(柔化):对高光区的反光做柔化处理,使其变得模糊、柔和。

6.1.7　Extended Parameters(扩展参数)卷展栏

扩展参数也是影响到材质在视图中的效果的设置项目。扩展参数将从Advanced Transparency(高级透明)、Wire(线框)和Reflection Dimming(反射暗淡)三个方面影响材质的外观属性的,如图6-11。

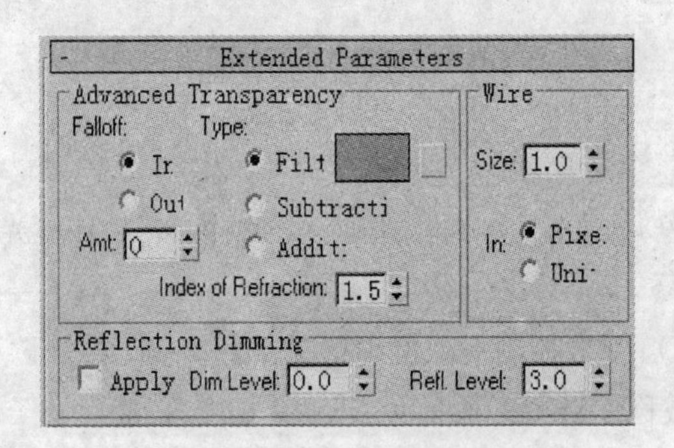

图6-11　材质扩展参数

Advanced Transparency(高级透明)选项组。

Falloff in(向内衰减):从边缘向中心增加透明的程度,越接近中心透明度越高。材质透明度在对象的中心增加,可以用来表现玻璃、气泡、酒瓶等。

Falloff in(向外衰减):从中心向边缘增加透明的程度,越接近边缘透明度越高。材质透明度在对象的四周增加。可以用来表现云、雾、烟等。Amt数值用来确定对象内外透明度的多少。

Type(类型):用来确定产生透明效果的方式。在3DSMax 6.0中共提供了三种透明方式。

Filter(过滤色):使用特殊的颜色转换法,将材质背后的颜色染成不同的颜色。该方法是系统默认的方法,它可以提供最自然的透明效果。通过右侧的颜色块可以调出颜色选择器过滤色的选择,颜色块的右侧是贴图快捷按钮。

Subtractive(减去):将材质的颜色减去背景的颜色,使材质背后的颜色变深。如果只想给对象加入透明的效果,并保持原色彩(或贴图材质)特性,可以选择使用这种方法。

Additive(增加法):将材质的颜色加上背景的颜色,使材质背后的颜色变亮。利用该方法可以制作特殊的光晕效果。

Index of Refraction(折射率):折射率是一种物理现象,即为光线通过不同介质(如水和玻璃)时发生偏折的现象。我们用该设置可设定折射贴图和光线跟踪的折射率,从而模拟自然界中各种不同的透明物质。

Wire(线框):选项组。

Size (尺寸):用来设置线框的粗细。

Pixels/Units(像素/单位):线框尺寸单位。

Reflection Dimming(反射暗淡):选项组。

如果物体表面有其他的物体投影的时候,投影部分就会变得暗淡,通过反射贴图暗淡来进行调节,能使场景产生逼真的效果。

Apply(指定):只有打开这个选项,对反射暗淡的调节才产生作用。

Dim Level (暗淡级别):设置物体表面有投影区域的反射强度,值为0时不发生反射,值为1时不发生暗淡。

Refl. Level(反射级别):设置物体表面没有投影区域的反射强度。

6.1.8　Super Sampling(超级实例)卷展栏

Super Sampling 针对使用很强 Bump(凹凸)贴图的对象,超级样本功能可以明显改善场景对象渲染的质量,并对材质表面进行抗锯齿计算,是另一种提高图像质量的反走样方法,使反射的高光特别光滑。尽管不需要额外的内存,但渲染时间会大大增加,超级实例卷展栏如图6-12所示。

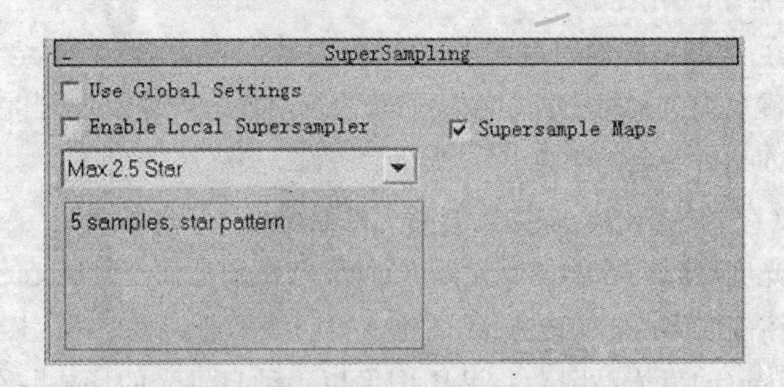

图6-12　材质超级实例参数

默认情况下超级样本为关闭状态,即 Use Global Settings(使用全局设置)复选框默认为选中。需要打开超级样本时,只要取消全局设置前的对勾,并选中 Enable Local 复选框即可。下拉式列表框中提供了四种不同类型的超级样本,一般情况下,使用系统默认的 Max 2.5 Star 便能达到较好的效果。当选中 Supersample 复选框时,应用到材质的贴图也使用超级样本。

如果选中 Render Scene 对话框中的 Anti - Aliasing 复选框,则只计算 Supersampling。Raytrace 类型的材质有自己的 Supersampling 途径,不需要在此选中 Enable Local 复选框。

6.1.9　Maps(贴图)参数卷展栏

Maps(贴图) 参数卷展栏如图 6 - 13 所示。

Maps

	Amount	Map
Ambient	100	None
Diffuse	100	None
Specular	100	None
Specular	100	None
Glossiness	100	None
Self-Illumin	100	None
Opacity . .	100	None
Filter Color	100	None
Bump . . .	30	None
Reflection	100	None
Refraction	100	None
Displacement	100	None
. . . . . .	0	None
. . . . . .	0	None
. . . . . .	0	None
. . . . . .	0	None
. . . . . .	100	None

图 6 - 13　材质贴图参数

在标准材质中,可以设置 12 种贴图方式,它们在物体不同的区域产生不同的贴图效果,下面我们介绍一些常用的贴图方式:

Ambient(环境):控制贴图的周边环境颜色,值为 100 时表示完全覆盖。

Diffuse Color(漫反射色)贴图方式:主要用于表现材质的纹理效果,当它设置为 100 时,会完全覆盖 Diffuse Color 过滤色的颜色。

Specular Color(高光色贴图):在物体的高光处显示出贴图的效果。

Glossiness(反光度贴图):在物体反光处进行贴图,贴图的强度受反光的强度控制,反光最强的地方贴图也最清晰,反光弱的地方,贴图也变得暗淡不清。

Self - Illumination(自发光贴图):将贴图图像以一种自发光的形式贴在物体表面。图像中纯黑色的区域不会对材质产生任何影响,不纯黑的区域将会根据自身的颜色产生发光效果,发光的地方不受灯光以及投影影响。

Opacity(不透明贴图):利用图像的透明度在物体表面产生透明效果,纯黑色区域完全透明,纯白色的区域完全不透明,这种贴图使用场合较多,利用不透明贴图可以用平面图代替场景中的线架文件,从而实现对象的三维效果,在后面的例子中有专门的介绍。

Filter Color(过滤色贴图):过滤色贴图专用于过滤方式的透明材质,通过贴图在过滤色表面染色,形成具有彩色花纹的玻璃材质。

Bump(凹凸贴图):通过图像的明暗强度来影响材质表面的光滑程度,从而产生凹凸的表面效果,白色图像产生凸起,黑色图像产生凹陷,中间色产生过滤。

Reflection(反射贴图):产生各种反射效果,如大理石地面上物体的倒影。

Refraction(折射贴图):模拟空气和水等介质的折射效果,在物体表面产生对周围景物的折射影像,与反射贴图不同的是它表现一种穿透效果,使物体具备透明的属性。

6.1.10　Dynamics Properties(动态属性命令)卷展栏

Dynamics Properties(动态特性)卷展栏如图6-14所示。

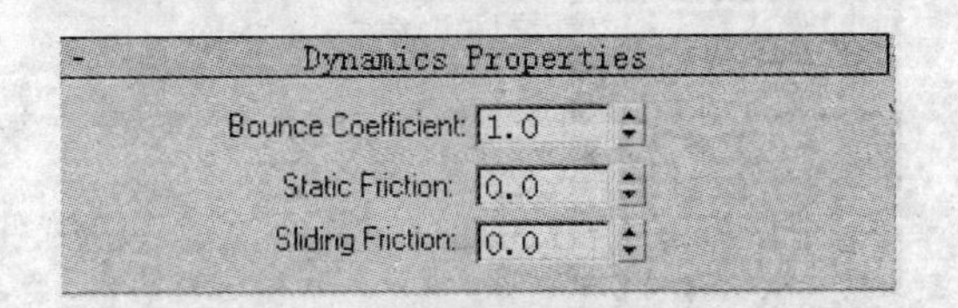

图6-14　材质动态属性参数

Bounce Coefficient(弹力系数):用来设置一个物体和其他的物体碰撞后反弹的程度。值越大,反弹的程度就越大。默认状态下的值为1,是一种没有能量损失的碰撞。

Static Friction(静摩擦力):用来设置一个物体沿着另一个物体的表面开始运动所需要的最小的力。值越大、物体开始运动需要的力就越大。

Sliding Friction(滑动摩擦力):用来设置一个物体在另一个物体的表面上保持运动的状态时需要的最小的力。

物体只有进入了动力学系统中这些设置才有意义。在动力学相应的设置中也可以进行表面动力学属性的设置,但对于多维材质必须在材质编辑器中进行设置,动力学系数包括弹力、摩擦力和滑动摩擦力。

6.1.11　材质/贴图浏览器

按下编辑材质编辑器中的“ ”按钮,会弹出如图6-15所示的材质/贴图浏览器窗口,右侧列表框上侧球型标志陈列着15种基本材质,下侧则是各种贴图类型,共33种。

如果将“Browse From”选项组的材质库(第一个Mtl)选中,并勾选“Show”选项组中的“Root”复选框,窗口将会显示3DSMax的默认材质库。单击File选项组中的“Open...”按钮查看,其对应的文件名*.mat。当然我们也可以根据需要打开或引入其他的材质库文件。

材质/贴图浏览器提供全方位的材质和贴图浏览功能。材质/贴图浏览器主要有两种功能。

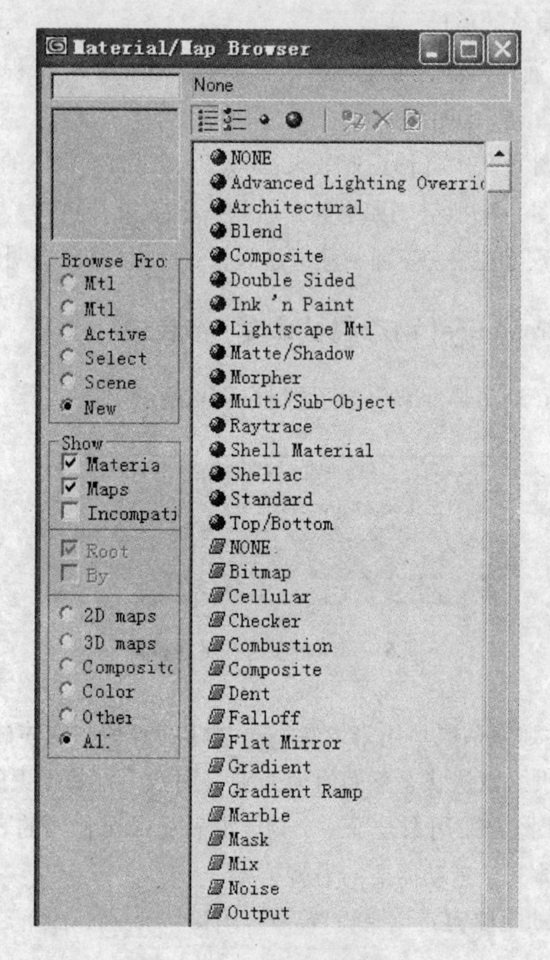

图 6－15　材质/贴图浏览器

一是浏览并选择材质或贴图，双击选项后它会直接调入当前活动的示例窗口，也可以通过拖动复制操作将它们任意拖动到允许复制的地方。

二是编辑材质，制作并扩充自己的材质库，用于其他场景。

下面对材质/贴图浏览器面板中的各个命令进行介绍。

纯粹以文字方式显示，以树目录的形式安排顺序，按首字母的顺序排列。

在文字目录的基础上，以当前示例窗的形式显示当前材质贴图。

完全以小图标方式显示，不显示其文字名称和目录结构，当鼠标箭头停留于材质或贴图之上时，会有名称显示。

完全以大图标方式显示。

当场景中的材质和浏览器当前材质库中的材质同名时，按下此钮，可以用材质库中的材质替换掉场景中物体的原材质。

从材质库中删除材质。

在当前材质库中获取材质或贴图。

Mtl Library(材质库):从材质库中获取材质或贴图。

Mtl Editor(材质编辑器):提供当前示例窗中所有的材质和贴图。

Active Slot(活动示例窗):显示出当前活动示例窗中材质的全部内容,这主要是针对有多个层级的材质与贴图。

Selected(当前选择):显示出当前场景中被选择物体的材质,如果在视图中选择相应的物体,这里也会及时更新为相应的材质。

Scene(场景):显示出当前场景中所有用到的材质。

New(新建):显示出当前场景中所有用到的材质。

Materials(材质):勾选后,在列表框中只显示材质。

Maps(贴图):勾选后,在列表框中只显示贴图。

6.2　金属材质研究

使用在上一节中创建的场景,通过本实例我们将讲述金属材质的制作方法。打开材质编辑器,为场景中的倒角立方体指定一个材质。下面对这个材质进行编辑修改,在基础属性面板的材质类型选项中,选择系统自带的金属材质选项,如图 6-16。

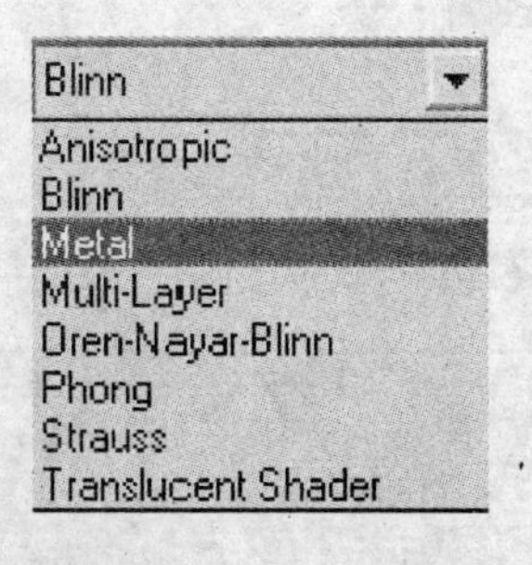

图 6-16　材质类型选项

但这并不意味着金属材质的编辑已经完成。首先是金属颜色的问题,先来制作一个不锈钢的材质。点击 Diffuse 后面的黑色色块,在弹出的颜色编辑面板中将 Red 都设成 193,如图 6-17。

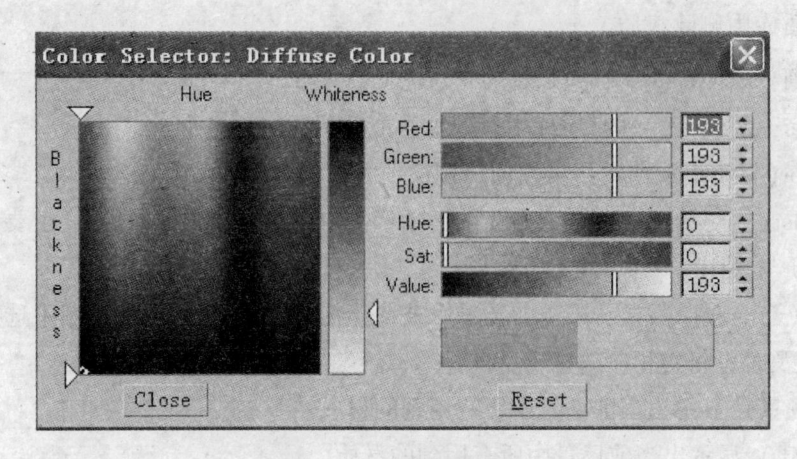

图6－17　材质颜色设置

接着对材质的高光属性进行调节，将“Specular Highlights”栏的参数进行如图6－18设置。得到一般金属效果，如图6－19。

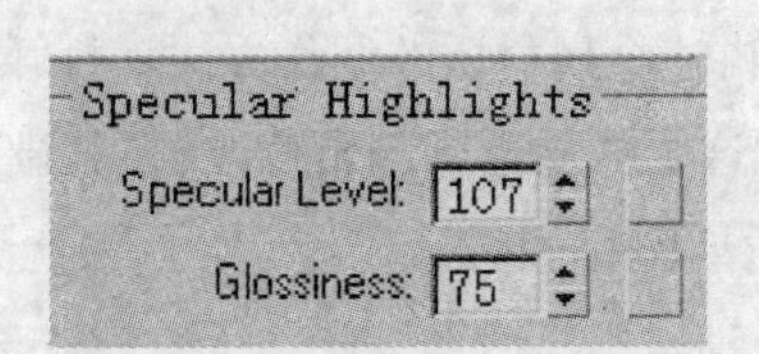

图6－18　高光参数

图6－19　金属材质效果

然后进入贴图属性面板，如图6－20。

Maps	Amount	Map
Ambient	100	None
Diffuse	100	None
Specular	100	None
Specular	100	None
Glossiness	100	None
Self-Illumin	100	None
Opacity . .	100	None
Filter Color	100	None
Bump . . .	30	None
Reflection	100	None
Refraction	100	None
Displacement	100	None

图6－20　反射贴图设置

对于编辑金属材质来说，一般要用到反射，我们点击“Reflection”后的“None”按钮，弹出贴图浏览器。我们在这里有两种贴图可以实现反射。一种是在浏览器中点选“Bitmap”，选择一幅大的精度高的金属类位图，这样可以实现金属效果，这样实现金属的优点是速度比较快，不产生光线跟踪计算。缺点就是效果不是太逼真，我们可以渲染一下效果，如图6－21。

图6－21　反射效果的金属材质

我们还可以对其他的参数进行调整，比如对它的模糊参数进行调节，如按钮“Blur: 1.46 Blur offset: 0.188”在Blur里可以调节模糊值，在“Blur offset”中可以调节模糊偏移，它对效果的影响较大。这样调节以后效果会比较真实，如图6－22。

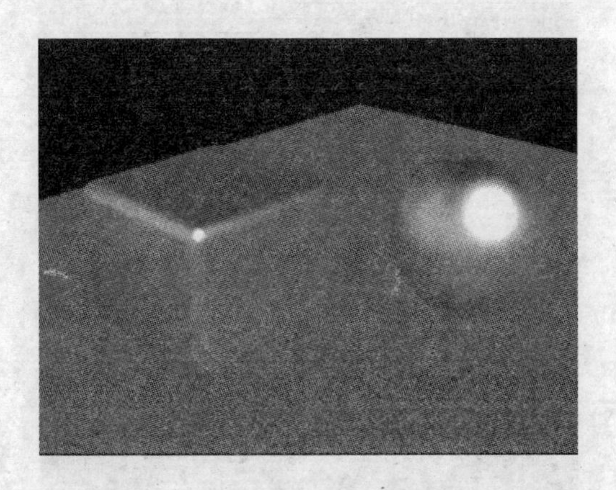

图6－22　调节后的反射金属材质

我们还可以通过一种叫做光线跟踪的材质来进行金属材质的编辑。在贴图属性面板中将刚才编辑的材质覆盖掉，具体操作方法为拖动一个空白的贴图栏“None”到它的上方将其覆盖。点击“Reflection”后的“None”按钮在弹出的浏览器中选择“Raytrace”，这时得到了一个光线跟踪的材质效果。如图6－23。

图6－23 光线跟踪的金属材质效果

下面我们通过对一个机器零件的金属材质的编辑来深入了解金属材质。这个场景中已经有一些灯光。先给它指定一个材质。在 Shader 选项中选择 Anisotropic 模式。在这里,可以调节高光的形状等参数,这是 Metal 模式里所没有的。

我们对它的参数调节如图 6－24。模型上出现一道狭长的高光,而不是高光点。通过调节它的过渡色,将其 RGB 都调为 90 左右。把这个值调低是为了尽可能减少它对本色的影响。在 Anisotropic 模式下,进行进金属的反射贴图可以不用光线跟踪也能达到很好的效果。选择一个合适的贴图。在没有进一步调节的情况下,已经有了金属的效果,如图 6－25。

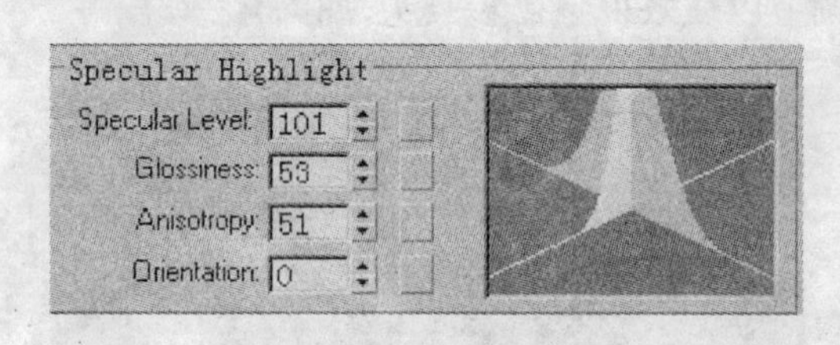

图6－24 材质高光参数

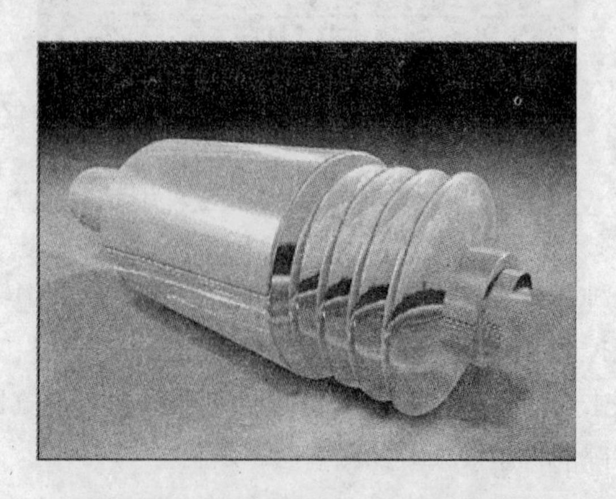

图6－25 金属材质(Anisotropic 模式)

在渲染出的图中，仍然可以看见贴图中的风景，这时我们可以通过模糊值的调节来避免这种情况。把 Blur 的值调为 20，就可以达到很好的模糊效果，如图 6－26。

图 6－26　金属材质（模糊效果）

返回上一级，进入到"Extended Parameters"栏中。对反射参数中的一个反射暗淡参数进行调节。当前模型上的反射是均匀的，即模型在任何区域反射的强度相同。如果我们勾选反射暗淡，如图 6－27。

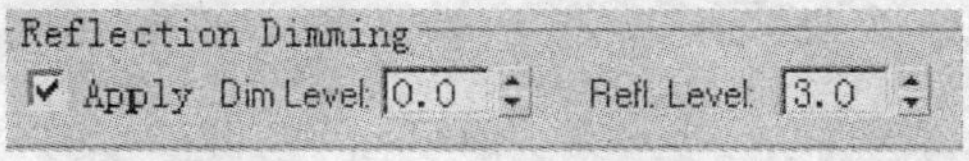

Reflection Dimming
☑ Apply　Dim Level: 0.0　Refl. Level: 3.0

图 6－27　反射参数设置

模型中反射的区域就发生变化，它会根据亮度的级别来产生反射的强度，"Dim Level"是暗部反射强度的调节，"Refl. Level"是亮部反射强度的调节。在图中，我们发现暗部的反射强度不够，而亮部的反射强度太大。对它们进行合适的调节，增大暗部反射强度，降低亮部反射强度，这样产生的反射就比较自然。将它的本色的影响调的小一些，设置"Diffuse level"值为 50 个单位，对透视图进行渲染，如图 6－28。

图 6－28　金属材质（反射强度调节效果）

进一步对其边缘的亮度进行调节，让边缘有一种很好的反光效果。通常我们在自发光贴图上增加一个“Falloff”的衰减贴图。回到贴图属性面板，点击“Self - Illumination”后面的长条“Self-Illumin 100 None”，在弹出的浏览器中选择“Falloff”贴图。在下面的 Mix Curve 栏中，对曲线进行如图 6 - 29 的调节。

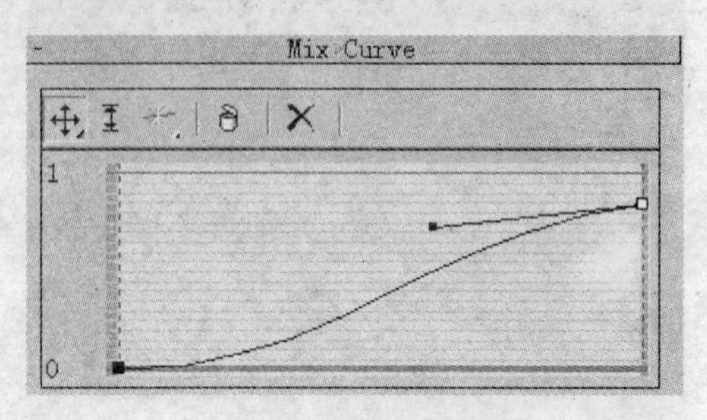

图 6 - 29　衰减贴图曲线

以实现中间逐渐的变暗，周围有一种金属的发光效果，这种光类似环境给它的环境光。为了实现更逼真的效果，我们再对它进行凹凸贴图和高光匹配。点击 Bump 后的长条，为其选择一张有金属表面效果的贴图（一般从材质盘里可以找到）。再对其贴图比例进行调整，我们调整 UV 的值为 3，如图 6 - 30。

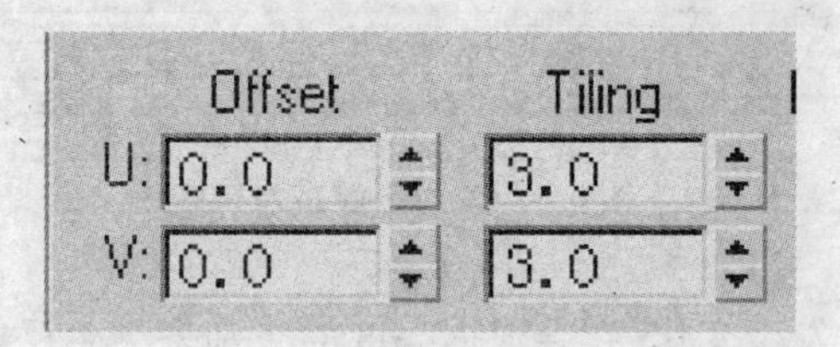

图 6 - 30　偏移、平铺参数设置

回到贴图属性面板，将“Bump”的值调小为 20。再将其拖动复制给“Glossiness”，选择关联方式，这样可以将凹凸效果和高光面积匹配，得到更逼真的渲染效果。对最终的结果进行渲染，如图 6 - 31。

图 6 - 31　金属材质（凹凸效果）

6.3 反射材质研究

在很多场景中,如酒店的大堂、家居中的客厅等,需要对材质进行反射处理,以产生对象的倒影,实现反射效果。这一效果的实现是通过反射材质的设定来完成的。

3DSMax 材质编辑模块中提供了多种材质编辑和贴图方法,在本文中,笔者通过简单的实例制作来说明其中一种最为常用、功能和效果较为特殊的材质编辑和贴图的方法。

该场景为一幅室内效果图,对象为客厅、具有反射效果的大理石地面、装饰瓶、沙发和茶几等。

厅的设计:

打开 3DSMax,将 Top 视图最大化,用视图控制工具 Zoom 适当缩小 Top 视图的栅格,根据厅的平面图,使用"Create / Shapes / Line"画线命令,画出一封闭轮廓线,取默认名 Line 01。

选择该轮廓线,访问命令面板,依次单击和选择 Modify / Extrude 按钮,设置 Amount 值为 500,使其变为三维实体,Top 视图如图 6-32 所示。将该场景保存为 ting. max

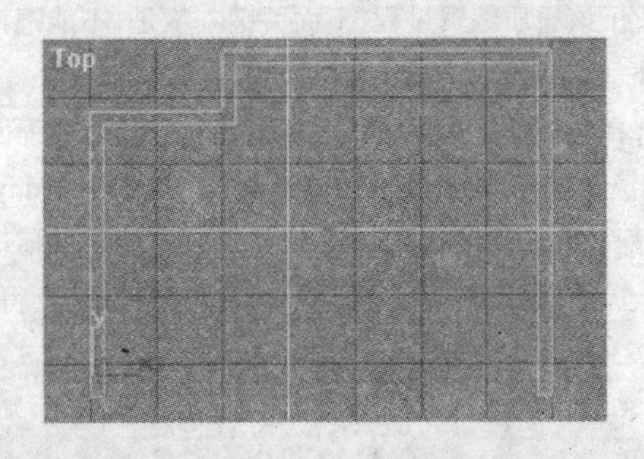

图 6-32 客厅二维顶视图

制作地板:

打开场景文件 ting. max,在 Top 视图中,使用 Create→Geometry→Box 命令,建立一立方体作为厅的地面,然后再复制一份作为厅的顶。调整厅的围墙和地面及顶三者的位置关系。

灯光与摄像机设置:

在场景中设置一到两个 Omni 泛光灯并调整其位置达到合适的照射效果。访问 Create→Cameras→Target,建立一适当焦距和镜头的目标摄像机。选择透视图(Perspective),按 C 键,将其切换为摄像机视图,并进行适当调整。

场景合并与对象的引入:

将两个场景(3DMax 文件)中的对象合并为一个场景,这在大型场景制作中要经常用到,使用 Merge 命令可实现,这一命令在第一章中有简单介绍,本例中进行实际操作。

打开 ting. max 场景文件，在光盘素材库中找到一沙发茶几和装饰瓶的 Max 源文件，访问“File→Merge”命令，在弹出的对话框内选择以上场景文件，将沙发茶几和装饰瓶对象合并到当前场景中，使用缩放和移动按钮来调整对象的大小和位置。

地面材质的制作：

地板应该具备两种质地特征，一是地板本身应具有某种大理石特征；二是地板应具有镜面反射效果，也即能够产生其上物体的倒影。

下面通过 Diffuse Color 漫反射贴图和 Reflection 镜面反射材质的编辑和制作达到这一效果。

在 Material Editor 窗口中选择另一样本球，打开下面的 Maps 卷展栏，选择 Diffuse Color 贴图，点击其后的长按钮，在弹出的 Material/Maps Browser 中选择并双击 Bitmap（位图贴图），在文件选择窗口中选择某一大理石图片。这一贴图的设计是使地板具有相应图片的大理石特征。

再回到 Maps 卷展栏，选择 Reflection，在 Material/Maps Browser 窗口中选择并双击 Flat Mirror（平面镜），在随后的 Flat Mirror Parameters 卷展栏勾选 Apply to Faces with ID 项。

通过以上两步，完成了该材质编辑过程，下面关键一步是，不能把该材质直接赋予作为地板的 Box，对于 Reflection 下的 Flat Mirror（平面镜）反射，只能赋予某一对象的表面，而不能是整体，也即在本例中要选择地板的上表面将该材质赋予它。这个过程面同样是通过 Edit Mesh（编辑网格）调整器来完成。选择地板，施加该调整器，依次访问 Modify→Sub - Object→Face，在 Top 视图中使用鼠标配合 Ctrl 键正确选择 Box 的上表面，如果选择正确，在 Front 视图中能够看到 Box 的上边线呈红色。将该材质赋予 Box 上表面，渲染输出，得到最后的效果图，如图 6 - 33。

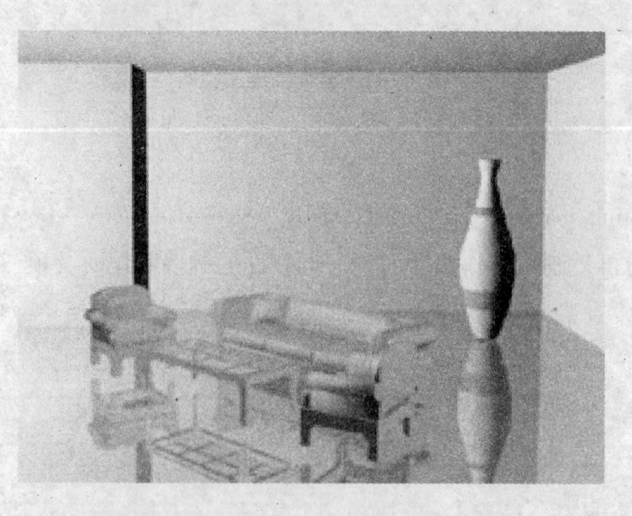

图 6 - 33　客厅渲染效果图（地板反射效果）

6.4 棋盘贴图研究

在介绍棋盘贴图前需要专门介绍位图贴图。将现有的一幅照片以位图贴图的形式表现在所选择对象的表面，在定位过程中，需要使用贴图坐标。通过对U、V、W贴图坐标的调整，可以改变位图的位置和方向。贴图坐标的作用就是将贴图与被贴对象在空间位置上加以对应和约束，使位图能够正确的表现出来，其中的U、V、W贴图坐标轴相当于空间坐标系统中的X、Y、Z坐标轴。在规则几何对象建立的同时即产生一个默认的贴图坐标，而对于表面较为复杂的不规则几何形体，需要施加UVW Map贴图坐标调整器。

棋盘贴图是一种矩形交叉贴图方式，在相邻的矩形块上可以表现出不同的材质和贴图效果，通常可以用来做地面材质与贴图。打开前面章节中的zoulang. max场景文件，选择作为地面的BOX对象，访问材质编辑按钮，单击Material Editor中Diffuse漫反射贴图按钮，在弹出的Material / Map Browser窗口中选择Checker棋盘贴图，设置Color1的颜色为黄色，Color2的颜色保持白色不变，Tiling平铺参数中U、V的值为6，将当前编辑的材质赋予该地面，渲染输出如图6-34效果。

在棋盘贴图的基础上，可以进一步的进行位图贴图，在Color1和Color2上不仅可以表现出不同的色彩，而且可以表现为两种不同的图片质地效果。请读者自行制作实现。

图6-34 走廊的棋盘贴图效果

6.5 透空贴图研究

在很多情况下，制作好的场景中需要加入一些辅助对象，例如广场上的人物，马路上的汽车,室内的花草、家具等。这些造型的取得一般可以通过两种方法,一是获取造型的 Max 源文件,二是通过透空贴图将造型的平面图片引入场景中。第一种方法使用简单,但造型的 Max 源文件不易获取,或者说制作起来比较复杂;通常使用第二种方法就可达到辅助对象与场景的完美结合,其方便之处在于,各类辅助对象的平面图片比较容易获取和制作。下面具体叙述这一过程的使用方法。

辅助对象平面图片的获取与制作,以人物为例。使用 Photoshop 平面图像处理软件制作两个大小一样的图片,图片的背景为纯黑色,其中图片一的主体部分为正常的彩色,如图 6 - 35(a)。

图 6 - 35(a) 原始图片

图片二的图像主体为纯白色。图片二是通过对图片一经 Photo shop 处理后得到,如图6 - 35(b)。

图 6 - 35(b) 反白图片

打开宿舍场景文件,制作一个长宽比例适合于上图形状的 Box,放置于场景的适当位置,如图 6 - 36。

图 6 - 36　未渲染的场景

打开材质编辑器,选择任一未设定的样本球,进行两次贴图。

Diffuse　　漫反射贴图　　使用图片 6 - 35(a)

Opacity　　不透明贴图　　使用图片 6 - 35(b)

将制作好的贴图赋予 Box 对象,渲染输出,如图 6 - 37。

图 6 - 37　增加人物后的渲染场景

透空贴图的原理为,其中图片一中的图片起到过滤图片二中图案的作用,即与图片二中白色图像部分对应的图片一中的图案在渲染的时候能显示出来,而图片二中黑色图片部分对应的图片一中图案部分不能被渲染,即处于透明状态。实现平面图形中所要表现对象的在场景中的立体效果。

6.6 材质研究综合实例

用3DSMax实现保龄球的制作与设计

——基本建模方法与材质编辑

在前几章里,我们学习了3DSMax这一大型三维应用软件的二维(2D)造型、三维(3D)建模、修改器、灯光设置、材质编辑等模块的功能。通过本例,我们具体熟悉该软件各个模块的功能作用和使用方法。

场景描述,该场景为保龄球瓶(不同高度的瓶身具有不同的色彩和质地)在木质地板上的反射效果。该场景中的所有对象和效果均为自行设计。

三维建模:制作保龄球瓶。

打开3DSMax,场景复位:file/reset,将“Front” 视图最大化,用视图控制工具Zoom适当缩小Front视图的栅格,根据保龄球瓶的侧面图(剖面图),使用create→shapes→line画线命令,画出一封闭轮廓线。

选择该轮廓线,访问命令面板,依次单击和选择Modify→Edit Spline→Sub - Object→Vertex按钮和选项,使用选择工具拖出一个框住轮廓线的虚框,这时线段上的所有节点呈红色显示,将鼠标移向红色节点,击右键,在浮动菜单中选择“Smooth”项,使轮廓线变得光滑。个别部分的形状可通过移动节点来调整,最后形状如图6-38所示。

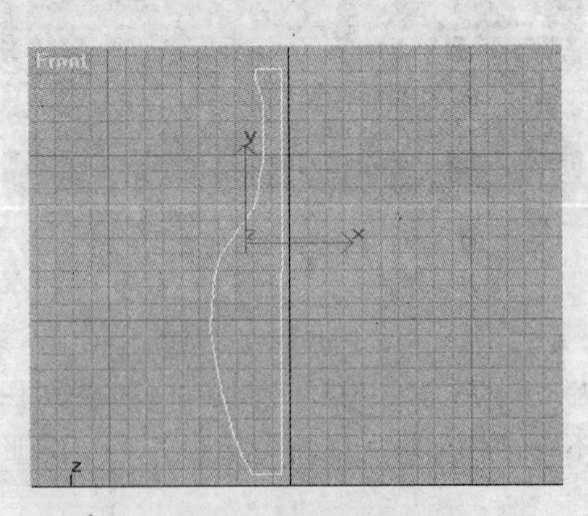

图6-38 保龄球瓶侧面图

下移命令面板,关闭Sub - Object按钮,选择轮廓线,施加Modify下的Lathe(车削)调整器,在“Parameters”(参数)卷展栏中,点击“Direction”下的Y和“Align”下的Max,参数设置如图6-39,使轮廓线在“Front ”视图中沿着Y轴向右对齐旋转一周,这是一个由二维曲线生成三维实体的过程，最后得保龄球瓶。

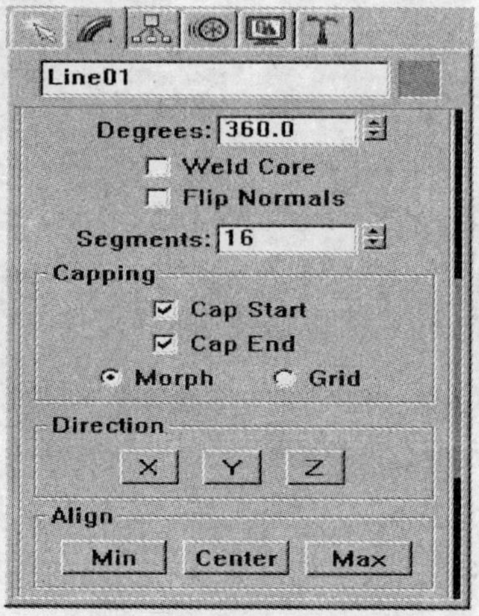

图 6 – 39　车削参数设置

制作保龄球和地板：

在“Top”视图中，使用 Create→Geometry→Box 命令，建立一个方体，其长、宽、高参数如图 6 – 40，使用 Create→Geometry→Sphere 命令建立一半径大小适中的球体，调整保龄球瓶、保龄球、地板三者的位置关系，如图 6 – 41。

材质编辑和制作：

本例主要涉及材质编辑制作中两种重要材质的编辑和制作方法，下面分两步叙述。一是制作保龄球瓶材质。

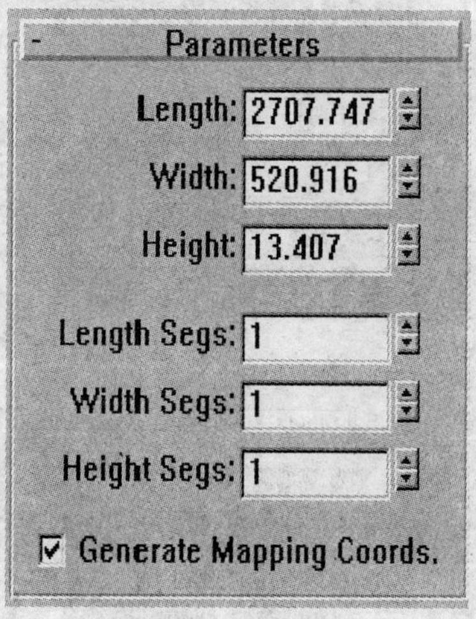

图 6 – 40　方体参数

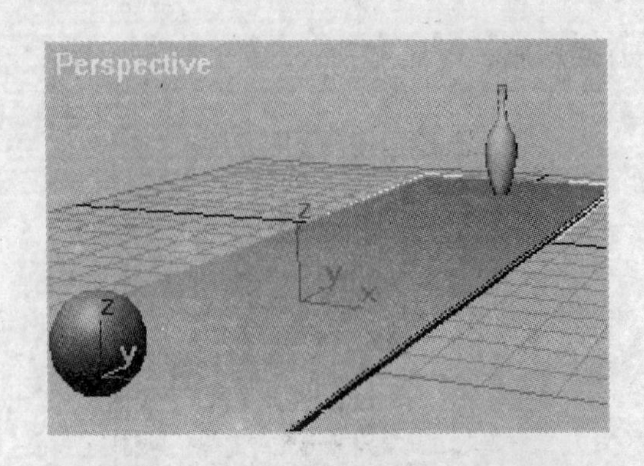

图 6－41　三维场景

保龄球瓶应该具备两种质地特征，一是整个瓶身应具有某些颜色的（一般为白色和红色）反射效果，二是瓶身从上至下的不同水平部分应具有不同的色彩或质地。主要是通过 Multi/Sub—object 多重子材质的制作，来满足这一要求。

访问常用工具栏中的材质编辑按钮“”，在窗口中选择任一样本球，单击“Type”后的“Standard”按钮，在弹出的材质编辑与浏览窗口中双击选择“Multi/Sub—object”项，随后会弹出一个有两个选择项的小窗口，选择 OK 按钮，将原样本球材质作为一号子材质并保存。在材质编辑窗口中部点击“1: Material #2 (Standard)”按钮中对号前的方框来改变 1 号子材质使其为白色，再通过其前的“Material#2[Standard]”按钮可进一步的设置该材质的高光程度、高光区域、柔和度和不透明度等特征；同理访问“2: Material #26 (Standard)”中的按钮来设置 2 号子材质，使其呈红色，如图 6－42 所示。在视图中选择保龄球瓶，使用“”按钮，赋予该材质。

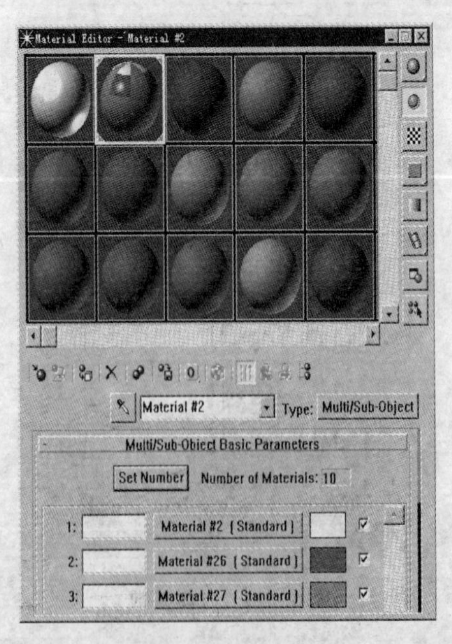

图 6－42　材质编辑框

现在透视图中保龄球瓶呈灰色，原因是没有进行子材质的指定，现要想将不同的子材质赋予保龄球瓶的不同部分，面临一个问题就是要能够正确的选择保龄球的不同区域，这需要通过对瓶身使用编辑网格调整器来实现。选择保龄球瓶，施加 Edit Mesh 调整器，依次访问 Modify→Sub - Object→Face，在"Front" 视图中拖出一个矩形框住瓶的某一水平区域（比如从瓶口到瓶颈），使其呈红色。如图 6 - 43 所示。

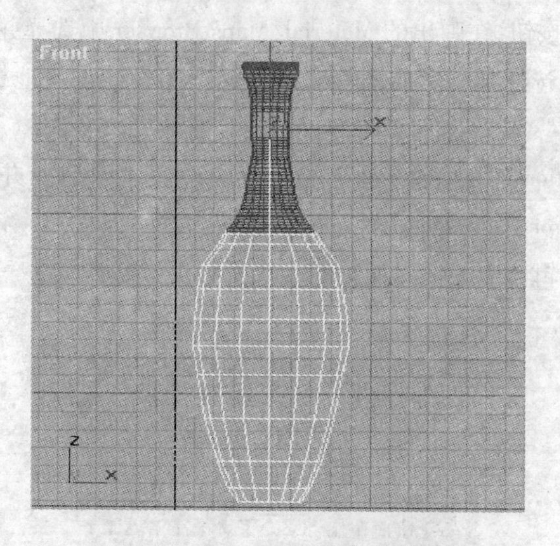

图 6 - 43 "Face"层次下的保龄球瓶

上移"Modify"下的命令面板，打开"Surface Properties"卷展栏，如图 6 - 44，在"Material"下设置 ID 为 1，这时在视图中相应被选择部分为 1 号子材质特征。同理选者中间较窄的带区，指定 2 号子材质，依次轮流，使 1 号和 2 号子材质交替出现在瓶身上。该卷展栏只有在对物体施加"Edit Mesh"调整器后才会出现，这里的 ID 号正好是与上步骤中设定的子材质号相对应，当匹配成功，即两者都存在且相同的时候，相应的选择区域就表现出相应子材质的特征。

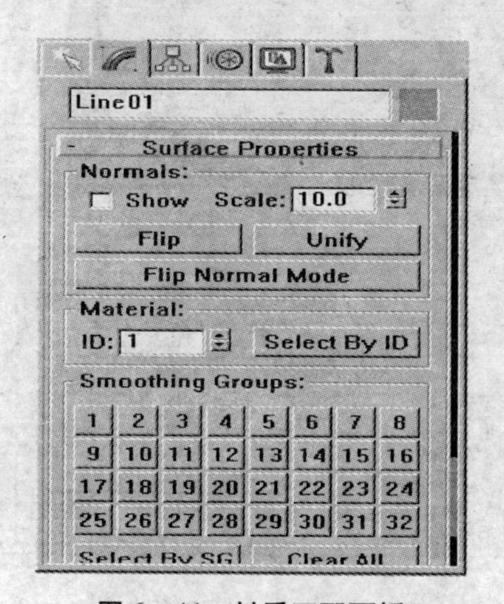

图 6 - 44 材质匹配面板

制作地板材质：

地板也应该具备两种质地特征，一是地板本身应具有某种木质特征；二是地板应具有镜面反射效果，也即能够产生其上物体的倒影。下面通过"Diffuse Color"漫反射贴图和"Reflection"反射材质的编辑和制作达到这一效果。

在"Material Editor"窗口中选择另一样本球，打开下面的"Maps"卷展栏，选择"Diffuse Color"贴图，点击其后的长按钮，在弹出的 Material/Maps Browser 中选择并双击"Bitmap"（位图贴图），在文件选择窗口中选择某一木质图片。这一贴图的设计是使地板具有相应图片的木质特征。

同样，选择"Reflection"，在 Material/Maps Browser 窗口中选择并双击 Flat Mirror（平面镜），在随后的"Flat Mirror Parameters"卷展栏中做如图 6－45 设定。该材质决定了地板具有镜面反射效果。材质编辑器中的情况如图 6－46 所示。

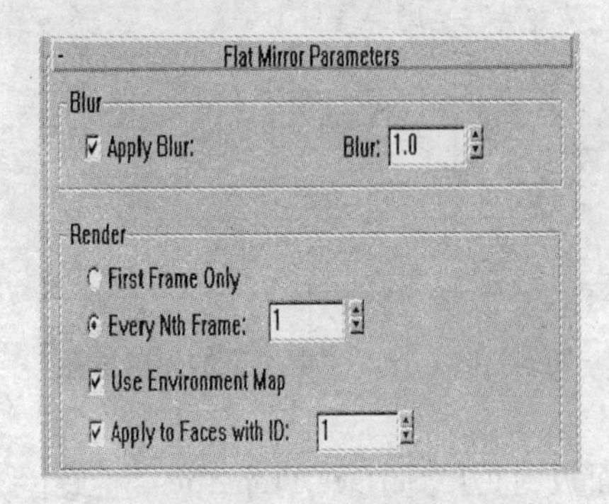

图 6－45　平面镜参数

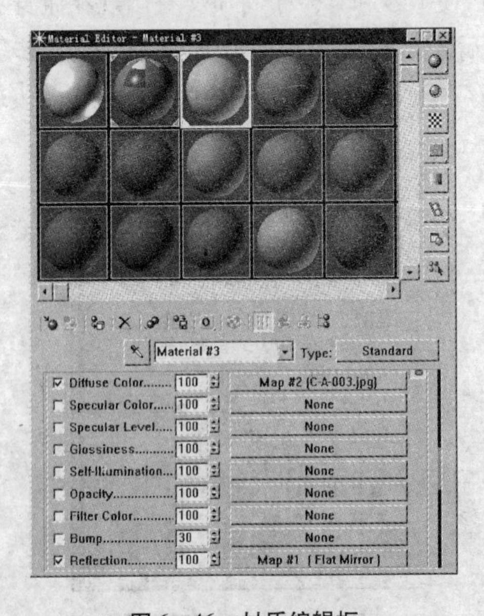

图 6－46　材质编辑框

通过以上两部,完成了该材质编辑过程,下面关键一步是:不能把该材质直接赋予作为地板的“Box”,对于“Reflection”下的“Flat Mirror”(平面镜)反射,只能赋予某一对象的表面,而不能是整体,也即在本例中要选择地板的上表面将该材质赋予它。这个过程面同样是通过“Edit Mesh”(编辑网格)调整器来完成。选择地板,施加该调整器,依次访问 Modify→Sub - Object→Face,在“Top”视图中使用鼠标配合“Ctrl”键正确选择“Box”的上表面,如果选择正确,在“Front”视图中能够看到“Box”的上边线呈红色。使用“ ”按钮,将该材质赋予“Box”上表面,如图6-47。

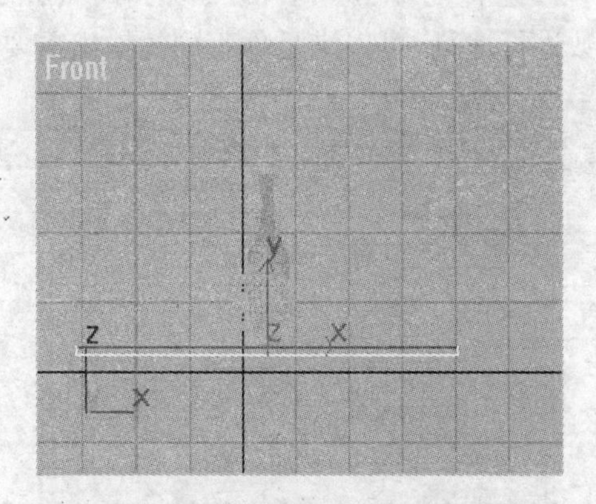

图6-47　施加“Edit Mesh”调整器后的方体

完成了场景中基本对象的建模和材质编辑,在“Top”视图中选择保龄球瓶,复制若干份,并调整它们的分布和位置关系。至于灯光,在场景中设置一到两个“Omni”泛光灯并调整其位置即可。通过视图控制工具,适当调整场景的观察范围和角度,使对象看起来位置更加趋于合理。关于摄像机及动画设计,由于篇幅所限,在这里不再详述,读者自己可以试着完成。最后渲染出的效果图如图6-48所示。

图6-48　场景最终渲染图

本例除了涉及基本建模方法外,主要说明了 Multi/Sub—object 多重子材质和 Reflection 反射材质及贴图的编辑和制作过程,这两种材质和贴图是3DSMax材质、贴图模块中最为重要的功能之一，也是该模块的重点、难点和精华部分所在，在各种效果图设计及动画场景制作过程中具有广泛的应用，希望读者通过本例有所了解和体会，并能应用到实际设计中。

6.7　场景渲染

Render Scene 渲染场景，在 Main Toolbar 工具栏中单击“ ”图标，或访问 Rendering 下拉菜单中的 Render 命令，弹出 Render Scene 渲染场景对话框，如图 6－49 所示。在渲染场景对话框中通过设置适当的参数进行渲染，可以满足你不同的输出需要。

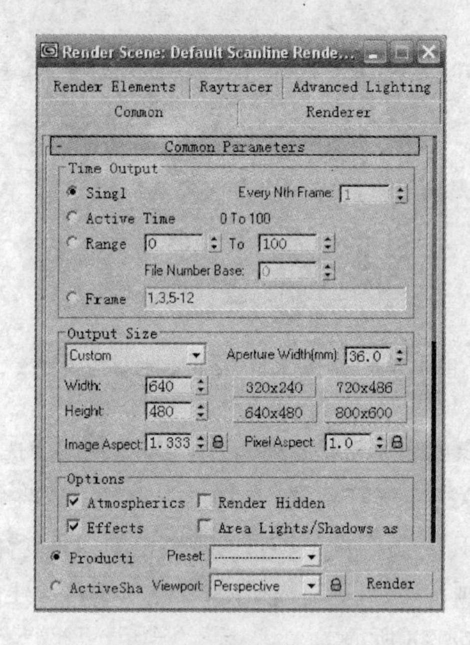

图 6－49　渲染场景对话框

在 3D Studio MAX 6.0 以上的版本中，渲染场景对话框有五个选项卡，Common（常见参数），在这一卷展栏中可以对渲染场景的帧数，输出图像尺寸及输出文件格式进行设置；Render Elements（元素渲染）；Renders（当前渲染设定）；Raytracer（线跟踪）；Advanced lighting（高级灯光）。其中最常用的为 Common 常见参数栏，下面我们对该选项卡中的卷展栏参数进行介绍。

Time Output 选项区是对输出的帧数进行设置。

Single（单帧）：只对当前帧进行渲染。

Active Time Segment 激活当前时间段，渲染时间段内的所有帧。帧数可在时间配置对话框中设置。

Range（范围）：渲染一个指定的关键帧范围，可以通过 From 和输入栏设置帧数范围。

Frames（帧数）：渲染选定帧。

Every Nth Frame(每N帧):跳过N帧渲染一帧。如设置为10时,每10帧后渲染一帧。

File Number(文件编号):和Every Nth Frame一起使用,确定增量文件名的起点。

Output Size(输出尺寸):对输出图像的尺寸和格式进行设置的选项。

Custom(自定义格式):在这个清单中可以选择十几种输出格式。包括35mm胶片格式和NTSC、PAL、HPTV等视频格式。当选择了其中任何一种格式后,图像的长宽比就会与此种格式相匹配。

对图像分辨率的设置是通过Width、Height数值输入框进行自定义设置,也可以通过单击六个预设按钮来定义分辨率。

Render Output(渲染输出区):用来对图像输出后的文件格式进行设置。

Save File(保存文件):我们可以通过这个选项,来保存并定义文件名及文件类型。

Use Device(使用设备):指定渲染结果输出到一台输出设备上。

6.8 背景设定

在三维动画制作中要实现最终的整体视觉效果,环境设置是必不可少的。使用环境设置可以为场景设定背景效果,如设定某种颜色或使用一幅图片作为渲染背景。也可利用材质编辑器对背景图像进行编辑处理,从而得到更加满意的效果。

在菜单栏Rendering下拉菜单中单击Environment选项会弹出环境对话框,在Common Parameters一般参数卷展栏中Background选项对背景进行设置,渲染场景的背景默认状态为黑色。

Color(色彩):单击Color后的颜色框,弹出Color Selector:Background Color背景色选择对话框,在这一对话框中我们可以选择任何单一颜色作为背景色。

Environment Map(环境贴图):在环境贴图选项中我们可以为背景设置贴图,单击None按钮,弹出贴图浏览器,在浏览器中可以为背景选择任何形式的贴图。当选定贴图形式后Use Map选项被自动激活。当这个选项被关闭时,背景所使用的是单一色彩。

可以通过Rendering菜单中的Environment环境命令来改变背景。背景的改变可以是单纯的颜色的变化,也可以使用一幅图片作为渲染的背景。在Environment环境设置窗口中,设置Background下的颜色即可改变渲染背景的色彩。单击Environment Maping下的None按钮,使用位图贴图可以将一幅图片作为背景进行渲染。

例子:手工制作一幅蓝天白云的背景。

设置Background下的颜色为天蓝色,访问Creat/Helpers下拉菜单中的Atmospheric Apparatul大气装置,单击Sphere Gizmo球型魔术线框在Front视图中建立一线形球体,选择半球参数。访问Environment窗口下的Atmosphere下的Add按钮,在弹出对话框中选择volume fog体雾选项。利用手形工具上移菜单,访问volume fog Parameters卷展栏,点击pick Gizmo按钮,将鼠标移向 Front 视图中的线形球体并点击。在 Noise 参数中选择 Fracta 杂乱的选项。渲染视图,会出现一副蓝色背景,白色云雾的图片。通过 volume fog Parameters 中的有关参数的设定,可以改变云的形状、分布状态、颜色等属性,从而制作出一副逼真的蓝天白云背景,如图 6-50。

图 6-50 蓝天白云背景图

6.9 本章小结

材质在三维创建过程中是至关重要的一环。我们要通过它来增加模型的细节,体现出模型的质感。材质对如何建立对象模型有着直接的影响。本章介绍了如何使用 Material Editor 编辑器,如何使用 3D Studio MAX 中提供的多种材质,并且通过最后的渲染把它们表现出来,使物体表面显示出不同的质地、色彩和纹理,为使最终的作品更接近于现实的效果。

6.10 习题与练习

(1)熟悉并掌握 Material Editor 编辑器中工具按钮的功能和使用方法。

(2)如何设置金属材质。

(3)熟悉并制作棋盘贴图。

(4)结合本章中的实例,熟练使用反射材质制作大理石地板。

(5)结合本章中的实例,熟练使用 Multi/Sub—object 多重子材质实现对象不同部分的不同材质效果。

(6)掌握透空贴图的使用场合和方法。

(7)掌握渲染对话框的设定和使用。

(8)掌握渲染背景的设定与制作。

第 7 章　动画制作

在前几章里,我们陆续介绍了 3DSMax 的基本操作、二维建模、三维造型、修改器、灯光摄像机、材质编辑等模块的功能和使用方法。在本章,我们主要学习 3DSMax 中动画的基本知识和一些简单动画的制作方法。

需要向读者作出说明的是,3DSMax 的动画制作是一个非常复杂的过程,其中所涉及的知识、技巧、命令较多,因本书的篇幅有限,不能进行一一详解。对于高层次的复杂动画制作,需要学习者在学习完本阶段的基础上,查阅有关资料和书籍,进行深入的学习和掌握。

7.1　动画制作的基本知识

7.1.1　动画基本概念

动画是利用人类的视觉暂停原理,在一定时间内连续快速播放一系列相关连的静止画面时,形成连续运动图像。每一个单幅画面被称为一帧。一般情况下,一秒钟需要连续播放 25 帧以上的画面才能形成流畅的动画效果。

7.1.2　关键帧

需要指出,在 3DSMax 的动画设置中,并不需要创作者制作出每一帧画面,实际上也是很难实现这样的要求。作者只需要设定某个动作的起始画面和结束画面即可,中间的若干画面由 3DSMax 自动计算完成。起始画面和结束画面被称为关键帧(keys 关键点)。如第一章中的弹簧拉升和压缩动画,其中第 1、25、50、75、100 帧分别为关键帧,我们只需对关键帧的画面进行设定即可。

对关键帧设定,可以是某一幅画面,如对象的位置移动、方位和大小的变化,也可以是对象某一个属性参数值的改变。在 3DSMax 中,可将场景中对象的任意参数进行动画记录与设置,当对象的参数被确定后,就可通过 3DSMax 的渲染器完成中间参数值的渲染工作,生成动画。

7.1.3　关键帧编辑

在动画记录条中(时间滑块),选择关键帧位置,点击鼠标右键会弹出关键点编辑菜单。

key Properties(关键点属性):这一项中所显示的是当前物体的名称,当前关键点的属性。

如:当你对物体在同一帧进行了缩放、旋转、位移等多种记录时,可以通过这一选项选择你所需要的关键点类型,来进行修改。

Delete key(删除关键点):在这一项中显示了当前物体的所有属性的关键点记录。通过选择可以删除任意一种属性的关键点。或将当前位置的所有关键点删除。

Delete selected key(删除选择关键点):对当前你所选择的关键点进行删除。

Filter(关键点选择过滤器):在这一项中可以对当前物体所作的不同类型的关键帧记录进行选择,并显示在记录条中,通过过滤器的使用可以对物体的关键帧分类进行编辑。共分为以下五种类型:All keys 所有关键点、All Transform keys 所有变换关键点、Current Transform 当前变换、Object 物体、Material 材质。

7.1.4　动画设定和控制工具

在 3DSMax 中可以使用以下工具对动画进行设定控制。

Auto Key 动画记录控制器开关:按下该按钮,开始进行动画记录,以后所有的操作都将被记录下来,与关键帧设置相结合,形成动画。

Animate(动画锁定):用来对场景对象的关键帧参数进行设置和锁定。

Time Configuration(时间配置):用来对场景中动画的时间长度及范围进行设定,针对该工具按钮,详细介绍如下。

时间的设定决定和动画的设置是密不可分的,在 3DSMax 中可以进行多项时间控制设定,这些操作可以在时间配置对话框中完成。点击时间控制按钮出现时间配置对话框,如图 7－1 所示。

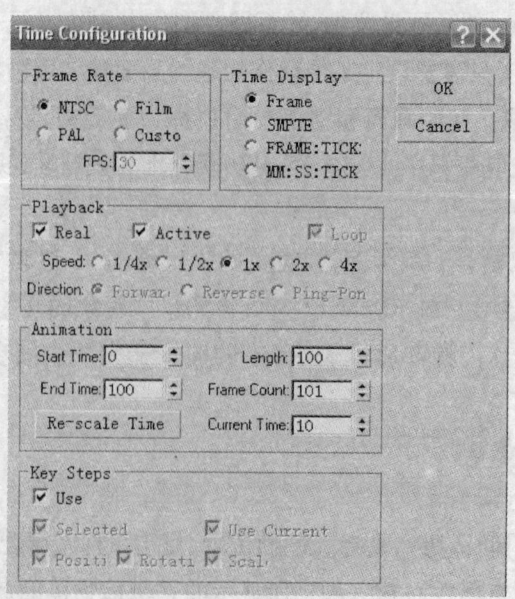

图 7－1　时间配置对话框

在时间配置对话框中我们可以选择动画的 Frame Rate(帧率),设定 Playback(回放动画的速度),设定动画的关键帧范围。

Frame Rate 帧率:在视频文件中又称制式,可根据不同需要进行不同制式间的切换。

NTSC:美国和日本视频使用制式,每秒 30 帧。

PAL:欧洲和中国视频使用制式,每秒 25 帧。

Film:电影使用的帧率,每秒 24 帧。

Custom:自定义使用下面的 FPS(每移帧数)定义帧率。

在 Playback 回放区域中可设置播放速度,以及播放动画的视窗数。

Real Time(实时):这一项是缺省选项。动画按选定速度播放,在需要时会跳过一些帧以维持正常速度。

Active Viewport Only:动画仅在激活视窗中播放。

Speed(速度):在下面选项中选择一种比率作为当前帧率的倍数作为动画播放的速度。缺省值为 1X。

在 Animation 区域中可对场景中的动画时间进行设定。

Start Time:开始时间。

End Time:结束时间。

Length:长度。

Frame Count:帧数计算。

Current Time:当前时间。

0 / 100 时间滑块:用来控制场景中当前时间位置,为设定对象关键帧时的时间依据。

Motion(运动面板):此面板被放置在主界面右侧的命令面板区,通过使用这一命令面板,可以通过调整变换控制器来影响动画的位置,旋转和缩放等效果。

Hierarchy(层级面板):使用此面板可调整两个或多个链接对象的所有控制参数,在行走动画中使用较多。

Track View(轨迹视图):在一个浮动窗口中提供更加丰富和精细的动画调整工具。可将对象的动画轨迹进行细致地编辑,修改和设定。也可将对象的轴点、反向动力、链接关系进行设定。关于轨迹试图,我们后面专门有一小节进行介绍。

7.2　路径控制动画

路径动画是通过路径来控制物体的运动轨迹,是除了关键帧动画外又一种常用的动画控制方式。使用路径来控制物体,可以使物体完成较为复杂的位移运动,去实现仅仅通过关键帧记录来设置动画所达不到的效果。

在第四章中我们学习了 Path Deform 修改器,它是一个实现沿路径移动的动画修改器,该修改器的使用过程与方法在这里不再叙述。

本章中，我们通过 Motion(运动)命令面板中的 Path 控制器来完成物体沿路径运动的动画设置过程。本例中我们模拟公园中的过山车运动。首先要做出过山车的轨道和运动对象，过山车的轨道使用 Loft 放样来实现，运动对象使用 Box 模拟。设置过程如下。

使用二维画线工具，在 Front 试图中画出一段有圆形弯曲的线段，作为放样的路径。施加 Edit Spline 编辑样条线调整器，切换到节点级的子对象，通过移动、旋转工具对线段进行调整。使用二维画线工具，画出凹形封闭曲线，作为过山车轨道放样的截面。如图 7-2。

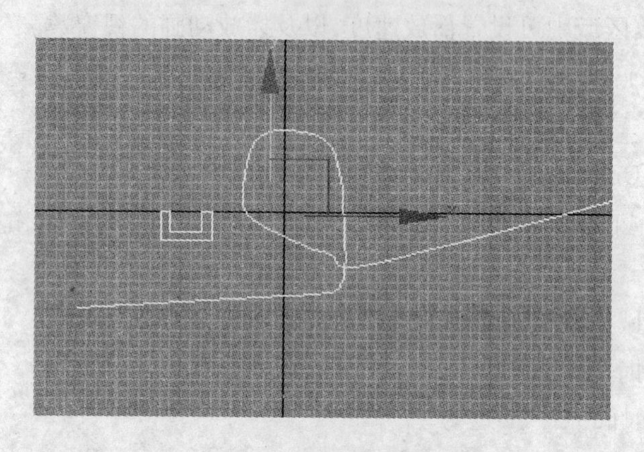

图 7-2 过山车轨道二维曲线

选择线段，使用放样工具获得截面，点击凹形对象，实现过山车轨道的三维造型。使用 Box 制作一大小适合的对象作为模拟运动的对象。

选择 Box 进入 Motion(运动)命令面板，按下 Parameters 属性按钮，弹出如图 7-3 所示对话框，在对话框中 Assign Controller 卷展栏中所显示的是各种运动控制器类型清单。

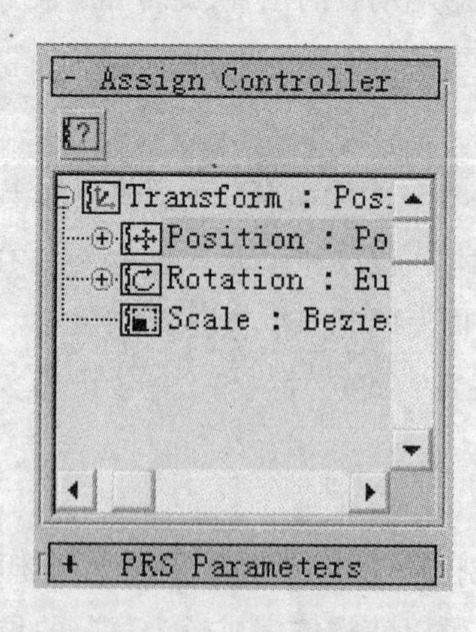

图 7-3 运动控制器类型

在控制器类型清单中选择 Position：Bezier Position，单击左上方 Assign Controller 指定控制器按钮，弹出如图 7－4 所示的 Bezier Position 控制器清单。在清单中指定 Path Constraint 后按 OK 退出。

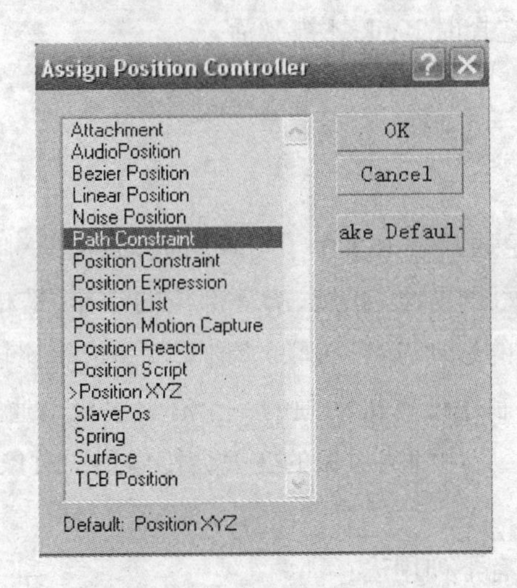

图 7－4　指定控制器清单

在右方控制面板上出现 Path Parameters 路径属性卷展栏，单击 Add Path（添加路径）按钮，在视图中点取线段路径。Box 方体自动附着在路径的起始点上，播放动画将看到球体沿路径进行运动。如图 7－5。

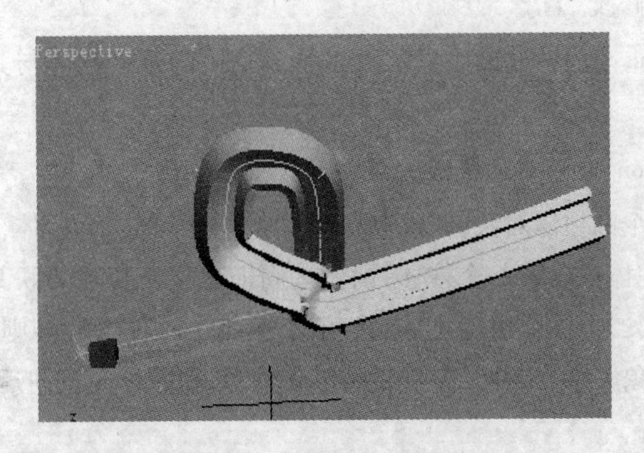

图 7－5　过山车造型动画

在 Path Parameters 卷展栏中包含以下选项，通过对下面几项选项的设定可以实现物体沿路径运动的不同效果。

% Along Path：当场景中时间滑块处于第 0 帧位置时，这一选项中的数值则表示从路径的百分之多少开始运动，当滑块处于最后一帧时这个选项中的参数则表示到路径的百分之多少运动停止。

Follow:当这一选项被激活时物体将作跟随路径变化的动作。物体的一个轴作垂直路径的切线运动,读者可以结合本例,对该选项进行勾选前后的运动效果对比,发现勾选后对象的运动更加的符合实际,在某些场合下,是必不可少的选项。

Bank:当 Follow 选项被选择时 Bank 才被激活。

7.3 层级动画

在实际应用中,一个角色通常是由多个子对象组成,而且子对象之间的运动具有相互关联性,例如人的行走,身体、大腿、膝盖、小腿、脚等部位的动作,是相互联系的,一个部位的活动将影响另外与其相连部位的运动,这种关联的动作,就是应用比较广泛的层级动画。

将对象链接形成层级是制作计算机动画的一个有力手段。通过将一个对象链接到另一个对象上创建一种父子关系,应用到父对象的变换会传输到子对象上。通过将多对象链接成父子对象可创建复杂的层级。

将对象链接成父子对象有下列用途:

创建复杂运动。

模拟关节结构。

实现对象间的层级运动,首先要将两个对象进行关联设置,在 3D Studio MAX 中,可以通过使用 Main Toolbar 工具栏中的“ ”和“ ”对物体进行选择,并链接与断开链接的操作,且可以对链接方式进行修改。

Select and Link:(选择并链接对象),可将场景中的选择物体与其他物体之间建立父子的层级关系。

Unlink Selection:取消对象链接关系。

在场景中建立两个圆柱体对象,调整其位置关系,选择第二个柱体,打开 Select and Link 工具按钮,将第二个柱体拖向第一个柱体,两者之间即建立了相互关联关系。对第一个柱体进行旋转操作,发现第二个柱体也随之旋转,相反,第二个柱体的旋转则不影响第一个柱体。它们形成的是父子对象关系,这种父影响子的运动关系,我们称为正向运动(Foreard Kinematics)。如图 7-6。

在 3DSMax 中可以通过两种方法来查看对象之间的层级关系。

第一种,单击工具栏中“ ”按钮弹出轨迹视图,使用缩进的方式显示所有对象来表达层级关系,针对上例两个圆柱体的层级关系如图 7-7 所示。

通过单击对象图标右边的加减号即可展开和合并层级的分支。这种是以树状结构表示的对象之间的层级关系。一个带加号的方块图标表示此对象下有分支,单击它即可展开分支。

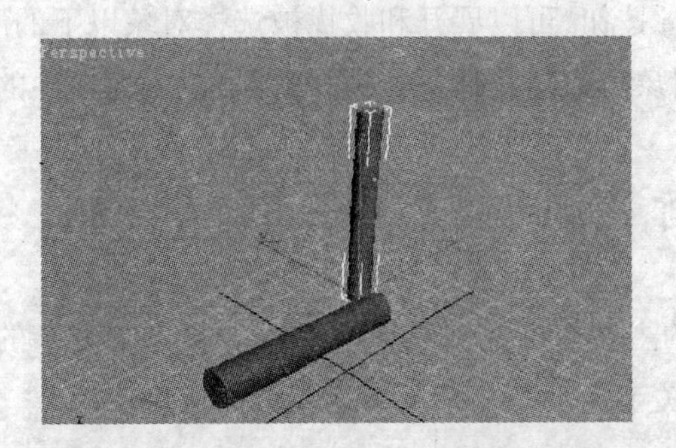

图 7-6　关联层级动画

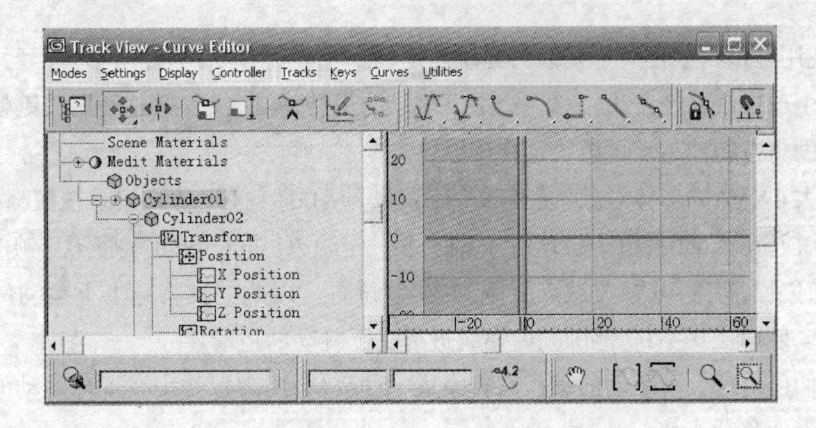

图 7-7　层级关系在轨迹视图中的表示

第二种,在工具栏中"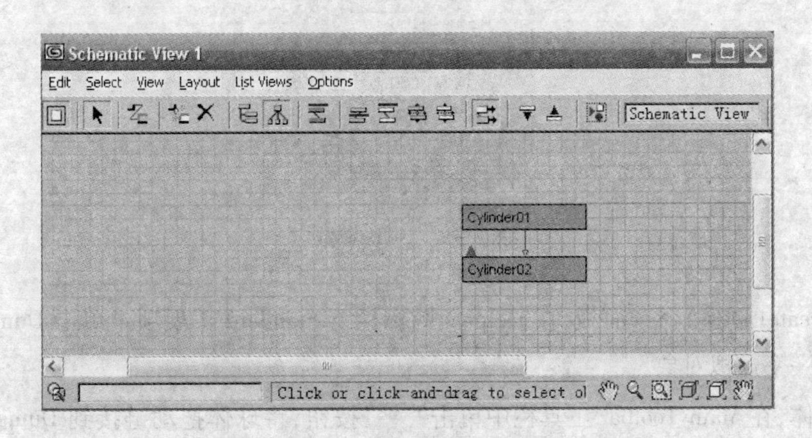"单击按钮,弹出的图表视图中使用图标方式来表达对象之间的层级关系,如图 7-8 所示。

图 7-8　图表层级显示方式

单击对象图标下方的黑色三角箭头,可以展开层级分支或通过单击图表上方工具栏中的

Toggle Visibility Downtream 按钮，可以展开和收拢被选择对象以下的所有层级分支。

在这个窗口中双击对象可以对物体进行选择，并可以对窗口中的对象进行隐藏和显示。

7.4　虚拟对象动画

Dummy（虚拟对象）的主要作用是创建复杂的运动和建立复杂的层级。因为虚拟物在渲染时是不可见的，它们在关节运动及复杂层级运动方面应用广泛。

一些场景，由于运动方式复杂，通过一种运动控制方式而难以实现，需要将对象的复杂运动分解为简单的运动，通过两种或两种以上的形式来控制对象动画，这时可以借助虚拟物的帮助来实现。

例子：使用虚拟物创建一个复杂的弹跳球运动。

创建一个球体沿路径一边位移一边上下跳动的运动动画，仅仅通过使用关键帧的调节很难实现。借助虚拟物体运动可解决这个问题。

创建一大小合适的球体对象，设置球上下跳动的动画。打开动画记录按钮，将时间滑块拖动至第 10 帧，在 Front 视窗中将球沿 Y 轴上移一定距离。按住 Shift 键将第 0 帧的关键点复制到第 20 帧位置，将第 10 帧关键点复制到 30 帧位置。以此类推将球上下运动的关键帧进行循环复制。使球在 0～100 范围帧内连续进行上下跳动的运动。

现在我们已对球上下跳动的动作编辑完成，下面将利用虚拟物来实现球跳动的同时沿路径进行位置上的移动。

在 Top 视图中建立一个螺旋线，作为小球位置运动的路径，并设定 Helix 参数如图 7－9 所示。

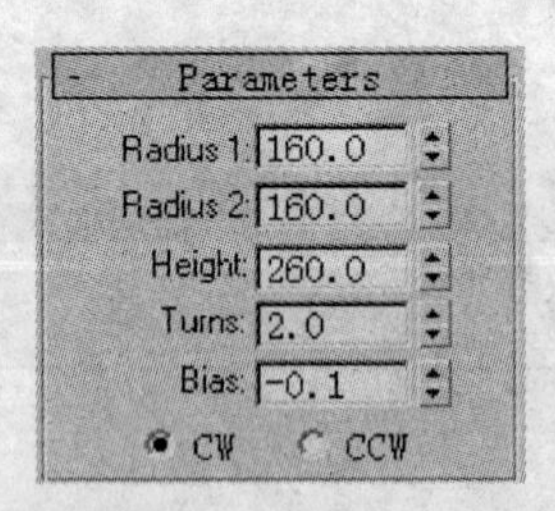

图 7－9　Helix 参数

进入 Create（创建）命令面板，在 Helpers 图标栏下 Standard 扩展项中单击 Dummy 按钮在视图中建立一个虚拟对象。

选择球体，在 Main Toolbar 工具栏中单击“”按钮，将球体拖动链接到 Dummy 物体上。这时跳动的球体已成为 Dummy 的子对象，Dummy 的一切运动变化都将直接影响球体。

选择 Dummy 物体，进入 Motion（运动）命令面板，在运动控制器中选择 Bezier Position 选项单击 Assign Controller 按钮在弹出的清单中选择 Path 控制器。

在 Path Parameters 卷展栏中单击 Add Path 按钮，在视窗中获取螺旋路径，勾选卷展栏中的 follow、back 参数。播放动画，此时小球上下运动并同时随虚拟物沿路径运动，场景如图 7－10 所示。

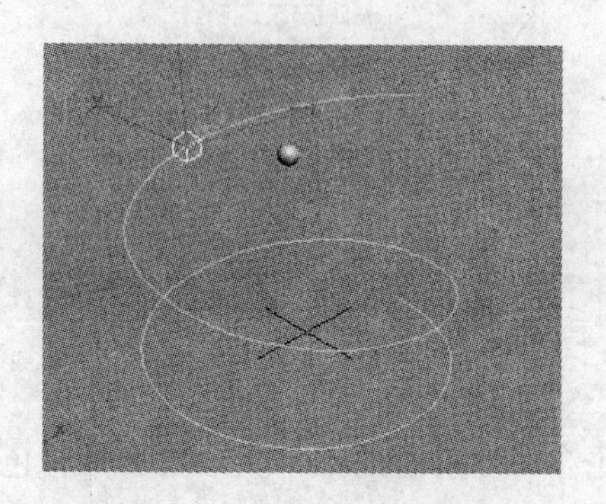

图 7－10　小球弹跳位移动画

7.5　粒子系统动画

粒子系统在动画应用中较为广泛，粒子系统通过与一些特效相结合，可以模拟大自然中的许多现象，如风、雨、雪等，本例通过粒子系统与 Video Post 后期视频合成模块中的十字发光特效结合形成星形发射与闪光动画效果。

在 Front 视图中，使用 Particle System 粒子系统中的 Blizzard 暴风雪建立一个粒子发射器。

选择 Top 视图，使用镜像工具，选择 Y 轴进行镜像复制，目的是使发射器发射的粒子在屏幕上由内向外发散。如图 7－11 所示。

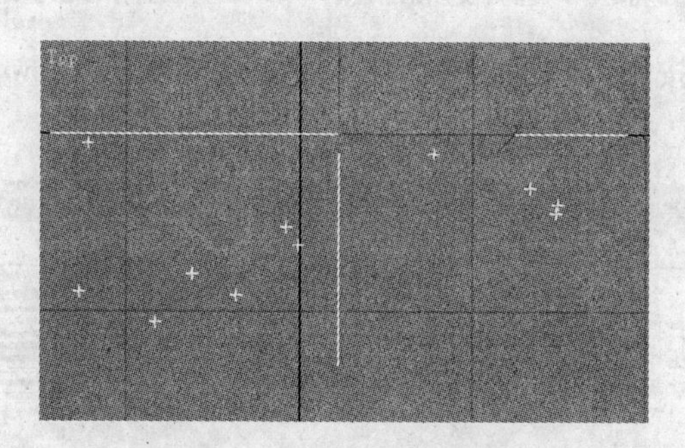

图 7－11　粒子发射器

设置粒子的有关参数，设置粒子数量为 20，粒子速度为 13.8，变化率为 1.07%，粒子发射的结束帧为第 70 帧，生命周期为 70 帧，粒子大小（Size）为 1.5。具体如图 7－12。

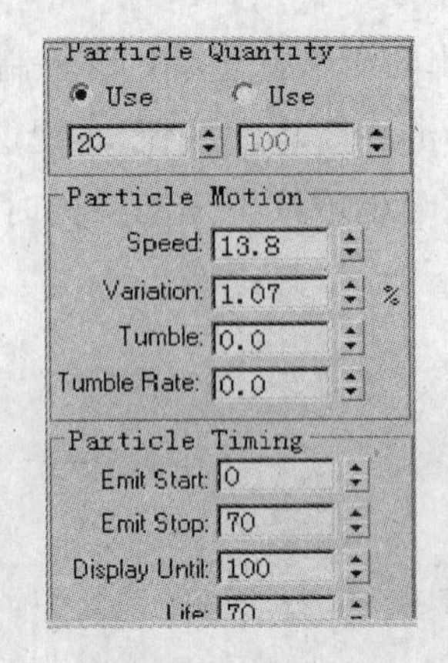

图 7－12　粒子发射器有关参数设置

给粒子赋材质，目的是使粒子发射出的十字星形具有某种色彩。打开材质编辑窗口，选择任一样本球，锁定环境反射和漫反射，将颜色调整为黄色或其他任意颜色，自发光参数调为100。本例中材质基本参数卷展栏设置如图 7－13。

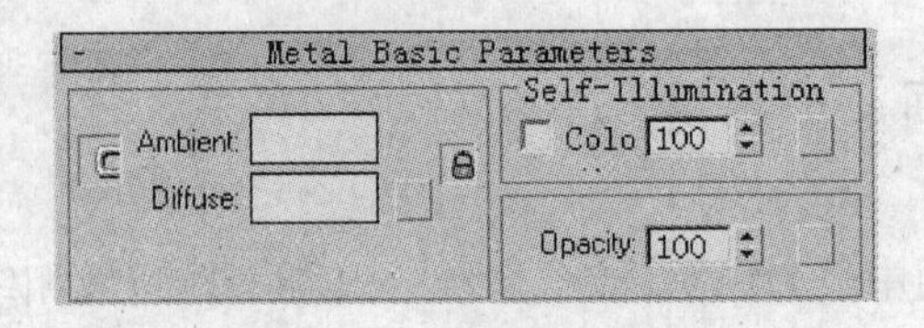

图 7－13　金属材质参数

右键单击粒子，访问属性 Properties 对话框，将对象通道设为 1。

使用 Video Post 视频后期合成模块制作特效。打开渲染下拉菜单下的 Video Post 命令窗口，访问"⊠"按钮，在弹出窗口中选择透视图 Perspectives 增加到左边事件队列中。

访问"⊠"特效滤镜按钮，分别选择发光特效 Lens Effects Glow 和高光特效 Lens Effects Highling。如图 7－14。

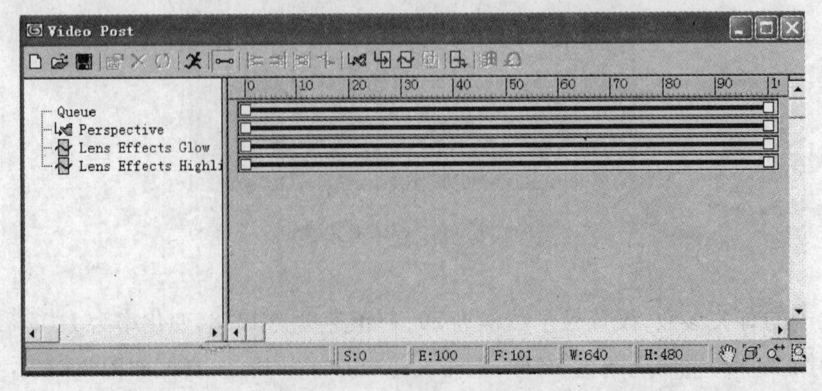

图 7－14　Video Post 设置

访问“”事件输出按钮，设置有关参数，背景为蓝色，渲染输出，最终第40帧结果如图7-15。

图7-15　十字星形的第40帧渲染图

7.6　轨迹视图

轨迹视图是一个用来管理场景和动画数据的处理模块。使用轨迹视图可以精确地控制场景中的每一部分。在轨迹视图中，对动画编辑控制有三种模式：Edit keys、Edit Ranges 和 Edit Time。

在工具栏中单击“”按钮，弹出轨迹视图如图7-16所示。

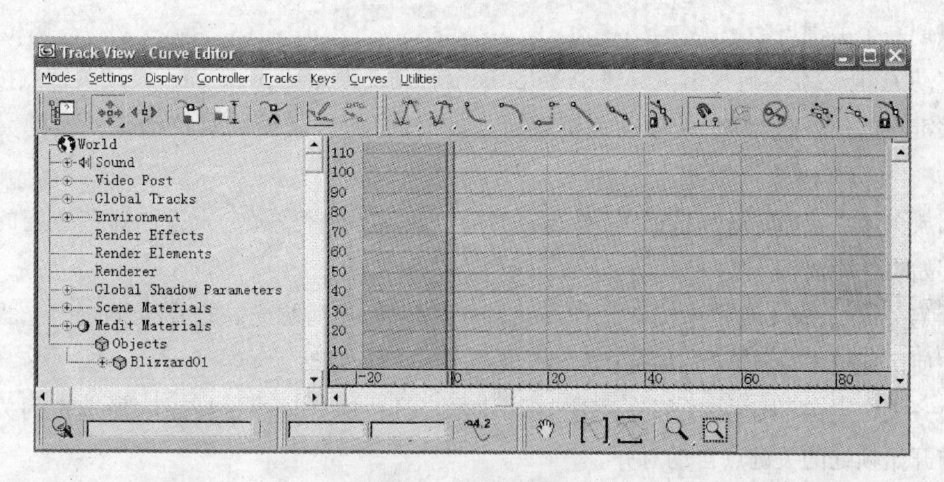

图7-16　轨迹视图

Hierarchy List（树状层级结构清单），将场景中的所有项目显示在一棵树状结构中。在层级中选择对象名称即可实现选择场景中的对象。

场景层级清单中每一种类型的项目用一种图标表示,使用这些图标快速识别项目代表的意义。包含 World(世界):将所有场景中的轨迹收为一个轨迹,以便于进行全局操作。Sound(声音轨迹):可在动画中加入声音。Global Tracks(全局轨迹):包含存储控制器的清单,还可存储全局变量。Environment:包括背景、场景环境效果、环境光、背景定义、雾和容积光、Video Post 等项目。Object(对象):包含场景中的各类对象和对象间的层级关系。Modify(修改器):修改器下面的分支包括修改器的次对象和参数。另外,还有一些控制器、材质等项目。

Edit Window(编辑窗口):对对象的轨迹、功能曲线和参数值变化进行显示,结合工具栏中的工具按钮实现编辑功能。编辑窗口中的浅灰色部分为当前场景的时间段。

Toolbar(工具栏):对场景中的项目、轨迹和功能曲线进行控制和编辑的工具。

Status(状态栏):对关键帧、时间、数值和导航控制进行显示的区域。

Time Ruler(时间标尺):编辑窗口中的时间,在时间标尺上的标志反映时间配置对话框的设置。你可以上下拖拽时间标尺,使它和任何轨迹对齐。

7.6.1 编辑关键帧

Edit key:(编辑关键帧)将动画显示为一些关键点和范围条。只有控制器项目带有绿色三角图标的项目可以显示关键点。所有其他项目只显示范围条,表示它的下级控制器的关键点时间范围。

编辑关键点动画进行全局观察是非常有用的。因为它能显示所有轨迹动画的时间,在观察整个动画的各项目变化时,使用这种模式进行关键点和范围的编辑。

加入可见关键点:在轨迹视图工具栏中,单击 Add keys 加入关键点,然后可在轨迹的选定时间点创一个关键点。

移动关键点:在轨迹视窗工具栏中 Move keys 移动关键点和 Slide keys 滑动关键点按钮都可对关键点的位置进行调整,移动关键点所处的时间位置,来控制对象动作变换的突变时间段。

缩放关键点:Scale keys 按钮,是对选定的部分关键点进行缩放,来控制这些选定的关键点与起始点的距离。

锁定关键点:在工具栏中按下 Lock Selection 按钮后,当前所选择的关键点被锁定,当你在视窗中使用任何工具,调整时都是在对锁定的关键点进行调整。

对齐关键点:当你选定了部分关键点后,单击工具栏中 Align keys 按钮,所选定的关键点就会与开始帧处的关键点自动对齐。

删除关键点:在工具栏中激活 Delete keys 按钮,可在轨迹视窗中删除选定的关键点。

7.6.2 编辑功能/运动曲线

在轨迹视图中可对物体的运动轨迹曲线直接进行编辑。在工具栏中激活 Function Curves

功能曲线,视窗中的动画关键点都会以曲线的形式显示在视窗中。

创建一个球体。

打开动画记录按钮,将时间滑块拖至第 20 帧。在 Front 视窗中将物体沿 Y 轴向上移动一定距离。将时间滑块拖至第 40 帧,在 Front 视窗中将物体沿 X 轴向右移动一定距离。将时间滑块拖至第 60 帧,在 Front 视窗中将物体沿 Y 轴向下移动一定距离。

播放动画,小球向上移动,然后往右,再往下回到原来的高度。

小球的运动轨迹在轨迹视图中如图 7-17 所示。

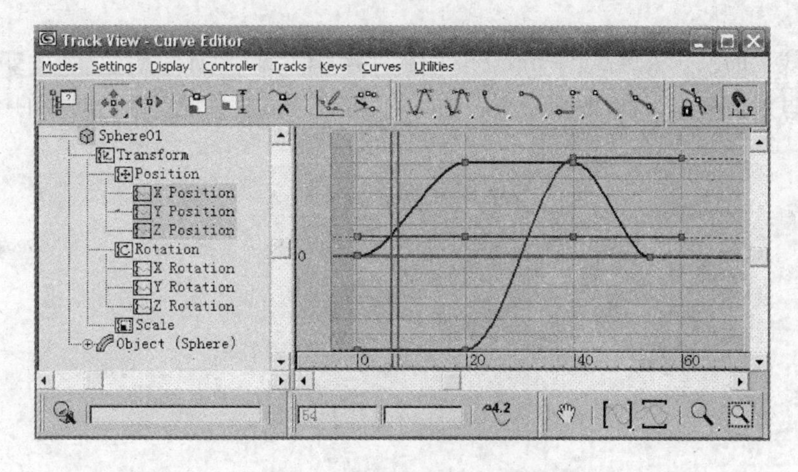

图 7-17　小球运动轨迹曲线

该曲线中下方红色为小球在 X 轴上的轨迹,上方蓝色为小球在 Y 轴上的轨迹,中间绿色为小球在 Z 轴上的运动轨迹。我们可以看出,小球从第 20 帧到第 40 帧在 X 轴上发生了位移,小球从第 10 帧到第 20 帧在 Y 轴上发生了位移,从第 40 帧到第 60 帧在 Y 轴上发生了位移。小球在 Z 轴上没有任何位移。这与实际动画的运动情况相吻合。

使用关键帧移动工具将蓝色曲线最右端的关键点上移动,如图 7-18。播放动画,发现小球最终的位置已经上移。如图 7-19。

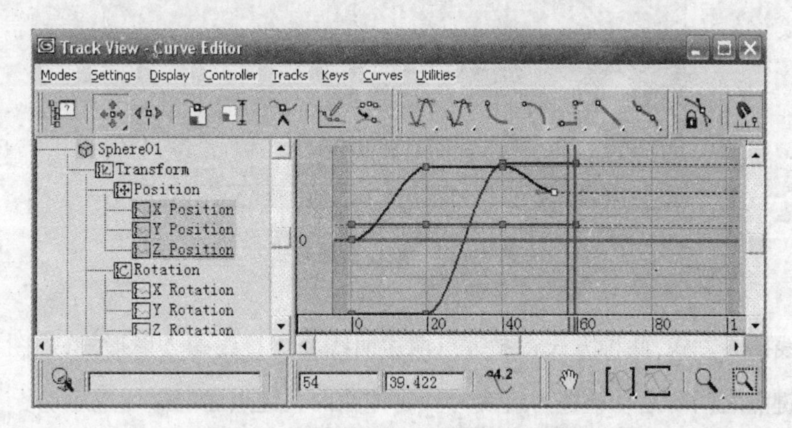

图 7-18　调整后的小球运动轨迹曲线

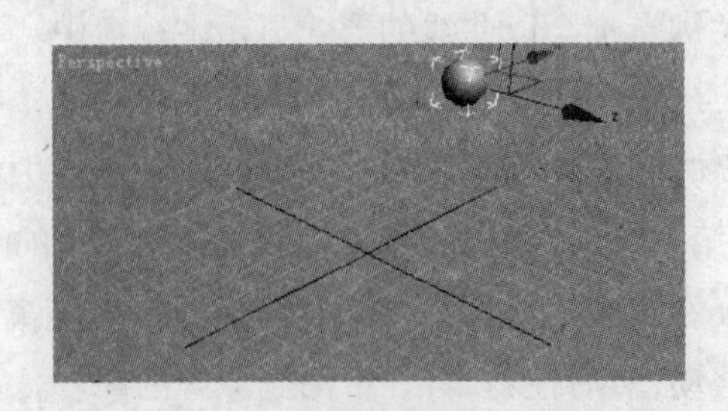

图 7－19　调整后小球在最后一帧的位置

选择曲线上的某一关键点，单击鼠标右键，弹出一个关键点信息对话框。如图 7－20 所示。在关键点对话框中，可以改变动画的帧时间、位置数值及关键点两边曲线的插入方式。

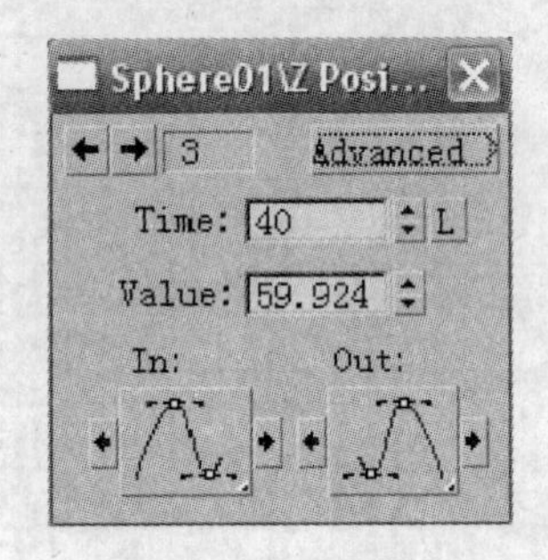

图 7－20　关键点信息对话框

在这一对话框中选择点两边曲线的插入方式，可直接影响场景中对象在两个关键点突变间的运动方式，在对话框中可选择六种不同类型的曲线插入方式。

缺省曲线方式，此种方式在设定了关键点后，根据关键点的位置来随机确定点两边的入射角曲线。上述小球在 Y 轴上的第 40 帧关键点轨迹曲线如图 7－21 所示。

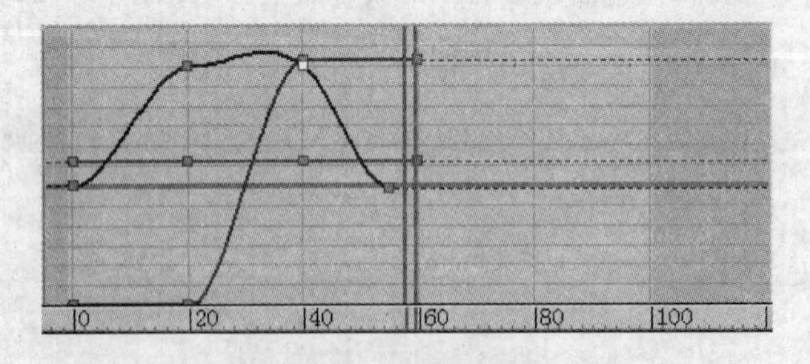

图 7－21　缺省曲线方式

直线插入方式，此种方式将关键点两边曲线变为直线的入射形式，如图 7－22 所示。物体在两关键点之间的运动轨迹为直线时。物体在两关键点之间做匀速运动。

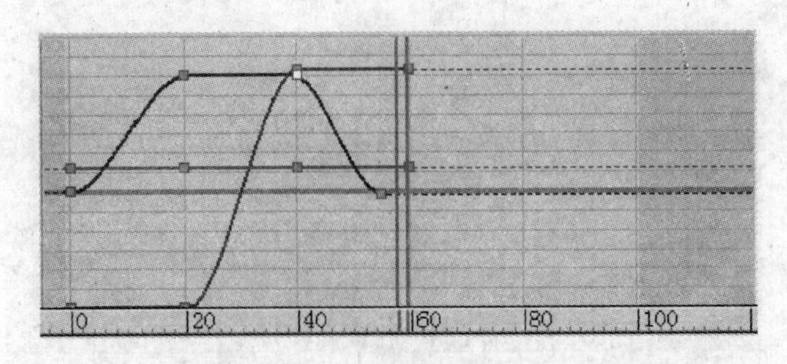

图7－22　直线插入方式

直角插入方式，此种方式将关键点两边的轨迹曲线以直角折线方式插入。选择这种插入方式后，物体在运动时只出现关键点设定的位置而没有关键点之间的运动过程。如图7－23所示为直角插入方式。

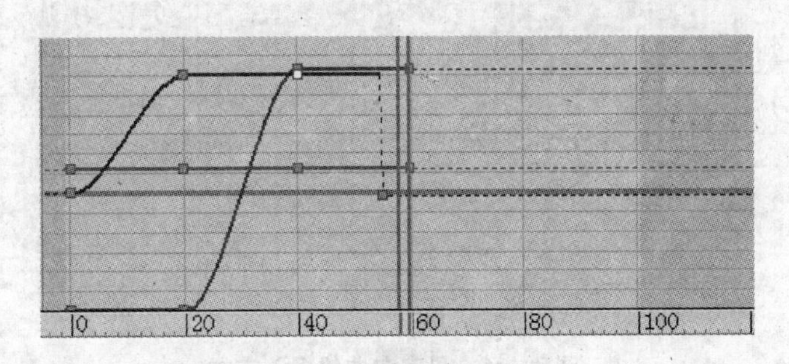

图7－23　直角插入方式

减量插入方式，选择此种插入方式后，点两边的曲线如图7－24所示，对象在两个关键点之间作减速运动。

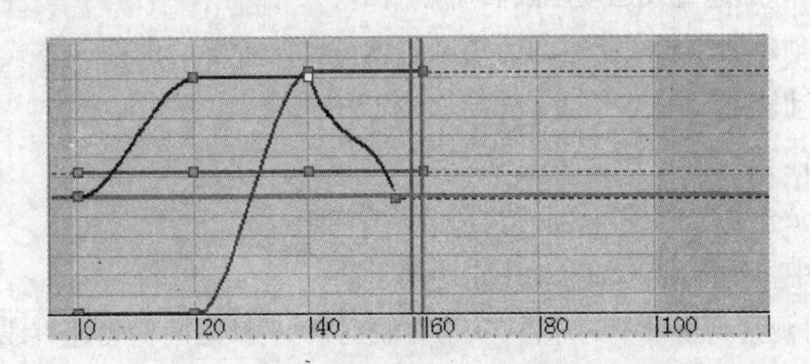

图7－24　减量插入方式

增量插入方式，选择此种插入方式，关键点两端的曲线如图7－25所示，对象在两个关键点之间的作加速运动。

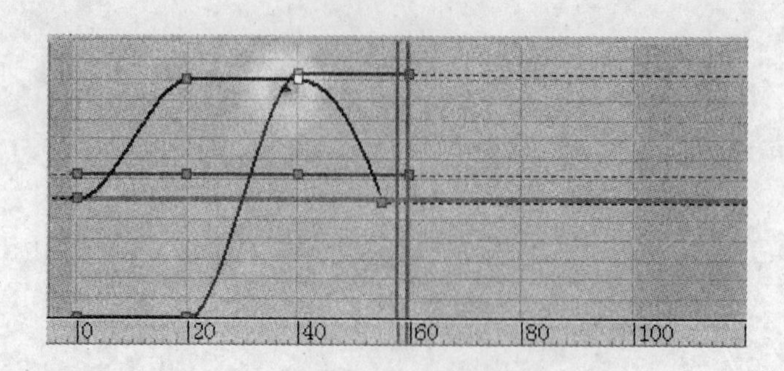

图 7-25 增量插入方式

贝齐尔曲线插入方式,关键点两端的曲线以贝齐尔曲线的形式插入,可以使用贝齐尔控制手柄调整曲线造型,如图 7-26 所示。

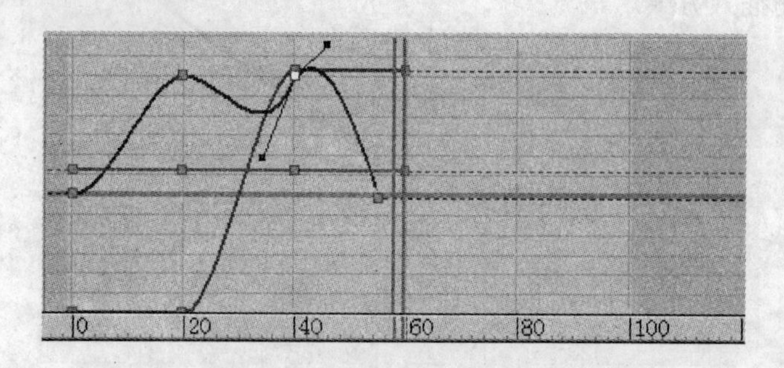

图 7-26 贝齐尔曲线插入方式

我们在调整运动曲线时,可以根据场景中对象的动画需要对这些插入方式进行组合使用。

例子:制作小球加速直线运动动画。

为一个物体创建加速或减速运动的动画时就需要两种不同的插入方式来共同控制两个关键点之间的运动轨迹。

创建一个球体。

打开动画记录开关按钮,将时间滑块拖至第 60 帧。

在 Top 视窗中将物体沿 X 轴移动一定距离。

播放动画,可观察到场景中的球体,从第 0 帧到第 60 帧之间做匀速直线运动。我们要使球体作加速直线运动就必须对关键点之间的插入曲线方式进行调整。

打开轨迹视图,在层级清单中选择球体的 Position 控制器,按下工具栏中的 Function Curves 按钮,显示对象关键点之间的曲线。

我们在视窗中看到两个关键点间的线是直线,这就决定了物体的运动方式为两点间的匀速运动。要使物体做加速运动就要改变关键点之间的运动曲线插入方式。

选择关键点,点击右键,在关键点信息对话框中,如图7-27所示选择插入方式。

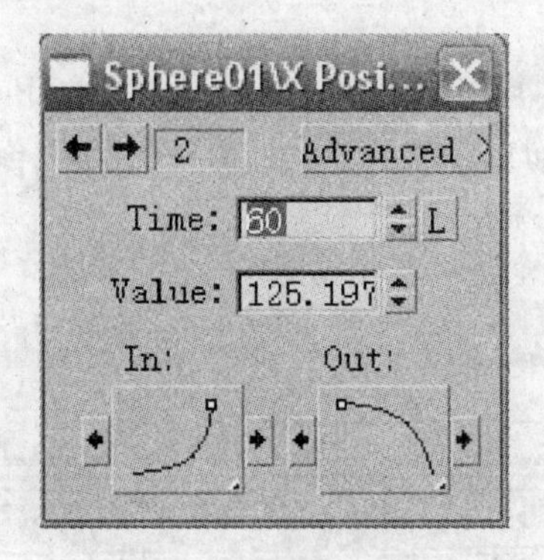

图7-27 设置关键点信息

视窗中关键点之间的曲线如图7-28所示。

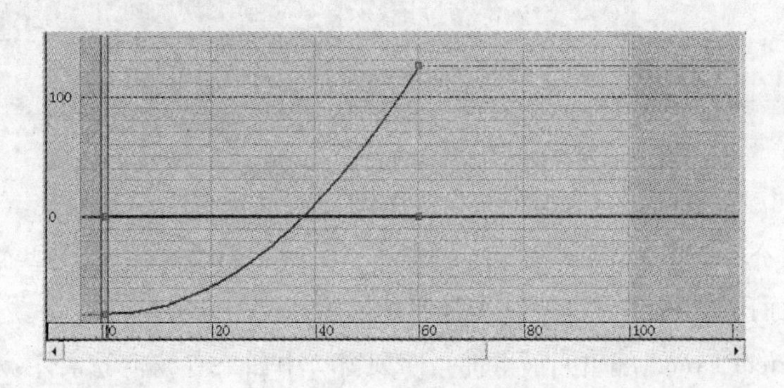

图7-28 加速运动曲线

回到视窗中,播放动画观看小球运动,小球开始运动较慢,后来越来越快,在做加速直线运动。

7.7 Video Post 视频合成

Video Post 视频后期合成模块是3DSMax中一个很重要的组成部分,相当于一个视频后期处理软件,来源于Post-Production(后期制作),它提供了各种图像和动画合成的手段,其功能主要有两个方面的应用,一是将动态影像、静态图片、文字、声音等场景对象连接在一起进行非线性编辑,分段组合以达到动画作品的后期剪辑制作的作用;二是对一些场景对象和过渡连接加入特殊效果。比如对文字进行发光处理,加入画面的镜头光晕效果,在两个画面片段衔接时做淡入淡出、翻页处理等。本章中的十字发光特效即是Video Post的第二种功能的应用。Video Post有一些重要的概念,如Queue(队列)、Event(事件)、Alpha Channel(Alpha通道)等。通过Alpha通道可模拟一些难以实现的场景,比如火山喷发的岩浆淹没村庄的景像,可事先制作燃烧的岩浆画面和村庄画面,然后通过 Video Post 中的 Alpha 通道把这两段画面叠加在一起即可实现。

Video Post 的界面,在主工具栏中单击 Rendering/Video Post,弹出 Video Post 对话框。与 Track View(轨迹视图)有些相似,主要包括工具栏,左侧序列窗口,右侧编辑窗口,底部提示信息行和一些显示控制工具五个部分,如图 7 - 29 所示。

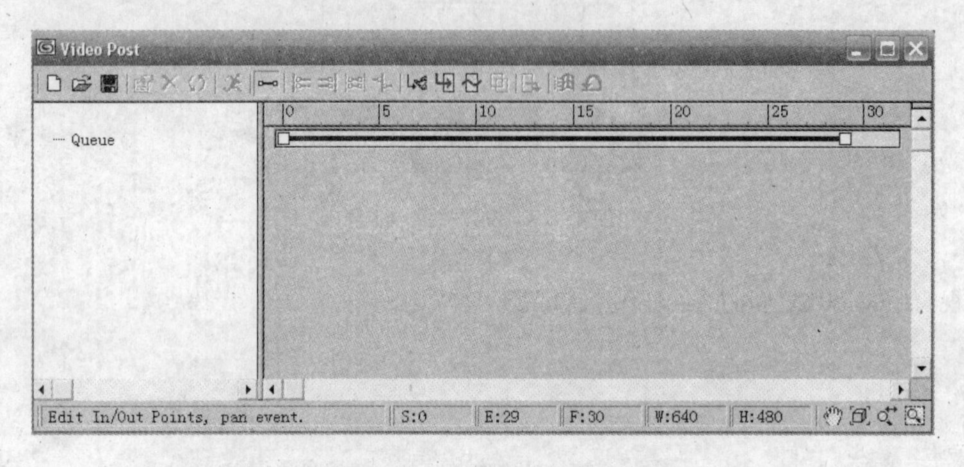

图 7 - 29　Video Post 主界面

工具栏工具介绍。Video Post 视频合成工具栏提供不同功能按钮,一些常规按钮功能比较容易理解,下面我们主要介绍一些主要工具的功能和使用方法。

Edit Current Event(编辑当前事件):序列窗口中如果有编辑的事件,该按钮变成可选择状态。选择一个事件,单击此按钮可以打开当前所选择的事件参数设置对话框,用来编辑当前所选的事件。

Swap Events(对换事件):当两个相邻的事件被选择时,该按钮变为活动状态,单击它可以将两个事件的前后次序颠倒,用于相互之间次序的调整。例如背景图像必须在最上面,带 Alpha 通道的前景对象应该在其后面。

Execute Sequence(执行序列):单击此按钮,会弹出对话框,用来对当前 Video Post 中的序列进行输出渲染前的最后设置。它与渲染场景对话框相似,但它们是各自独立的,不会产生相互影响。在对话框 Time Output 选项组中,可设定是渲染某一单帧还是一个指定范围的影像片段,Every Nth Frame 设置每隔几帧渲染下一帧。Output Size 选项组设置输出帧的大小,还包括图像和像素的长宽比。

Edit Range Bar(编辑范围条):它是 Video Post 中的基本编辑工具,对序列窗口和编辑窗口都有效。当编辑范围条按钮打开时,可以执行范围条移动,范围条的长度改变等操作。

Add Scene Event(添加场景事件):单击此按钮弹出添加场景事件对话框,用来引入当前场景。被渲染的视图对象可从当前屏幕上使用的几种标准视图中选择。也可使用多台摄像机从不同角度观察场景,通过添加场景将它们按时间段组合在一起,编辑成一段连续切换镜头的影片。

Add Image Input Event(添加图像输入事件):用来往视频编辑队列中加入各种格式的图像。

Add Image Filter Event(添加图像过滤器事件):在视频编辑队列中添加一个图像过滤器,它使用3DSMax提供的多种过滤器对已有的图像效果进行特殊处理。可用的图像过滤器有对比度过滤器、淡入淡出过滤器、图像 Alpha 过滤器、镜头效果过滤器、底片过滤器、伪 Alpha 过滤器、简单擦拭过滤器、星空过滤器。

Add Image Layer Event(添加图层事件):这是专门的视频编辑工具,可以将两个图像或场景合成在一起,利用 Alpha 通道控制透明度,产生一个新的合成图像,或将两段影片连接在一起作淡入淡出等基本转场效果。

Add Image Output Event(添加图像输出事件):用来将合成的图像保存到文件或输出到设备中,它与图像输入事件用法相同,不过支持的图像格式要少一些。

Add External Event(添加外部程序事件):为当前事件对象加入一个外部图像处理软件,如 Photoshop 等。可在3DSMax系统中打开外部程序,保存和使用编辑结果。

Add Loop Event(添加循环事件):对指定事件进行循环处理,加入循环事件后会产生一个层级,子事件为原事件,父事件为循环事件。

7.7.1 序列窗口和编辑窗口

序列窗口和编辑窗口是 Video Post 视频合成的主要工作区。

7.7.2 序列窗口

Video Post 对话框左侧区域为序列窗口。以分支树的形式将各个项目连接在一起,项目的种类可以任意指定,它们之间也可以分层,与材质编辑器中材质分层或 Track View(轨迹视图)中项目分层的概念相同。在 Video Post 中,序列窗口的作用是安排需要合成项目的顺序,从上至下,下面的层级会覆盖上面的层级。背景图像应该放在最上层。对序列窗口中的项目,双击可以打开它的参数控制面板进行参数设置。

7.7.3 编辑窗口

Video Post 对话框右侧区域为编辑窗口。以横条表示当前项目作用的时间段,上面有一个可滑动的时间标尺,用于精确时间段的坐标。时间横条可以移动或缩放,对多横条进行选择可以做各种对齐操作,双击项目条棒直接打开参数控制面板进行参数设置。

7.7.4　镜头特效过滤器

在3DSMax中,Video Post(视频合成器)的Lens Effects(镜头特效过滤器)的效果非常强大。Lens Effects(镜头特效过滤器)有Flare(镜头光斑)、Glow(发光)、Highlight(十字亮星)、Focus(镜头调焦)四种效果,参数设置面板有许多相似之处。Lens Effects Flare(镜头光斑)是功能最复杂的一个过滤器,可以制作带有光芒、光晕和光环的亮星,并且还可以产生由于镜头折射而造成的一串耀斑,常用于模拟太阳、刺眼的灯光等等。

Lens Effects Glow(发光)产生灼烧的光晕效果,常用于制作强光烈焰,飞行器尾部喷火、燃烧的恒星等等,为金属字的广告标版加入更热烈的效果。它通过各种通道控制施加对象。

Lens Effects Highlight(十字亮星)可在表面高光区产生耀眼的星状光芒,模拟钻石的闪光、海面等。它通过各种通道控制施加对象,使用方法和参数与Glow(发光)大致相同。

Lens Effects Focus(镜头调焦)根据物体距离镜头的远近而产生模糊效果,常用于模拟远景虚、近景实的真实镜头效果,增加景深的感觉。它直接作用于场景中的物体。这四种过滤器使用方便,都具有即时效果显示的功能,每调节一次参数,都可以即时看到调节后的效果。镜头特效过滤器内部几乎所有可调数值参数都可以记录为动画。

对于更复杂的剪辑效果,一般使用专业的视频编辑软件来完成,如Adobe Premiere等软件。

7.8　本章小结

本章把三维动画的基本概念和知识作了详细的阐述,介绍了关键帧动画、路径动画、层级动画、粒子系统动画等形式。并对场景管理工具轨迹视图作了详细说明,最后对后期视频处理模块Video Post进行了介绍。另外需要提醒读者,在动画的制作中,第一步应该有一个完整的脚本,最后再进行制作,这样会提高工作效率和作品质量。

7.9　习题与练习

(1)动画里“帧”的含义是什么?

(2)叙述Track View的主要功能?要求熟练使用该工具。

(3)通过哪几种方式可以看到已链接的对象间的层次关系?

(4)简述Video Post(视频合成器)的主要用途?

(5)在场景中使用Edit Mesh(编辑网格)来制作一个钻石的模型,然后试着通过Video Post功能下的Lens Effect(镜头特效过滤器)中的Highlight(十字亮星)来制作闪闪发光的钻石效果。

第 8 章　综合实例

8.1　用 3DSMax 画建筑效果图

本节主要是通过对一座楼房建筑效果图的设计，介绍了用 3DSMax 画室外建筑效果图的基本过程与基本方法，完成从二维图形到三维建模、材质编辑、场景设计及渲染输出的整个过程，对其中的一些功能作进一步的阐述。实际上用 3DSMax 画建筑效果图并不是想象中的那样难，即便是没有系统的学习过建筑知识，只要熟练掌握其中的几个重要环节，也能设计出很好的作品。

8.1.1　二维图形设计

基本建模是设计一个对象最基本也是最重要的阶段。首先是二维建模，关于实现一个对象二维造型的方法有很多，首先是 3DSMax 中的二维建模工具，基本上能够满足对建筑物的建模需要，也可以通过专业画图软件 AutoCAD 生成某一建筑的三视图，既平面图、立面图和剖面图，然后通过文件的导入功能进入 3DSMax 系统。下面，我们使用第一种方式，通过对一座住宅楼的设计，来演示室外建筑物的基本建模过程。

打开 3DSMax，场景复位 file/reset，将 top 视图最大化，用视图控制工具 Zoom 适当缩小 TOP 视图的背景栅格，打开三维捕捉 3D snapToggle。根据该住宅楼的平面图，使用 Create→Shapes→Line 命令，画出如图 8－1 所示的封闭轮廓线。本例作为演示例子，为描述方便，对象

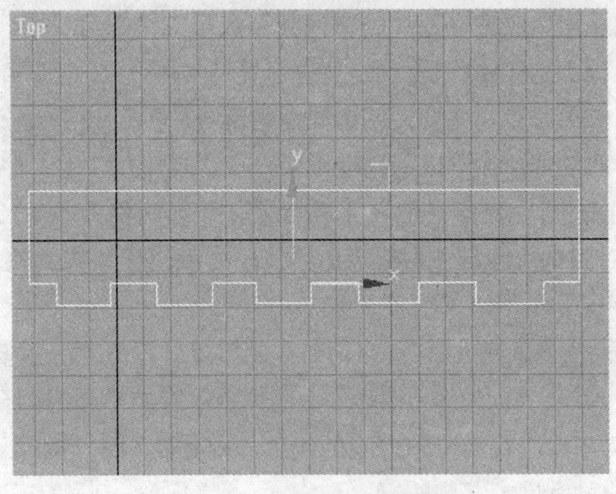

图 8－1　楼房的二维顶视图

的平面图形尽量简单。实际情况是一个室外建筑物的一层和顶层的平面结构，一般与其他层面不尽相同。

选择该封闭曲线，访问命令面板，依次单击 Modify→Edit Spline→Sub－Object→Spline，即给该线段施加了一个编辑样条线调整器，并且将该调整器下的操作层次选择为样条线级的。

点击视图中的线段使其红色显示，使用手型鼠标将命令面板下的浮动框上移以使 Outline 命令在当前屏幕上显示，单击该按钮，在其后的参数区输入 8，这样就使平面图形的单线变为双轮廓线，即得到具有一定厚度的墙体平面图，如图 8－2。

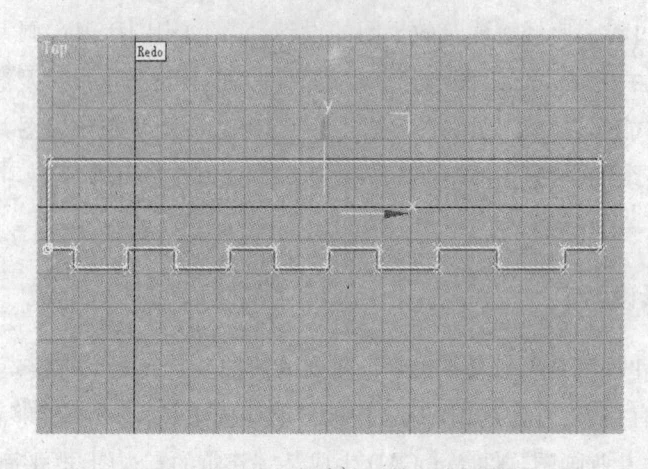

图 8－2　施加轮廓线后的二维视图

下移浮动框，关闭 Sub－Object 按钮，使用 Shift 键加移动命令复制（选 copy）出一份新的墙体平面。这里选择 copy 命令，复制的目的是修改原始对象将不影响复制出的对象。

在上一步中复制出一份轮廓线的目的是对其进行样条线的编辑，编辑的结果是将样条线的某些线段删除，同时进行节点间的连接，以至于放样或拉伸为三维实体后，使其充当窗户和阳台等掏空的墙体层。某一层楼在设计的时候被分成了三个部分，即天花板、楼层的空间部分、地板，天花板和地板都是实体（在本例中从外部看是实体效果，内部实际仍然是空的，因为本例主要是制作室外效果），这里主要说明中间空间部分（阳台、窗户部分）的二维建模，而重点是集中在怎样将中间的墙体掏空，从而显示出窗户和阳台的效果。

在 TOP 视图中选择任一墙体平面图形对象，依次访问修改器命令面板 Modify→Edit Spline→Sub－Object→Vertex，即打开先前施加给线段的编辑样条线调整器，并且将该调整器下的操作层次选择为节点级。

使用 Refine 或 Insert 节点插入命令，在轮廓线上插入若干节点。主要是在线段的两头和侧面内外轮廓线上插入四个节点，作为两边侧面的窗户。在突出作为阳台部分的内外轮廓线上插入四个节点，作为阳台。在两个阳台间的线段的内外轮廓线上插入八个节点，作为两扇窗，两节点距离为窗户的宽度。

选择 Sub－Object→Segment，以下的操作是针对两节点间的线段，选择所有要作为窗户和阳台(凸出部分)的内外轮廓线段(呈红色),将其一一删除,如图 8－3。

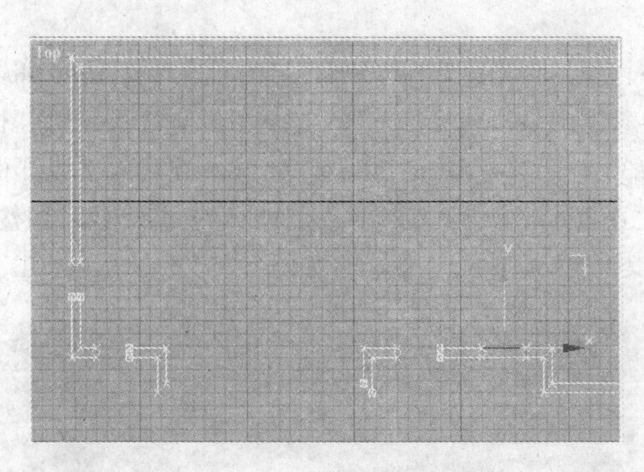

图 8－3　二维视图的编辑调整

这时我们就得到了一层中间部分的二维平面图形,如果此时做三维的填充和拉伸,得到的是一个不能正确显示的三维对象,这是因为我们在进行上步操作时,将墙体的平面图的封闭性给破坏了,使其成了非封闭的二维曲线,这就造成拉伸后的三维对象不能正确显示。下面需对删除部分线段后的二维曲线进行上下节点间的封闭操作。

在 TOP 视图中选择该墙体平面,访问修改器命令,Modify→Edit Spline→Sub－Object→Vertex,打开编辑样条线调整器,切换到节点级操作层次,上移命令面板,打开 Connect 命令,选择每一开口处的节点,往其下或上面的节点上拖动,使得墙体中被删除线段两头的上下两个节点连接起来,最后得到如图 8－4 左边所示的完整的封闭图形。

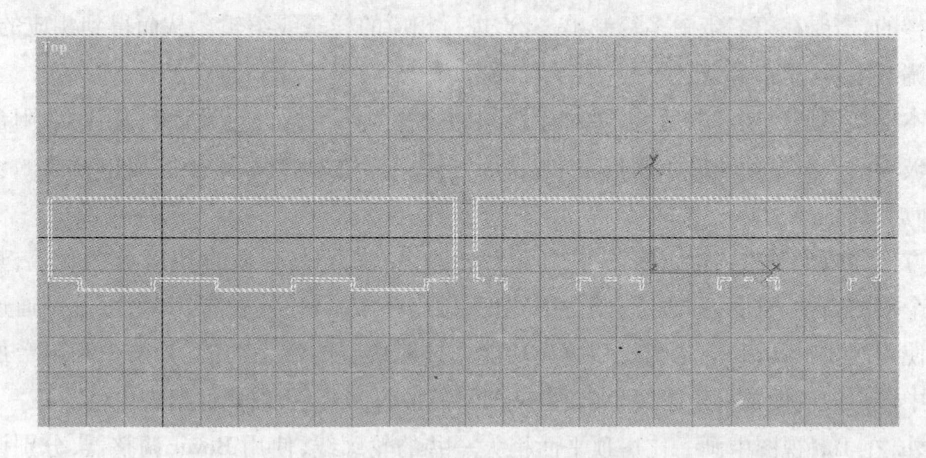

图 8－4　调整复制后的二维图形

8.1.2　三维建模

关闭 Sub - Object 子对象按钮，选择删除线段后的右边对象，访问 Modify 命令面板，施加 Extrude 拉伸调整器，参数 Amount 值设置为 77。选择复制前的另一平面图，也施加 Extrude 调整器，Amount 值设为 30，使用对齐 Align 工具，使两个实体在 X、Y、Z 上严格对齐。在 Front 视图中限制 Y 轴将第二次拉伸后的对象复制出一份作为地板或天花板，调整三者之间的上下位置关系，这样就得到某一层楼完整的三维造型，如图 8 -5。

图 8 -5　楼房的一层三维造型

在 Front 视图中，选择所有对象，以楼层为单位进行复制，注意楼层间的衔接，最后得到整个楼的简单框架造型。如前所述，一座建筑的第一层结构与二层以上会有所不同，但设计原理是一样的，需要在第二步中多复制出一份，进行相应的样条线编辑。从而得到相应的造型，由于篇幅有限，这里不再叙述。

基本框架模型建立好以后，需要对建筑物的一些附属结构进行设计和完善，如阳台上的窗户和玻璃的模型设计和材质制作，楼的顶层分层斜切效果的设计，楼的周边对象的设计等等，下面加以简单介绍。

为方便和减少对象数量，在各窗户和阳台处建立一长宽高合适的 BOX 作为玻璃，其中高度为整个楼的高度，宽度为窗户或阳台的宽度，做出一个，调整好位置，其余可分别通过复制得到。使用画线工具，利用轮廓线和填充功能或针对单线的渲染功能，为窗户和阳台加上框架。其中窗户玻璃设置材质为绿色，阳台玻璃材质设置为蓝色，玻璃框架为白色。

另外，在 Top 视图中画一比房顶平面稍大一些的轮廓线，使用 Bevel 调整器，分别设定其 Height 和 Outline 值为 Level1：19.0，2.2；Level2：2.0，13.0；Level3：6.0，3.2；在 Front 视图调整其位置，作为具有两层斜切效果的房顶。

8.1.3　辅助设计

然后作好楼层中各个组成部分的材质、设置适当灯光、设置一部摄像机。调整摄像机的视野和镜头及观察角度等，渲染输出，这样一副初步的建筑效果图就呈现在我们面前，如图 8－6。

配景的设计，包括树木、花草、路灯、汽车、人物等，可以通过两种方式引入，一是使用 3DSMax 中的一些插件和原始线架文件，直接合并到场景文件中渲染输出；二是在专业的平面图形处理软件 Photoshop 中作后期的处理。这些配景需要读者在平时收集一些素材以备使用。具体设计效果请读者自行完成。

图 8－6　楼房的渲染效果图

8.2　用 3DSMax 实现医药广告动画的制作

3DSMax 除了具有二维造型、三维建模、材质编辑等功能外，动画制作是其主要功能之一。下面通过电视媒体中经常见到的医药广告动画实例来说明具体制作过程，希望读者能做到举一反三，掌握该软件更多的其他功能。

动画脚本描述，该动画的基本对象有血管、附着在血管壁上的血脂、药物胶囊、药物胶囊发出的药物粒子、灯光、摄像机。动画过程为随着摄像机的拉近，镜头进入血管内部，药物胶囊和附着在血管壁上的血脂开始出现，药物胶囊发射药物粒子并到达血管壁，血管壁上的血脂开始溶解消失，胶囊移动一直到血管底部。

8.2.1　基本造型设计

血管、血管壁上的血脂、药物胶囊和药物发射的药力，分别用管状体、球体、囊体及粒子系统来表现。

（1）血管的制作

打开3DSMax，依次单击创建命令面板下的Create→Geometry→Tube，建立一管状体，分别设置其参数为Radius1：42，Radius2：38，Height：350，Height Segments：12，Cap Segments：3，Sides：19，勾选Smooth选项，参数设置如图8－7所示。

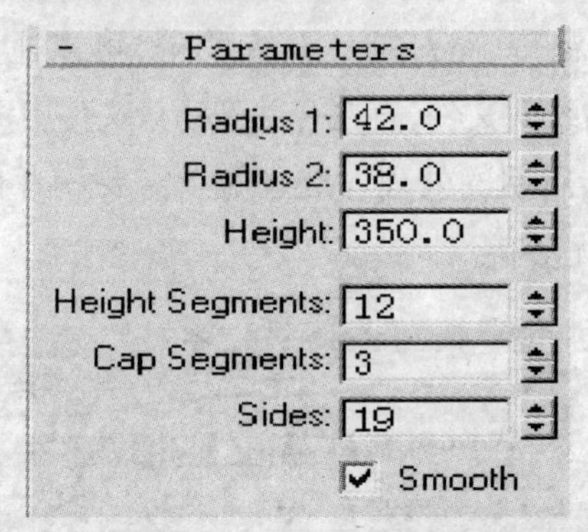

图8－7　Tube管状体参数

选择第一步建立的对象，访问命令面板中的Modify修改命令，选择并施加Noise调整器，勾选fractal选项，在X、Y、Z轴上的强度值分别为X：40，Y：1，Z：35，如图8－8所示，该调整器的功能是使得管状体产生突起和凹陷的效果，以模拟血管造型。

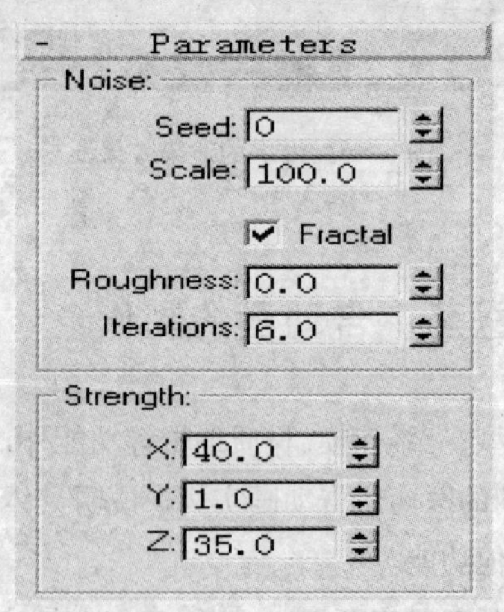

图8－8　Noise调整器参数

施加Blend弯曲调整器，选择在Z轴上进行弯曲效果，弯曲的角度Angle：109，如图8－9所示。

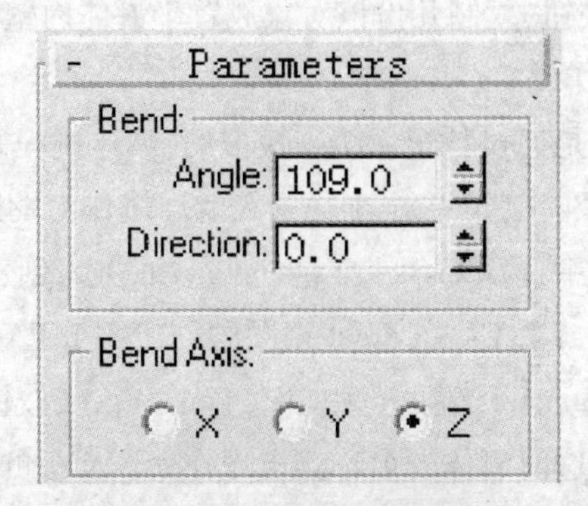

图8-9　Blend弯曲调整器参数

利用视图控制工具,适当调整观察角度和大小,最后得到如图8-10所示的模拟人体血管的弯曲管状体。

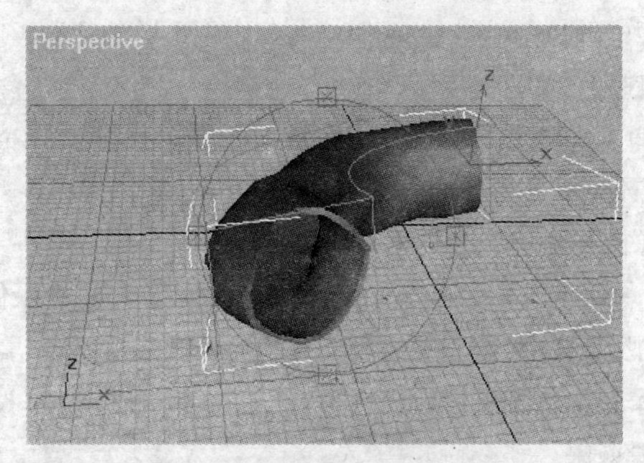

图8-10 血管造型

(2)胶囊的制作

药物胶囊粒子的造型是利用囊体来进行模拟的。依次单击命令面板下的Create→Geometry→Extended Primitives →Capsule,分别设置其参数,Radius:10,Height:75,Sides:12,Height Segment:1。制作出模拟药物的胶囊对象,调整该对象与血管造型的空间位置关系,使得胶囊对象在血管造型的内部的开始位置。

(3)血脂的制作

血脂是利用球体,对其施加Noise调整器,使其变成不规则的块状对象来模拟。制作过程如下。

选择Create→Geometry→Standard Primitives →Sphere,在Front视图中建立一球体。

设置其半径Radius:17,段数Segments:32。

选择Modify命令面板下的Noise调整器,设置其参数命令面板中的各项参数为Seed:15,Scale;100,勾选Fractal,Roughness:0.54,Iterations:6.0,X:20,Y:2.3,Z:0。

利用 Shift 加移动工具按钮,复制几份该对象放置于囊体内壁四周。

(4)胶囊发射粒子的制作

药物粒子的产生和发射是通过粒子系统来模拟的,具体过程如下。

单击 Sphere 按钮,在视图中建立一个半径为 5 的球体作为发射的粒子。

在命令面板的下拉列表中选择 Particle Systems 选项,进入创建粒子系统面板。

单击命令面板中的 PArray 按钮,在 Front 视图中创建一个 PArray 粒子系统。

在命令面板的 Basic Parameters 卷展览中单击 Pick Object 按钮,在视图中单击囊体,作为 PArray 粒子系统的发射源。这时囊体的名称会出现在命令面板的 Pick Object 按钮的下方。

在命令面板的 Particle Formation 区域中选择 At Distinct Points 复选框,设置 Total 值为 1,让粒子从物体的表面射出。

在命令面板上单击 Particle Type 卷展栏,在 Particle Type 区域中选择 Instanced Geometry 复选框。

向上推动命令面板,在 Instanced Geometry 区域中单击 Pick Object 按钮,在视图中单击球体,将球体作为发射的粒子形状。

在 Animation Offset Keying 区域中选择 Random 复选框,并设置 Frame Offset 值为 10,粒子将每隔 10 帧随机的以不同姿态产生。

(5)设置目标摄像机

选择 Create→Cameras→Target,在 Perspective 视图中建立一目标摄像机。

选择 Perspective 视图,按 C 键,将透视视图切换为摄像机视图。

根据实际情况调节摄像机各项参数为焦距 Lens:27,镜头 Fov:67,设置摄像机的目的是实现进入血管内部的视觉效果。

(6)设置灯光

选择 Create→Lights→Omni,在场景中适当位置处建立一泛光灯。

(7)位置调整

利用选择、移动、旋转等工具调整场景中现有对象的相互位置。

8.2.2 动画设计

该动画的过程要求为胶囊在穿过血管内部的运动过程中,要发射出药物粒子,随着胶囊的运动和发射粒子到达血管壁,同时要求附着在血管壁上的血脂(球体)要消失掉。血管壁上的血脂(球体)的消失需要引入爆炸虚拟物体。具体设置过程如下。

选择 Create→Space Warps→Forces→Pbomb,在前视图中建立几个爆炸的虚拟物体(具体数量根据血管壁上的血脂数量和动画的要求确定)。

选择主工具栏 Main Toolbar 中的 Bend to Space Warps 工具按钮,选择建立的 Pbomb 虚拟物体并分别拖动到相应的血脂对象上,在命令面板中设置 Pbomb 物体的起爆时间 Detonation

项分别为 10,20,30……说明三个球体会在 10 帧,20 帧,30 帧……的时候爆炸消失掉。

通过以上步骤的设计,动画过程已经基本形成,然后再对摄像机,灯光及相关对象的移动和设置,就会制作完成一个完整的医药广告动画,场景中某一帧画面如图 8 – 11 所示。当然,如果想让场景中的对象更加的形象、逼真,需要进一步的进行材质编辑,由于篇幅的关系,在这里就不再多述。

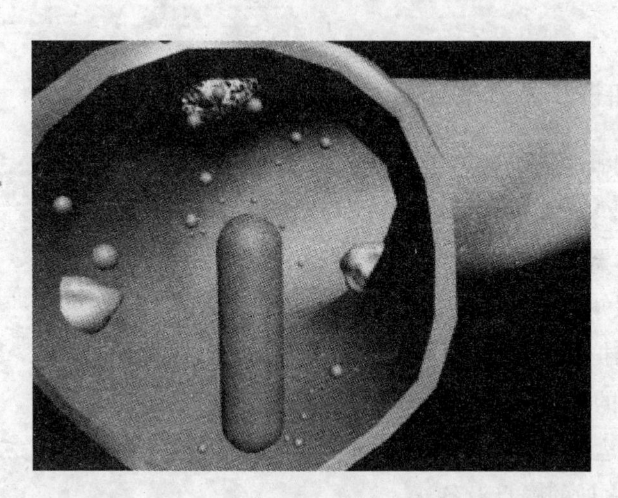

图 8 – 11　动画中的一帧渲染图

8.3　本章小结

本章中的两个实例,一个是从静态效果图角度描述整个制作过程,涉及有二维、三维建模,调整器的使用,材质编辑及后期制作等。另一个则对动画制作的过程进行演示。两个例子相对都比较简单,但都代表了此类场景制作的一般过程,需要读者认真领会,希望能够做到举一反三、融会贯通。

8.4　习题与练习

根据本章及前几章的介绍,设计一室外场景,场景中的主要对象为一建筑物模型,可以参考校园内某一单体建筑物:如大门、教学楼、学生宿舍等。辅助对象应有草地、树木、路灯、人物等。场景中需设定材质、灯光和摄像机。其余的对象和效果同学们可自由的发挥想象和创意。

3DSMax 三维动画工程师考试大纲

3DSMax 三维动画工程师认证考试分为标准题和制作题两部分，分别占总分值的 40%、60%。考题数量：标准题共 40 道，制作题 3 道。考试时间为 180 分钟标准题种类：单选题和判断题。

一、3DSMax 基础知识和基本操作

相关知识和基础概念

1. Windows 2000/XP 的基本操作。

2. 显示卡和显示器的选择、设置和参数调整。

3. AutoCAD 关联知识。

4. 硬件的简单维护和故障排除，包括硬盘的维护、文件压缩等。

5. 掌握 3DSMax 的安装方法。

6. 掌握 3DSMax 运行的系统要求和各项设置。包括：运行所需内存、二级缓存、虚拟内存、安装插件、局域网和本地的磁盘设备。

7. 掌握 3DSMax 的工作环境。包括：命令面板、选项栏、在线帮助系统、快捷键和快捷菜单等。

8. 了解 3DSMax 的配置文件 3DSMax. ini。

文件输入和输出的格式和菜单操作

1. 熟练掌握下拉式菜单的如下内容：

File/Open 与 File/Merge 的用法及其区别；

File/Import 和 File/Export 的用法；

使用 File/Summary Info 观察场景中的信息；

使用 File/View Image File 观察图像文件，同时掌握各个图像文件格式的特点；

掌握 Group 的含义及主要工具的用法；

会使用 Edit/Undo 和 Edit/Redo 以及 Edit/Hold 和 Edit/Fetch；

了解 Tools、View、Create、Modifiers、Animation、Graph Editors、Rendering 和 Customize 菜单下各个命令的含义；

熟练使用 Help 获得帮助。

2. 熟悉相关特性、命令和工具的使用。

3. 了解数码点阵图像格式的应用范围和各自的优缺点。

对象的选择、选择集和组

1. 熟练掌握使用单击的方法选择对象

注意使用 Ctrl、Alt 键选择多个对象或者从多个对象中减去某个对象；

使用选择过滤器；

使用选择锁定。

2. 掌握使用窗口选择对象

使用圆形、矩形、自由多边形和套索四种窗口类型；

使用窗选和交叉选择两种选择方式。

3. 掌握根据名字选择对象

要求有一个好的命名习惯，以方便地根据名字来选择；

使用 Select by Name 对话框和 Selection Floater 来根据名字选择。

4. 了解根据颜色选择对象

回顾一下如何给几何体指定颜色；

建立一个好的颜色命名方案。

5. 掌握 Edit 菜单下的选择命令 Select Invert。

6. 了解 Edit 菜单下的其他选择命令，以及它们与选择工具的联系。

7. 了解图解视图(Schematic View)、Track View、材质编辑器的选择功能。

8. 了解 Edit Mesh 修改器的次对象选择功能。

9. 熟练掌握选择集的定义和使用方法。

10. 了解选择集和组的区别。

对象的变换

1. 使用变换坐标系

熟练掌握视图坐标系、屏幕坐标系、世界坐标系、局部坐标系和捡取坐标系，了解其他几种坐标系。

2. 使用变换中心

选择集的中心；对象的轴心点；变换坐标系的中心。

3. 改变变换中心

使用 Hierarchy；使用 Edit Mesh(在 Edit Mesh 修改器中详细介绍)；使用辅助对象。

对象的简单编辑修改及修改器堆栈

了解 Modify 面板的主要功能

熟练掌握常见的修改器 Bend、Taper、Twist 和 Bevel 等

设置修改器的作用区域；

使用修改器的次对象。

了解常见的空间扭曲

熟练掌握 3DSMax 的堆栈

堆栈的概念；

堆栈的组织结构及数据流；

堆栈中各个按钮的作用；

更改堆栈中修改器的次序；

修改器的复制；

转换几何体的类型等。

对齐、复制、关联复制和参考复制

1. 对齐 3DSMax 中的对象

熟练掌握对齐(Align)对话框的使用,深入理解轴心点、中心点、最大和最小的概念；

了解高光对齐；

掌握法线对齐。

2. 3DSMax 常用的复制方法

熟练掌握 Clone 命令；熟练掌握变换中复制；掌握阵列复制和空间工具；了解镜像复制；了解阵列复制。

3. 了解复制中的关联和参考。

摄像机的使用

1. 熟练掌握目标摄像机和自由摄像机的创建方法。

2. 深入理解摄像机的主要参数：FOV、Lens 等。

3. 了解摄像机的裁剪平面。

4. 了解摄像机的景深和运动模糊的用法。

5. 了解摄像机的环境的用法。

二、3DSMax 基本建模方法

二维图形的创建

1. 深入理解二维图形及其次对象的概念。

2. 熟练掌握各个二维图形的创建。

3. 熟练掌握 Edit Spline 修改器的用法。

4. 熟练掌握节点、线段和样条线的属性。

5. 掌握二维图形次对象的动画方法。

6. 了解 Edit Spline 和 Editable Spline 的区别与联系。

7. 了解其他二维图形的修改器。

从二维到三维

1. 深入理解二维图形和三维图形的区别与联系。

2. 熟练掌握创建可直接渲染二维图形的方法。

使用 Renderable 选项；设置线的粗细；制作空心的文字。

3. 掌握用 Extrude 修改器加厚对象的方法，各个参数的使用。

4. 掌握用 Bevel 修改器生成有倒角对象的方法，Outline、Level1、level2 和 Level3 的含义及使用方法，生成光滑的倒角。

5. 熟练掌握用 Bevel Profile 修改器生成有倒角对象的方法，理解各个轮廓图的含义。

6. 掌握用 Lath 修改器生成旋转对象的方法，使用各个方向和对齐方式，使用次对象改变几何体的形状。

7. 了解用表面修改器生成没有厚度对象的方法。

组合对象

1. 了解 Morph(有相同节点数几何体的变形)的特点。

2. 深入理解布尔运算的概念，熟练掌握 Boolean(几何体的交、并和差运算)运算几何体的交运算；几何体的并运算；几何体的差运算；布尔运算的动画。

3. 掌握 Conform(两个几何体的适应变换)、Shape Merge(在网格对象的表面嵌入图形)、Scatter(分散对象)和 Connect(连接对象)等的用法。

4. 深入理解放样和概念，熟练掌握放样的方法；在路径上指定不同的图形；放样中的变形。

网格对象的编辑

1. 深入理解节点、边、面、多边形和边界的概念；

2. 熟练掌握节点的编辑方法

节点的选择和选择集定义(注意软选择)；

节点的变换；

作用区域的影响；

节点的各个编辑命令；

使用 Xform 和 Linked Xform 设置节点变换的动画。

3. 熟练掌握面的编辑方法

Face、Polygon 和 Element 的区别与联系；

面的选择和选择集定义；

面的变换；

表面(Surface)的含义；

光滑组的概念及用法；

根据光滑组选择面；

表面法线的概念及用法；

材质 ID 的含义及用法。

4. 掌握边界的简单编辑。

5. 掌握 Mesh Select、Vol Select、Flex、HSDS 和 Mesh Smooth 修改器的用法，理解 NURMS 的

概念。

6. 掌握 Optimize、Symmetry、Face Extrude 和 Tessellate 等修改器的用法。

多边形(Editable Polygon)的编辑

1. 深入理解网格和多边形的概念,明确二者的区别。

2. Poly Select 修改器的用法。

3. 熟练掌握多边形各个次对象层次的编辑方法。

常见的其他修改器

1. FFD 修改器的作用原理和各种 FFD 修改器的用法。

2. Displace 修改器的作用原理和用法。

3. Spherify 修改器的作用原理和用法。

4. Affect Region 修改器的作用原理和用法。

5. 了解其他的修改器。

面片对象的生成与编辑

1. 深入理解面片的概念。

2. 掌握 Edit Patch 修改器的使用方法。

3. 熟练掌握 Surface 修改器的使用方法。

NURBS 建模

1. NURBS 几何体的概念和类型。

点点通过曲线;控制点曲线;NURBS 的次对象。

2. 创建 NURBS 曲线。

3. 获得 NURBS 几何体。

使用基本几何体;

使用 Spline 曲线或 NURBS 的 Point Curve(点曲线)和 CV Curve(可控曲线),结合 Lathe 或 Extrude 变换修改,直接建立 NURBS 模型;

根据 NURBS 曲线生成 NURBS 几何体。

4. NURBS 的编辑修改。

5. NURBS 建模中的动画。

三、3DSMax 基本动画技术

熟练掌握以下简单动画的设置方法

1. 了解 3DSMax 设置动画的方法,深入理解关键帧的概念。

2. 使用轨迹线设置动画。

3. 轨迹线和样条线之间的转换与编辑。

4. 激活时间段的使用。

5. 几何体参数变化的动画。

6. 修改器参数变化的动画。

7. 材质参数变化的动画。

正向和反向运动的设置

1. 深入理解正向运动和反向运动的概念。

2. 熟练掌握对象层次关系的概念和创建方法。

3. 熟练使用运动的轴向约束。

4. 熟练掌握链接的继承关系。

5. 了解反向运动的概念和使用 IK 设置反向运动的方法。

掌握用轨迹视图设置动画的方法和技巧

1. 深入理解轨迹视图的作用

工具栏的使用;

各个参数的含义。

2. 深入理解功能曲线的概念,熟练掌握功能曲线的使用。

3. 可见轨迹的使用。

4. 松弛曲线的使用。

使用控制器制作动画

1. 理解 max 控制器的概念。

2. 熟练掌握控制器的指定方法。

3. 熟练掌握使用 Path 控制器制作动画的方法。

4. 熟练掌握使用 Look At 控制器制作动画的方法。

5. 掌握使用 Euler XYZ 控制器制作动画的方法。

6. 熟练掌握使用 Noise 控制器制作动画的方法。

7. 掌握使用 List 控制器制作动画的方法。

8. 了解使用 Motion Caption、Surface 等控制器制作动画的方法。

使用动力系统设置动画

1. 理解动力学系统的概念。

2. 了解动力学系统的使用方法和条件。

3. 理解对象的各个物理特性。

4. 掌握设置动画的技巧。

使用 Reactor 制作动画

1. 理解 Reactor 的作用原理。

2. 了解 Reactor 的使用方法和条件。

3. 会使用 Reactor 设置各种类型的动画。

4. 理解 Reactor 的关键参数。

四、3DSMax 基本材质技术

基本材质

1. 深入理解材质和贴图的概念，明确掌握二者的区别与联系。

2. 理解 3DSMax 的色彩模型，了解两个颜色模型的关系。

3. 熟悉 3DSMax 的材质编辑器。

样本窗；各个工具按钮。

4. 熟练掌握获取材质的途径

从材质库中得到材质 ；从其他文件中得到材质。

5. 熟练掌握给对象指定材质的方法

使用指定按钮；使用拖放。

6. 掌握从场景中获取材质的方法

使用吸管；使用对话框。

7. 深入理解基本材质各个参数的含义，掌握创建基本材质的方法，基本参数；扩展参数。

8. 了解可以动画的参数，掌握设置基本参数动画的方法。

使用各种贴图

1. 理解贴图的原理。

2. 熟练掌握贴图坐标的调整方法，理解面坐标系与几何体坐标系的区别与联系。

3. 理解 Coordinate 和 Bitmap Parameters 卷展栏中主要参数。

4. 熟练掌握 UVW Map、Map Scaler 修改器的用法。

5. 掌握 UnWarp UVW 修改器的用法。

6. 了解 3DSMax 的各种贴图通道。

7. 熟练掌握 Diffuse、Bump、Opacity、Reflection 等通道的用法。

8. 了解 3DSMax 可以使用的贴图文件类型。

9. 熟练掌握 Bitmap、Gradient、Gradient Ramp、Noise、Mask、Mix、Composite、Flat Mirror 和 Raytrace 等贴图类型的用法。

10. 掌握贴图中的动画方法：不同图像间的互变。

11. 掌握贴图中的动画：使用动画文件（AVI、FLI 等）。

12. 了解贴图中的动画方法：使用静态序列文件。

使用各种材质类型

1. 了解 3DSMax 的各种材质类型。

2. 深入理解 Blend、Double Sided、Multi/Sub - Object 的材质类型的特点，掌握这些材质类型的用法；

3. 掌握与高级灯光与渲染相关的材质用法；

4. 了解其他材质类型的特点；

5. 掌握材质动画技术：不同材质间的互变。

6. 掌握与 Video Post 或者渲染特效结合生成特殊效果的方法。

五、3DSMax 灯光、环境和特效等

使用 3DSMax 的灯光

1. 深入理解 3DSMax 的光照原理。

2. 掌握常用的 3DSMax 标准灯光类型

目标聚光灯；泛光灯；自由聚光灯；目标有向光源；自由有向光源。

3. 掌握常用的 3DSMax 高级灯光类型。

4. 理解灯光的各个参数的含义。

5. 理解灯光的阴影特性，熟练掌握阴影的用法

光线追踪阴影；贴图阴影；高级阴影等。

6. 理解灯光的投影原理，熟练掌握灯光投影的用法，静态图片；动画。

7. 掌握灯光的可动画参数，掌握灯光动画的用法，颜色变化；位置变化；强度变化；照射区域变化。

8. 掌握灯光特效的用法。

9. 会使用 Track View 控制灯光的动画。

环境

1. 理解视口背景和渲染背景的区别与联系，熟练掌握背景的设置方法

使用位图作为背景；

使用三维纹理作为背景。

2. 熟练掌握雾和体光效果的用法，理解它们与材质的关系

层雾的设置；体雾的设置；体光的设置。

3. 理解火效果的运动规律，熟练使用火的效果

燃烧的指定方法；使用燃烧创建火焰的效果；使用燃烧创建其他效果。

4. 了解渲染特效的用法。

粒子系统

1. 了解 3DSMax 的粒子系统。

2. 理解粒子系统的主要参数。

3. 熟练掌握 Spray、Snow、PArray 和 Super Spray 的用法，了解 Blizzard 和 PCloud。

4. 掌握粒子的材质指定方法。

5. 掌握与 Video Post 或者渲染特效结合生成特殊效果的方法。